飛行機の翼理論

揚力はどのように発生するのか
2次元ポテンシャル流厳密解による翼理論

片柳亮二[著]

成山堂書店

本書の内容の一部あるいは全部を無断で電子化を含む複写複製（コピー）及び他書への転載は，法律で認められた場合を除いて著作権者及び出版社の権利の侵害となります。成山堂書店は著作権者から上記に係る権利の管理について委託を受けていますので，その場合はあらかじめ成山堂書店（03-3357-5861）に許諾を求めてください。なお，代行業者等の第三者による電子データ化及び電子書籍化は，いかなる場合も認められません。

はじめに

　専門外の多くの人が，重い飛行機がどうして飛び上がることができるのか，という疑問を持っている．これに対する答えとして，従来から，翼が飛行機を持ち上げる力（揚力という）が発生する原理について，いろいろな説明がされてきた．揚力発生についての解説書の多くが間違っているともいわれている．その間違いの1つは，「翼の上下面に分かれた流れが翼の後で同時に到達するので，長い距離の上面の方が速くなる」，というものである．また，間違いではないが，「翼が動き出した際に翼の後から渦（出発渦）が放出されると，翼のまわりに反対まわりの渦が取り残される結果として，渦によって翼の上面が速くなり，下面が遅くなり揚力が発生する」，というのが専門家による一般的な説明である．しかし，この説明では専門外の人が理解するのは難しいようである．

　いま，円柱を横から見て時計まわりに回転させた場合を考えてみよう．このとき，円柱のまわりの空気は，円柱の回転と一緒に回転する．この回転する円柱を左側に移動させると，円柱の上面は回転の速度が加わって速い流れとなり，反対側は遅くなる．その結果，円柱には上に持ち上げる力が発生する．これは，野球のボールなどが曲がる現象と同じで，マグナス効果といわれる．このように，回転する円柱に揚力が発生することは一般的にもわかりやすい．

　これに対して，一般の翼については，翼が実際に回転しているわけではないので，揚力の発生を翼のまわりに渦が残っているからである，との説明が難しいのは当然である．

　本書では，翼まわりの流れを，高校で習う複素数を用いたポテンシャル流という手法で非常に簡単に解析ができることを述べる．ポテンシャル流は，翼の形と流れの条件を与えると解が一意的に決まる．従って，翼の後から流れが滑らかに流れ去る，という条件を与えれば，翼まわりに渦が残っているという考えを用いなくても，揚力の発生は説明できる．しかし，ポテンシャル流は簡単

に解析ができるが，その結果を物理的に理解することが大切である．例えば，回転していない単なる円柱に左からある速度の空気を流すと，円柱の左の水平な点では空気の速度は0となり，円柱の上面または下面の中央では左から流した速度の2倍の速度となる．なぜ2倍に速くなるのか物理的に説明できるのは，専門家でも少ないようである．本書では解析結果とともに，物理的な説明もなるべく平易におこなっている．

本書は，2次元ポテンシャル流厳密解による翼理論を，基礎から応用まで詳細にまとめたものである．第1章の前半は，翼のまわりの渦を考えないで，単に翼の後から流れが滑らかに流れ去る，という条件で翼の揚力が計算できることを示す．もちろん，これによる揚力の値は，翼のまわりの渦による揚力の値と等しい結果が得られる．このことは，翼のまわりに渦を仮定する方法は，揚力を計算するのに非常に簡便な方法であり，実際にポテンシャル流にて揚力を計算するのによい方法であることには変わりはない．ただ，揚力はどのように発生するのかについて，翼のまわりの渦を持ち出すのは理解が難しいということである．

本書の第1章の後半では，翼のまわりの渦を用いて，有名なジュコフスキー翼について具体例とともに詳細に説明する．第2章では，応用問題として，フラップ付き翼の流れ，隙間フラップ付き翼の流れ，複葉翼の流れ，風洞内に置かれた翼の流れ，地面効果のある翼の流れについて詳細に説明する．これらの第2章の問題は，2つの翼のまわりの流れとなり，解析の中に楕円関数が現れるためかなり複雑になる．しかし，付録Aに楕円関数に関する必要な知識をまとめたので，理解の助けになると考えている．近年はCFD（Computational Fluid Dynamics）の発達が著しいが，その結果の検証などにも本書の2次元ポテンシャル流の厳密解が役に立つのではないかと思っている．これから翼理論について学ぼうと思っている方は，参考にして頂けると幸いである．

最後に，本書の執筆に際しまして，特段のご尽力をいただいた成山堂書店の小川典子社長ならびに編集グループの方々にお礼申し上げます．

2016年10月

片柳亮二

目　次

はじめに …………………………………………………………………… i

第1章　揚力の発生原理　　　　　　　　　　1

【疑問1.1】円柱の流れ ……………………………………………… 2
【疑問1.2】2次元楕円翼の流れ …………………………………… 7
【疑問1.3】回転円柱の流れ ………………………………………… 19
【疑問1.4】循環理論による2次元平板翼の流れ ………………… 22
【疑問1.5】循環理論による平板翼上の流れの様子 ……………… 27
【疑問1.6】循環理論による平板翼のモーメント ………………… 34
【疑問1.7】循環理論を用いない翼の揚力計算－自由流線理論 … 37
【疑問1.8】自由流線理論による平板翼の揚力計算法 …………… 40
【疑問1.9】自由流線理論による平板翼の揚力の計算結果 ……… 44
【疑問1.10】自由流線理論による平板翼のモーメント …………… 47
【疑問1.11】ジュコフスキー翼の流れ ……………………………… 51
【疑問1.12】ジュコフスキー翼の形状 ……………………………… 60
【疑問1.13】ジュコフスキー翼の循環によるモーメント ………… 64
【疑問1.14】平板翼の前縁の特異点の扱い ………………………… 68
【疑問1.15】翼の後縁の流れの様子 ………………………………… 74

第2章　2次元翼の諸問題　　　　　　　　　77

【疑問2.1】単純フラップ付き平板翼の流れ ……………………… 78
【疑問2.2】隙間フラップ付き平板翼の流れ ……………………… 85
【疑問2.3】複葉翼の流れ …………………………………………… 104

【疑問 2.4】風洞内に置かれた平板翼の揚力（1）－写像関数導出 ……… 116
【疑問 2.5】風洞内に置かれた平板翼の揚力（2）－揚力の算出 ……… 126
【疑問 2.6】地面効果のある平板翼の流れ ……………………………… 145

付録A．楕円関数　　163

A.1 楕円関数の分類 ……………………………………………… 164
A.2 ワイエルシュトラウスの $\wp$（ペー）関数 ……………………… 164
A.3 ワイエルシュトラウスの ζ（ツェータ）関数 ………………… 166
A.4 ワイエルシュトラウスの σ（シグマ）関数 …………………… 167
A.5 ϑ（テータ）関数 …………………………………………… 167
A.6 その他の関係式 ……………………………………………… 169

付録B．式の導出過程　　171

B.1 （2.2-45）式の導出 …………………………………………… 172
B.2 （2.2-47）式の導出 …………………………………………… 173
B.3 （2.2-52）式の導出 …………………………………………… 175
B.4 （2.2-55）式の導出 …………………………………………… 176
B.5 （2.2-58）式の導出 …………………………………………… 178
B.6 （2.2-62）式～（2.2-64e）式の導出 ………………………… 178
B.7 （2.2-69）式の第1項の導出 ………………………………… 180
B.8 （2.3-27）式の導出 …………………………………………… 181
B.9 （2.3-28）式の導出 …………………………………………… 182
B.10 （2.4-6）式の導出 …………………………………………… 183
B.11 （2.4-25）式の導出 ………………………………………… 184
B.12 （2.4-30）式の導出 ………………………………………… 185
B.13 （2.4-31）式の導出 ………………………………………… 186
B.14 （2.4-37）式および（2.4-38）式の導出 …………………… 187
B.15 （2.5-1）式の導出 …………………………………………… 191

B.16　(2.5-5) 式の導出 ……………………………………………… 192
B.17　(2.5-8) 式の導出 ……………………………………………… 193
B.18　(2.5-11) 式の導出 …………………………………………… 194
B.19　(2.5-34a) 式〜(2.5-34e) 式の導出 ………………………… 195
B.20　(2.5-36) 式〜(2.5-38) 式の導出 …………………………… 198
B.21　(2.6-24) 式の導出 …………………………………………… 201
B.22　(2.6-51) 式の導出 …………………………………………… 203
B.23　(2.6-52) 式の導出 …………………………………………… 206
B.24　(2.6-59) 式の導出 …………………………………………… 207

参考文献 ………………………………………………………………… 209
索　　引 ………………………………………………………………… 211

第1章
揚力の発生原理

　飛行機が空中に浮かび上がるには，機体の重量よりも大きな力を上側に発生させる必要がある。この機体を持ち上げる力を揚力という。揚力は主翼，尾翼や胴体などによって発生するが，主翼がその揚力の大部分を作り出す。
　揚力がどのように発生するのか，という疑問に対する説明はなかなか難しい。これまでいろいろな方がいろいろな方法で説明しているが，なかなかすっきりしたものではない。本章では，この揚力発生についての疑問について考えてみよう。ここでの翼は2次元翼とする。

疑問 1.1 円柱の流れ

揚力の話に入る前に，まず流体の流れがどのような性質を持つのか考えてみよう。流れの中におかれた円柱の表面の流速は，右図の点 P（$\theta=90°$）では一様流の速度 V の2倍になるのはなぜだろうか。

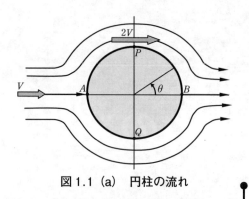

図 1.1（a） 円柱の流れ

図 1.1（a）に示すように，一様流の速度 V の中に円柱を置いたときの流れはどのようになるのか考えてみよう。図 1.1（a）の図中に書かれている流れの曲線を流線という。この流線に沿って流体は流れるので，流線を横切る流れはない。点 A はよどみ点（岐点ともいう）といい，ここでの流速は 0 になる。この流速 0 の状態はどのようにして生じるのだろうか。

流体は円柱と衝突しているわけではない

左側から流れてくる流体の内，中心の流線における流体は点 A において静止させられ，それ以外の流線は点 P および点 Q の方に別れて流れていく。このような流れは，流体が円柱を1つの物体の壁にぶつかって跳ね返されて点 P および点 Q の方に別れていくのではない。いわゆる物体の衝突現象ではない。あくまで，流体は自然に滑らかに円柱に沿って流れていくのである。

流体が円柱に沿って流れる現象は，円柱が1つの流線となっていると考えると理解しやすい。流線を横切る流れはないからである。

円柱が1つの流線となるためには，円柱内に図1.1 (b) に示すような流れがあると考えればよい。例えば，点 A では，円柱内から左側に向かって流速 V の流れがあり，その結果，一様流の流速 V の流れと相殺されて点 A はよどみ点となる。

図 1.1 (b) 円柱の流れ

円柱内の点 A 以外に向かう流線は，一様流の流線との相互作用により点 P および点 Q の方に別れて流れていくが，この流れは一様流の流れに，図1.1 (b) の円柱内の流れを加えることにより実現される。その結果，円柱を1つの流線とする流れ場が作られる。

ここでの疑問は，点 P ($\theta = 90°$) の流速が一様流の速度 V の2倍になるのはなぜか，ということであった。その理由は，図1.1 (b) の円柱内の流れを考えると簡単である。円柱の内側の流線と一様流の流線の速度との合計で点 P の流速は $2V$ となることがわかる。円柱内の流れは，"2重涌き出し"といわれる。

さて，以上の流れについて，少し解析をしてみよう。

図1.1 (b) のような2次元の流れは，完全流体（粘性はないと仮定）に関する複素速度ポテンシャルという概念により解析できる。

図1.1 (b) の流れを複素速度ポテンシャルを用いて解析してみよう。まず，図1.1 (c) に示す一様流の複素速度ポテンシャル w は次のように与えられる。

$$w = Vz \tag{1.1-1}$$

ここで，$z = x + iy$ は図1.1 (c) の横軸 x と縦軸 y による複素数を表す。

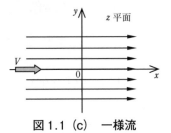

図 1.1 (c) 一様流

複素速度ポテンシャル w が複素数 z の関数として表されるとき，次の関係がある。

$$w = \phi + i\psi \tag{1.1-2}$$

ここで，ϕ は速度ポテンシャル，ψ は流れ関数といい，流れ関数 $\psi =$ 一定の線は流線を表す。

（複素速度ポテンシャル w と複素速度 $\dfrac{dw}{dz}$ の関係を次に示す）

＜複素速度について＞

・複素速度ポテンシャル w は次の関係がある。

$$\frac{dw}{dz} = \frac{\partial w}{\partial x} \cdot \frac{dx}{dz} + \frac{\partial w}{\partial y} \cdot \frac{dy}{dz} = \frac{\partial w}{\partial x} \cdot \frac{1}{1 + i\, dy/dx} + \frac{\partial w}{\partial y} \cdot \frac{dy/dx}{1 + i\, dy/dx}$$

$$\therefore \frac{dw}{dz} - \frac{\partial w}{\partial x} = -i\left(\frac{dw}{dz} - \frac{\partial w}{\partial (iy)}\right) \cdot \frac{dy}{dx}$$

複素数の変化 dz は dy/dx の変化によらないので，

$$\frac{dw}{dz} = \frac{\partial w}{\partial x} = \frac{\partial w}{\partial (iy)} \quad \text{（これは複素速度といわれる）}$$

・複素速度ポテンシャル $w = \phi + i\psi$ に対する関係式

$$\frac{dw}{dz} = \frac{\partial \phi}{\partial x} + i\frac{\partial \psi}{\partial x} = \frac{\partial \phi}{\partial (iy)} + i\frac{\partial \psi}{\partial (iy)} = -i\frac{\partial \phi}{\partial y} + \frac{\partial \psi}{\partial y}$$

$$\begin{cases} \dfrac{dw}{dz} = qe^{-i\lambda} = u - iv \quad \text{（複素速度）} \tag{1.1-6a}\\[4pt] \text{ここで，q は流速，λ は流れの方向である。} \\[4pt] u = \dfrac{\partial \phi}{\partial x} = \dfrac{\partial \psi}{\partial y},\quad v = \dfrac{\partial \phi}{\partial y} = -\dfrac{\partial \psi}{\partial x} \tag{1.1-6b}\\[4pt] \quad\text{（コーシー・リーマンの式）} \end{cases}$$

図1.1 (c) のような x 軸に平行な一様流の場合，流れ関数 ψ は次のようになる。

$$w = Vz = \phi + i\psi, \quad \therefore \psi = Vy \tag{1.1-3}$$

ここで，$\psi =$ 一定は流線を表すので，流線は $y =$ 一定となる。

図1.1 (c) の一様流について複素速度を求めてみよう。(1.1-1) 式を z で微分すると

$$\frac{dw}{dz} = V \quad (1.1\text{-}4)$$

となる。すなわち，流速が V で，流れの方向は $\lambda=0$，すなわち x 軸と並行である。

次に，図1.1 (d) の2重涌きだしの複素速度ポテンシャル w は次のように表される。

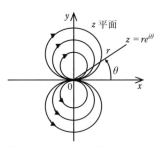

図1.1 (d)　2重涌きだし

$$w = \frac{VR^2}{z} \quad (1.1\text{-}5)$$

2重涌きだしの複素速度は，w を z で微分して次のようになる。

$$\frac{dw}{dz} = -\frac{VR^2}{z^2} = -\frac{VR^2}{r^2}e^{-i2\theta} = \frac{VR^2}{r^2}e^{-i(2\theta+\pi)} \quad (1.1\text{-}7)$$

ここで，π は180°である。このとき，

距離 $r=R$，$\theta=90°$ の位置では　＜流速 $q=V$，流れの方向　$\lambda=0°$ ＞

距離 $r=R$，$\theta=180°$ の位置では＜流速 $q=V$，流れの方向　$\lambda=180°$ ＞

となる。すなわち，2重涌きだしの $\theta=180°$ の位置での速度は，一様流と反対方向の流線を持つことがわかる。

さて，いよいよ図1.1 (a) の円柱の流れを検討しよう。

円柱の流れは，一様流と2重涌きだしを加えた，次式の複素速度ポテンシャルで表される。

$$w = V\left(z + \frac{R^2}{z}\right) \quad (1.1\text{-}8)$$

円柱の表面上の点における流れは，(1.1-8) 式で $z=Re^{i\theta}$ とおいて

$$w = \phi + i\psi = V(Re^{i\theta} + Re^{-i\theta}) = 2VR\cos\theta, \quad \therefore \psi=0 \text{（一定）} \quad (1.1\text{-}9)$$

すなわち，流れ関数が一定であるから，円柱表面は1つの流線になっているこ

とがわかる。円柱表面上の複素速度は次のようになる。

$$\frac{dw}{dz}=qe^{-i\lambda}=V\left(1-\frac{R^2}{z^2}\right)$$
$$=V(1-e^{-i2\theta}) \qquad (1.1\text{-}10)$$
$$=i2Ve^{-i\theta}\sin\theta$$
$$=2V\sin\theta\cdot e^{-i(\theta-\pi/2)} \quad (\because i=e^{i\pi/2})$$

$\therefore$ 流速 $q=2V\sin\theta,$ (1.1-11a)

方向 $\lambda=\theta-90°$ (1.1-11b)

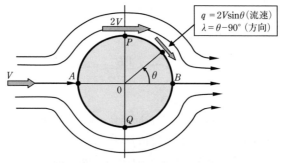

図 1.1 (e)　円柱表面上の速度

すなわち，点 A ($\theta=180°$) では $q=0$ (よどみ点)，点 P ($\theta=90°$) では $q=2V$,$\lambda=0°$ となることがわかる（図 1.1 (e)）。

疑問 1.2　2次元楕円翼の流れ

流れの中におかれた2次元の楕円翼に働く力について考えよう。一様流は角度 α だけ下側から楕円翼にあたるとする。この角度 α は迎角といわれる。点 C はよどみ点で，ここで流れは前縁 A と

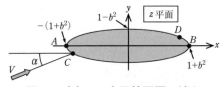

図1.2（a）　2次元楕円翼の流れ

後縁 B に別れて流れていく。このとき，後縁 B における流れは，前縁 A と同様に剥離することなく下面から上面に回り込み，点 D から後方に流れ去っていくと仮定する。このとき，楕円翼にはどのような力が働くだろうか。

図1.2（a）に示すような楕円翼の流れは複雑であるが，楕円翼を円形状に変換して，円のまわりの流れに対応付けて解析すると簡単である。これは等角写像法といわれるが，流体力学の発達はこの等角写像法によるところが大きい。

> 2次元の一般形状の物体の流れは，円形状に変換して解析する等角写像法が便利である。

等角写像法を用いて，楕円翼の流れを解析してみよう。図1.2（a）の z 平面の楕円を，図1.2（b）に示す ζ 平面の円に写像する関数は次のように表される。

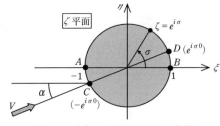

図1.2（b）　ζ 平面の円に変換

$$z = \zeta + \frac{b^2}{\zeta} \qquad \therefore \frac{dz}{d\zeta} = 1 - \frac{b^2}{\zeta^2} \qquad (1.2\text{-}1)$$

ただし，$b \leq 1$ である。なお，ζ はツェータと読む。

ζ 平面の円の半径は 1 としたので，円上の点は次のように表される。

$$\zeta = e^{i\sigma} \qquad (\sigma はシグマと読む) \qquad (1.2\text{-}2)$$

このとき，z 平面の楕円上の点は次のようになる。

$$z = e^{i\sigma} + b^2 e^{-i\sigma} = (1+b^2)\cos\sigma + i(1-b^2)\sin\sigma \qquad (1.2\text{-}3)$$

ζ 平面の円と z 平面の楕円との対応をみてみよう。

円上の点 A （$\sigma=180°$）は $< x=-(1+b^2),\ y=0 >$ （楕円上の点 A）

円上の点 B （$\sigma=0°$）は $< x=1+b^2,\ y=0 >$ （楕円上の点 B）

円上の点 C （$\sigma=\sigma_0+\pi$）は $< x=-(1+b^2)\cos\sigma_0,\ y=-(1-b^2)\sin\sigma_0 >$
（楕円上の点 C）

円上の点 D （$\sigma=\sigma_0$）は $< x=(1+b^2)\cos\sigma_0,\ y=(1-b^2)\sin\sigma_0 >$
（楕円上の点 D）

なお，(1.2-1) 式の写像関係式は，$b=1$ とすると平板となることがわかる。

次に，図 1.2 (c) に示す ζ 平面の円柱の流れを求めよう。

一様流および 2 重涌きだしもそれぞれ α だけ傾いた場合の複素速度ポテンシャルを用いると，ζ 平面の円柱の流れは次のように表せる。

$$w = V\left(e^{-i\alpha}\zeta + e^{i\alpha}\frac{1}{\zeta}\right) \quad （円柱の流れ） \qquad (1.2\text{-}4)$$

(1.2-4) 式を ζ で微分すると，ζ 平面の流れの速度が次のように得られる。

$$\frac{dw}{d\zeta} = q_\zeta \cdot e^{-i\lambda_\zeta} = V\left(e^{-i\alpha} - e^{i\alpha}\frac{1}{\zeta^2}\right) \qquad (1.2\text{-}5)$$

一方，z 平面の楕円翼の流れの速度は，次のようになる。

$$\frac{dw}{dz} = \frac{dw}{d\zeta} \bigg/ \frac{dz}{d\zeta}$$

$$= V\left(e^{-i\alpha} - e^{i\alpha}\frac{1}{\zeta^2}\right)$$

$$\bigg/ \left(1 - \frac{b^2}{\zeta^2}\right)$$

(1.2-6)

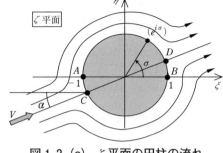

図 1.2 (c)　ζ 平面の円柱の流れ

すなわち，z 平面の楕円翼の流れの速度は，写像変換された ζ 平面の円柱の値で表される。(1.2-6) 式で $|\zeta|$ の値を大きくすると，

$$\left(\frac{dw}{dz}\right)_{|\zeta|\to\infty} = Ve^{-i\alpha} \quad (1.2\text{-}7)$$

となる。従って，z 平面の一様流の流れの角度も，ζ 平面の角度と同じく α であることが確認できる。

これで，変換された ζ 平面の円柱の流れが求まったので，いよいよ z 平面の楕円翼の流れを求める。

楕円翼に働く力を算出しよう。図 1.2 (d) に示すように，2 次元翼上の微小長さ ds に働く圧力を p とすると，翼に働く力は

図 1.2 (d)　2 次元翼に働く力

$$F_x = -\oint p\,dy, \quad F_y = \oint p\,dx \quad (1.2\text{-}8)$$

$$\therefore F_x - iF_y = -\oint p(dy + i dx) = -i\oint p(dx - i dy) = -i\oint p\,d\bar{z}$$

(1.2-9)

ここで，$\bar{z} = x - iy$ で，z の共役複素数である。

次式のベルヌーイの定理から

$$p_0 = p + \frac{1}{2}\rho q^2 \quad (1.2\text{-}10)$$

ここで，p_0 はよどみ点 C の圧力，ρ は空気密度，q は流速である．従って，(1.2-9) 式は次のように変形できる．

$$F_x - iF_y = -i\oint p d\bar{z} = -i\oint \left(p_0 - \frac{1}{2}\rho q^2\right) d\bar{z}$$

$$= -ip_0 \oint dx - p_0 \oint dy + i\frac{\rho}{2} \oint q^2 d\bar{z} \qquad (1.2\text{-}11)$$

ここで，右辺の第 1 項は，積分結果の x が翼を一周するので 0 となる．第 2 項も同様に 0 となる．流速 q は次のように表される．

$$q^2 = \frac{dw}{dz} \cdot \frac{d\bar{w}}{d\bar{z}} \qquad (1.2\text{-}12)$$

従って，(1.2-11) 式は次のようになる．

$$F_x - iF_y = i\frac{\rho}{2} \oint \frac{dw}{dz} \cdot \frac{d\bar{w}}{d\bar{z}} d\bar{z} \qquad (1.2\text{-}13)$$

一方，図 1.2 (d) の翼上の流線においては，流線の方向と流れの方向とは一致するので，次の関係式が成り立つ．

$$\frac{dy}{dx} = \tan \lambda \qquad (1.2\text{-}14)$$

このとき，次のような関係式が得られる．

$$\begin{aligned}\frac{dw}{dz} dz &= qe^{-i\lambda}(dx+idy) = q(\cos\lambda - i\sin\lambda)(dx+idy) \\ &= q\cos\lambda(1 - i\tan\lambda)(dx+idy) \\ &= q\cos\lambda\left(1 - i\frac{dy}{dx}\right)(dx+idy) = q\cos\lambda\left(dx + \frac{dy}{dx}dy\right)\end{aligned} \qquad (1.2\text{-}15)$$

$$\begin{aligned}\frac{d\bar{w}}{d\bar{z}} d\bar{z} &= qe^{i\lambda}(dx-idy) = q(\cos\lambda + i\sin\lambda)(dx-idy) \\ &= q\cos\lambda(1 + i\tan\lambda)(dx-idy) \\ &= q\cos\lambda\left(1 + i\frac{dy}{dx}\right)(dx-idy) = q\cos\lambda\left(dx + \frac{dy}{dx}dy\right)\end{aligned} \qquad (1.2\text{-}16)$$

すなわち，次の関係式が得られる．

$$\frac{dw}{dz} dz = \frac{d\bar{w}}{d\bar{z}} d\bar{z} \qquad (1.2\text{-}17)$$

従って，(1.2-13) 式から次のような公式が得られる．

z 平面の 2 次元翼に働く力は，複素速度ポテンシャル w を用いて，次式で与えられる。

$$F_x - iF_y = i\frac{\rho}{2}\oint \left(\frac{dw}{dz}\right)^2 dz \tag{1.2-18}$$

これは，ブラジウスの第 1 公式といわれる。（ただし，翼を右にみて進む積分の場合は右辺にマイナスがつく。なお，積分路は任意の閉曲線でよい）

次に，翼に働くモーメントの式も導出しておこう。図 1.2 (e) により，z 平面の座標 (x, y) にある翼上の要素 ds に働く圧力によって原点まわりに作用するモーメントを算出しよう。

図 1.2 (e) から，圧力 p によって原点のわりのモーメント M は，時計回りを正にとると，次のように与えられる。

$$M = -\oint xp dx - \oint yp dy$$
$$= -\oint p(xdx + ydy)$$

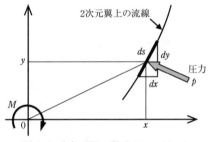

図 1.2 (e) 翼に働くモーメント

(1.2-19)

この式は，力を求めたときと同様に次のように変形できる。

$$M = -\oint \left(p_0 - \frac{1}{2}\rho q^2\right)(xdx + ydy)$$
$$= -p_0\oint xdx - p_0\oint ydy + \frac{\rho}{2}\oint q^2(xdx + ydy) \tag{1.2-20}$$

ここで，右辺の第 1 項は，積分結果の $x^2/2$ が翼を一周するので 0 となる。第 2 項も同様に 0 となる。第 3 項については，次の関係式を利用する。

$$zd\bar{z} = (x+iy)(dx-idy) = (xdx+ydy) + i(ydx-xdy) \tag{1.2-21}$$

従って，(1.2-21) 式の実部を Real [ ] と書くと，

$$\text{Real}[zd\bar{z}] = xdx + ydy \tag{1.2-22}$$

となる。従って，(1.2-20) 式は次のようになる。

12　第1章　揚力の発生原理

$$M = \frac{\rho}{2}\text{Real}\left[\oint q^2 z d\bar{z}\right] = \frac{\rho}{2}\text{Real}\left[\oint \frac{dw}{dz}\cdot\frac{d\bar{w}}{d\bar{z}}z d\bar{z}\right]$$
$$= \frac{\rho}{2}\text{Real}\left[\oint \left(\frac{dw}{dz}\right)^2 z dz\right] \tag{1.2-23}$$

この2つ目の式への変形には，(1.2-17) 式を用いた。これから，次のような公式が得られる。

> z 平面の2次元翼に働く原点における時計まわりのモーメントは，複素速度ポテンシャル w を用いて，次式で与えられる。
> $$M = \frac{\rho}{2}\text{Real}\left[\oint \left(\frac{dw}{dz}\right)^2 z\, dz\right] \tag{1.2-25}$$
> これは，ブラジウスの第2公式といわれる。（ただし，翼を右にみて進む積分の場合は右辺にマイナスがつく）

さて，図1.2 (a) の楕円翼に働く力およびモーメントをブラジウスの公式を用いて求めてみよう。まず，ブラジウスの第1公式より，力を求める。

$$\left(\frac{dw}{dz}\right)^2 dz = \left(\frac{dw}{d\zeta}\cdot\frac{d\zeta}{dz}\right)^2 dz = \left(\frac{dw}{d\zeta}\right)^2\cdot\frac{d\zeta}{dz}\cdot\frac{d\zeta}{dz}dz = \left(\frac{dw}{d\zeta}\right)^2 \frac{1}{dz/d\zeta}d\zeta \tag{1.2-24}$$

ここで，z 平面の楕円翼と ζ 平面の円の関係 $dz/d\zeta$ は (1.2-1) 式，また，$dw/d\zeta$ は (1.2-5) 式から，(1.2-24) 式が次のように得られる。

$$\left(\frac{dw}{dz}\right)^2 dz = V^2\left(e^{-i2\alpha} - 2\frac{1}{\zeta^2} + e^{i2\alpha}\frac{1}{\zeta^4}\right)\Big/\left(1 - \frac{b^2}{\zeta^2}\right)\cdot d\zeta$$
$$= V^2\left\{e^{-i2\alpha} + (b^2 e^{-i2\alpha} - 2)\frac{1}{\zeta^2} + \cdots\right\}d\zeta \tag{1.2-26}$$

ここで，閉曲線に沿って一周する複素積分に関して次の重要な公式がある。

> 閉曲線に沿って一周する複素積分において，次の公式がある。
> $$\oint_c \zeta^n d\zeta = i2\pi \quad (n = -1)$$
> $$= 0 \quad (n \neq -1)$$
> （コーシーの公式） $\tag{1.2-27}$

(1.2-26) 式をブラジウスの第1公式に代入して，コーシーの公式を適用すると，楕円翼に働く力が次のように得られる．

$$F_x - iF_y = i\frac{\rho}{2}\oint\left(\frac{dw}{dz}\right)^2 dz = i\frac{\rho V^2}{2}\oint\left\{e^{-i2\alpha} + (b^2 e^{-i2\alpha} - 2)\frac{1}{\zeta^2} + \cdots\right\}d\zeta = 0$$
(1.2-28)

すなわち，迎角 α の楕円翼の揚力および抗力は0となる．

次に，ブラジウスの第2公式を用いて，楕円翼に働くモーメントを求めてみよう．(1.2-1) 式の z と ζ の写像関係式を用いると，モーメントは次のようになる．

$$M = \frac{\rho}{2}\text{Real}\left[\oint\left(\frac{dw}{dz}\right)^2 z\, dz\right]$$

$$= \frac{\rho}{2}\text{Real}\left[\oint V^2\left\{e^{-i2\alpha} + (b^2 e^{-i2\alpha} - 2)\frac{1}{\zeta^2} + \cdots\right\}\left(\zeta + \frac{b^2}{\zeta}\right)d\zeta\right]$$

$$= \frac{\rho V^2}{2}\text{Real}\left[\oint\left\{e^{-i2\alpha}\zeta + 2(b^2 e^{-i2\alpha} - 1)\frac{1}{\zeta} + \cdots\right\}d\zeta\right] = 2\pi\rho V^2 b^2 \sin 2\alpha$$
(1.2-29)

すなわち，迎角 α の楕円翼には中心において時計まわりのモーメントが生じる．楕円翼についてまとめると次のようである．

迎角 α の楕円翼に働く力（揚力および抗力）は0である．

$$F_x = F_y = 0$$
(1.2-30)

中心において時計まわりのモーメントが生じる．

$$M = 2\pi\rho V^2 b^2 \sin 2\alpha$$
(1.2-31)

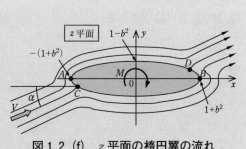

図 1.2 (f)　z 平面の楕円翼の流れ

参考のため,図1.2(c)に示したζ平面の円柱の流れについても,ブラジウスの公式により力およびモーメントを確認しておこう.(1.2-5)式をブラジウスの第1公式に代入すると,次の結果を得る.

$$F_\xi - iF_\eta = i\frac{\rho}{2}\oint \left(\frac{dw}{d\zeta}\right)^2 d\zeta = i\frac{\rho V^2}{2}\oint \left(e^{-i2\alpha} - 2\frac{1}{\zeta^2} + e^{-i2\alpha}\frac{1}{\zeta^4}\right)d\zeta = 0$$

(1.2-32)

次に,ブラジウスの第2公式より,円柱のモーメントは次のような結果を得る.

$$\begin{aligned}M &= \frac{\rho}{2}\mathrm{Real}\left[\oint \left(\frac{dw}{d\zeta}\right)^2 \zeta\, d\zeta\right] \\ &= \frac{\rho V^2}{2}\mathrm{Real}\left[\oint \left\{e^{-i2\alpha} - 2\frac{1}{\zeta^2} + e^{-i2\alpha}\frac{1}{\zeta^4}\right\}\zeta\, d\zeta\right] \\ &= \frac{\rho V^2}{2}\mathrm{Real}\left[\oint \left\{e^{-i2\alpha}\zeta - 2\frac{1}{\zeta} + e^{-i2\alpha}\frac{1}{\zeta^3}\right\}d\zeta\right] \\ &= \frac{\rho V^2}{2}\mathrm{Real}\left[i2\pi \times (-2)\right] = 0\end{aligned}$$

(1.2-33)

参考のため求めた円柱についての結果をまとめると次のようである.

迎角αの円柱に働く力(揚力および抗力)は0である.

$$F_\xi = F_\eta = 0$$

(1.2-34)

中心におけるモーメントは0である.

$$M = 0 \quad (1.2\text{-}35)$$

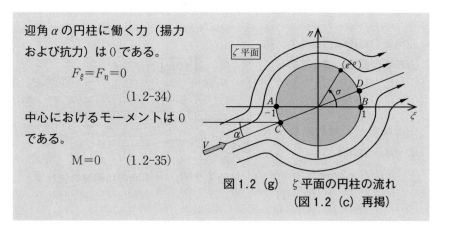

図1.2 (g) ζ平面の円柱の流れ
(図1.2 (c) 再掲)

【疑問 1.2】 2 次元楕円翼の流れ　15

　以上の結果から，次のような疑問がわく。すなわち，ζ 平面の迎角 α の円柱には，力およびモーメントは 0 であるのに，それを等角写像した z 平面の楕円翼には，力は 0 であるが，時計まわりのモーメントが生じる。なぜ楕円翼を回転させるようなモーメントが生じるのだろうか。

　これを知るために，楕円翼まわりの圧力の変化をみてみよう。1 つの流線である楕円翼まわりの圧力を p，よどみ点（ここでの流速は 0）の圧力を p_0 として，次のようになる。

$$\frac{p-p_0}{(1/2)\rho V^2} = -\left(\frac{q}{V}\right)^2 = -\frac{1}{V^2}\cdot\frac{dw}{dz}\cdot\frac{d\overline{w}}{d\overline{z}} \qquad (1.2\text{-}36)$$

ここで，楕円翼上の点に対応する ζ 平面の円柱上の点（図 1.2（b））として，$\zeta = e^{i\sigma}$ とおけば，(1.2-6) 式から次式が得られる。

$$\frac{dw}{dz} = \frac{dw}{d\zeta}\bigg/\frac{dz}{d\zeta} = V(e^{-i\alpha} - e^{i(\alpha-2\sigma)})/(1 - b^2 e^{-i2\sigma}) \qquad (1.2\text{-}37)$$

$$\therefore \frac{d\overline{w}}{d\overline{z}} = V(e^{i\alpha} - e^{-i(\alpha-2\sigma)})/(1 - b^2 e^{i2\sigma}) \qquad (1.2\text{-}38)$$

(1.2-37) 式および (1.2-38) 式を (1.2-36) 式に代入すると

$$\begin{aligned}-\left(\frac{q}{V}\right)^2 &= -\frac{(e^{-i\alpha} - e^{i(\alpha-2\sigma)})\cdot(e^{i\alpha} - e^{-i(\alpha-2\sigma)})}{(1 - b^2 e^{-i2\sigma})\cdot(1 - b^2 e^{i2\sigma})} \\ &= -2\frac{1 - \cos 2(\alpha-\sigma)}{1 - 2b^2\cos 2\sigma + b^4}\end{aligned} \qquad (1.2\text{-}39)$$

　図 1.2（h）は，$b=0.8$，$\alpha=10°$ として，対応する円柱の角度 σ を $0°\sim360°$ 反時計まわりに，楕円翼の圧力（$-q^2/V^2$）を求めたものである。後縁 B から後縁側よどみ点 D まで圧力が上昇するが，よどみ点 D を過ぎると前縁 A の手前までは圧力が下がっていく。前縁 A に近づくと，圧力は上がっていき，下面のよどみ点 C で圧力は p_0 となる。下面の圧力も上面の圧力と同様な変化を示すことがわかる。

　図 1.2（h）の流れは，翼の後縁が前縁と同じ後縁半径をもつ場合（すなわちこの翼は前後対象形）としているため，後縁においても流れが下面から上面まで巻き上がり前後対象な流れとなっている。このとき，上面は前縁付近が大きな負圧，下面の後縁付近が大きな負圧が生じる。その結果，この翼は回転す

るモーメントを生じる。ただし，上面と下面の負圧はキャンセルして合計の揚力は0となる。

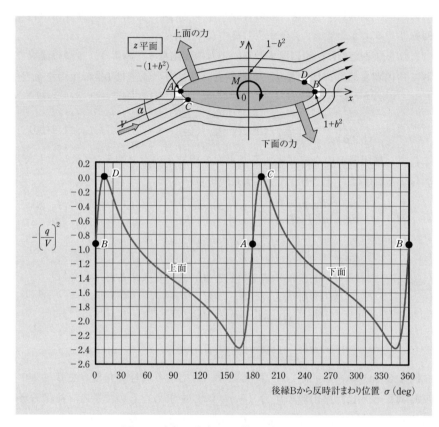

図 1.2 (h)　迎角 α の楕円翼上の圧力

以上の結果は，次のようにまとめられる。

迎角 α の楕円翼には，後縁も前縁と同様な流れと仮定すると，下面にも上面と同様な圧力変化が生じて，中心において時計まわりのモーメントが発生する。

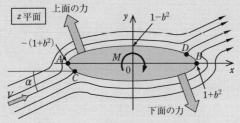

図 1.2（i） 楕円翼に作用する力

迎角 α の円柱には，上下面とも同じ圧力変化が生じて，中心におけるモーメントは発生しない。

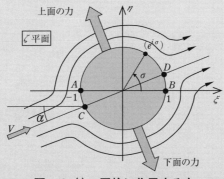

図 1.2（j） 円柱に作用する力

⇒ すなわち，物体に働く流体力は，上下面の圧力変化による結果であり，物体まわりの循環ではない。

物体に働く揚力やモーメント発生の要因を，物体まわりの循環という概念で一般的に説明されるが，揚力やモーメントは循環理論ではなく，上下面の圧力変化によることを以下説明していく。

疑問 1.3　回転円柱の流れ

図 1.3（a）のように，流れの中におかれた回転している円柱には，上側に揚力が発生することが知られている。これはマグナス効果といわれる現象である。回転によって図 1.3（a）のように円柱に循環といわれる流れが生じて揚力が発生すると説明されている。この循環とはどのようなものなのだろうか。

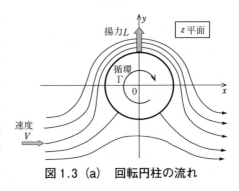

図 1.3（a）　回転円柱の流れ

　回転円柱に働く揚力は，円柱まわりに循環が生じることによって生じると一般的に説明されている。これを具体的に検討してみよう。次式で表される複素速度ポテンシャル w を考える。

$$w = i\frac{\Gamma}{2\pi}\log z \quad (1.3\text{-}1)$$

ここで，Γ は原点においた渦の強さを表し，これによる円柱表面上の流速を円柱回りに線積分した循環の値も Γ となる。(1.3-1) 式を微分すると

$$\frac{dw}{dz} = i\frac{\Gamma}{2\pi}\cdot\frac{1}{z} \quad (1.3\text{-}2)$$

いま，z 平面の点は $z = re^{i\theta}$ と表せるから，(1.3-2) 式は次のようになる。

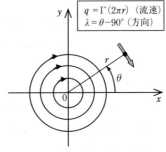

図 1.3（b）　循環 Γ による流れ

$$\frac{dw}{dz} = qe^{-i\lambda} = i\frac{\Gamma}{2\pi}\cdot\frac{1}{r}e^{-i\theta} = \frac{\Gamma}{2\pi r}e^{-i(\theta-\pi/2)} \tag{1.3-3}$$

ここで，q は流速，λ は流れの方向を表し，次のようになる．

$$\text{流速：} q = \frac{\Gamma}{2\pi r}, \quad \text{流れの方向：} \lambda = \theta - 90° \tag{1.3-4}$$

すなわち，(1.3-1) 式で表される流れは，図 1.3（b）に示すように，原点からの距離 r，角度 θ の点では，流速が r に反比例し，流れの方向は θ 方向と直角となり，原点まわりを時計方向にまわる流れを表す．なお，複素速度ポテンシャルを用いた流れについては，次の事項を前提としている．

> 複素速度ポテンシャルで表される流れは粘性なし（渦なし）の流れであるが，次のように仮定することで実際の流れを解析できる．
> 仮定①：物体の表面は粘性により流速は 0 となるが，物体表面近くに発生する境界層といわれる薄い層の外側の流れは複素速度ポテンシャル流れが適用できる．
> 仮定②：翼の後縁のように鋭角である箇所では，流れは回り込めない．

このような前提によって，複素速度ポテンシャルを用いた流れの解析は，流体の物理的性質を十分に満足する結果を与えるものとなる．従って，(1.3-1) 式の複素速度ポテンシャルで表される流れも，実際に生じる流れを表していると考えられる．

さて，図 1.3（a）の一様流中の回転円柱の流れを解析してみよう．これは，(1.1-8) 式の一様流中の円柱の流れに，(1.3-1) 式の循環の流れを加えた次式によって表される．

$$w = V\left(z + \frac{R^2}{z}\right) + i\frac{\Gamma}{2\pi}\log z \tag{1.3-5}$$

ここで，R は円柱の半径である．複素速度は (1.3-5) 式を微分して次のように得られる．

$$\frac{dw}{dz} = V\left(1 - \frac{R^2}{z^2}\right) + i\frac{\Gamma}{2\pi z} \tag{1.3-6}$$

従って，円柱の表面上の流れは $z = Re^{i\theta}$ とおいて次のようになる．

【疑問 1.3】回転円柱の流れ

$$\frac{dw}{dz}=V(1-e^{-i2\theta})+i\frac{\Gamma}{2\pi R}e^{-i\theta}=\left(2V\sin\theta+\frac{\Gamma}{2\pi R}\right)e^{-i(\theta-\pi/2)}$$
(1.3-7)

$$\therefore 流速 \quad q=2V\sin\theta+\frac{\Gamma}{2\pi R}, \quad 流れの方向 \quad \lambda=\theta-90° \quad (1.3-8)$$

すなわち,一様流中に置かれた回転円柱の表面の速度は,循環がない場合の速度に循環流による速度が加わった流れになることがわかる。

一方,よどみ点は $dw/dz=0$ であるから,円柱表面でよどみ点が生じる条件は次式であることがわかる。

$$\Gamma=-4\pi VR\sin\theta$$
(1.3-9)

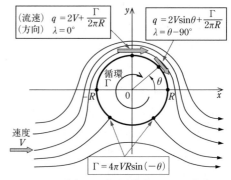

図 1.3 (c) 回転円柱表面上の速度

これらの流れの様子を図 1.3 (c) に示す。

次に,図 1.3 (c) の回転円柱に働く揚力 L および抗力 D について計算してみよう。(1.2-18) 式のブラジウスの第 1 公式を用いると

$$\begin{aligned}D-iL&=i\frac{\rho}{2}\oint\left(\frac{dw}{dz}\right)^2 dz=i\frac{\rho}{2}\oint\left\{V\left(1-\frac{R^2}{z^2}\right)+i\frac{\Gamma}{2\pi z}\right\}^2 dz\\&=i\frac{\rho}{2}\oint\left\{V^2+i\frac{V\Gamma}{\pi}\cdot\frac{1}{z}-\left(2V^2R^2+\frac{\Gamma^2}{4\pi^2}\right)\frac{1}{z^2}\right.\\&\quad\left.-i\frac{V\Gamma R^2}{\pi}\cdot\frac{1}{z^3}+V^2R^4\cdot\frac{1}{z^4}\right\}dz\\&=i\frac{\rho}{2}\left[i2\pi\left(i\frac{V\Gamma}{\pi}\right)\right]=-i\rho V\Gamma\end{aligned}$$
(1.3-10)

これから,次式が得られる。

$$L=\rho V\Gamma, \quad D=0 \quad (1.3-11)$$

このように,一様流に置かれた円柱が実際に回転している流れは,循環という概念を用いて,揚力が生じることが説明できる。

疑問 1.4 循環理論による2次元平板翼の流れ

　一様流中に迎角 α で置かれた平板翼の揚力 L は,【疑問1.3】にて検討した回転円柱の流れ(図1.3(a))の場合と同様に,翼のまわりの循環を Γ として揚力は $\rho V \Gamma$ で表されると説明される。

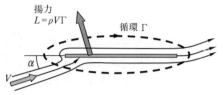

図1.4（a）　循環理論による平板翼

　回転円柱の場合は,実際に円柱が回転しているので,円柱まわりの循環は理解し易いが,平板翼は円柱のように翼が回転するわけではないので,円柱のように循環流れという概念で説明するのは分かりにくい。いわゆる循環理論による翼の揚力発生の説明には,翼のまわりになぜ循環が生じるのかという説明がないまま,揚力が $\rho V \Gamma$ で表されるという結果だけの説明になっている。ここでは,まずその循環理論を確認しておこう。

　いわゆる循環理論による翼の揚力発生について,平板翼を例として確認しておこう。

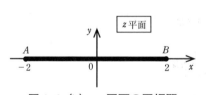

図1.4（b）　z 平面の平板翼

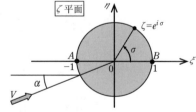

図1.4（c）　ζ 平面の円に変換

　図1.4（b）に示す z 平面の長さ4の平板翼を,図1.4（c）に示す ζ 平面の単位円に写像する関数は次のように表される。

$$z = \zeta + \frac{1}{\zeta}, \quad \therefore \frac{dz}{d\zeta} = 1 - \frac{1}{\zeta^2} \tag{1.4-1}$$

【疑問 1.4】循環理論による 2 次元平板翼の流れ

ここで，ζ 平面の円の流れの複素速度ポテンシャルは，循環を伴う流れとして次式である．

$$w = V\left(e^{-i\alpha}\zeta + e^{i\alpha}\frac{1}{\zeta}\right) + i\frac{\Gamma}{2\pi}\log \zeta \tag{1.4-2}$$

この式を ζ で微分すると，ζ 平面の流れの複素速度が得られる．

$$\frac{dw}{d\zeta} = V\left(e^{-i\alpha} - e^{i\alpha}\frac{1}{\zeta^2}\right) + i\frac{\Gamma}{2\pi}\cdot\frac{1}{\zeta} \tag{1.4-3}$$

平板翼の働く力を，ブラジウスの第 1 公式で計算しよう．

$$F_x - iF_y = i\frac{\rho}{2}\oint_c \left(\frac{dw}{dz}\right)^2 dz = i\frac{\rho}{2}\oint_c \left(\frac{dw}{d\zeta}\right)^2 \frac{d\zeta}{dz}d\zeta \tag{1.4-4}$$

ここで，円の外部では $|1/\zeta| < 1$ であるから，次式は次のように展開できる．

$$\left(\frac{dw}{dz}\right)^2 \frac{dz}{d\zeta} = \left(\frac{dw}{d\zeta}\right)^2 \frac{d\zeta}{dz}$$

$$= \left\{V\left(e^{-i\alpha} - e^{i\alpha}\frac{1}{\zeta^2}\right) + i\frac{\Gamma}{2\pi}\cdot\frac{1}{\zeta}\right\}^2 \Big/ \left(1 - \frac{1}{\zeta^2}\right)$$

$$= V^2 e^{-i2\alpha} + i\frac{V\Gamma e^{-i\alpha}}{\pi}\cdot\frac{1}{\zeta} - \left(2V^2 - V^2 e^{-i2\alpha} + \frac{\Gamma^2}{4\pi^2}\right)\frac{1}{\zeta^2} + \cdots \tag{1.4-5}$$

従って，

$$F_x - iF_y = i\frac{\rho}{2}\oint_c \left(\frac{dw}{d\zeta}\right)^2 \frac{d\zeta}{dz}d\zeta$$

$$= i\frac{\rho}{2}\oint_c \left\{V^2 e^{-i2\alpha} + i\frac{V\Gamma e^{-i\alpha}}{\pi}\cdot\frac{1}{\zeta} - \left(2V^2 - V^2 e^{-i2\alpha} + \frac{\Gamma^2}{4\pi^2}\right)\frac{1}{\zeta^2} + \cdots\right\}d\zeta$$

$$= i\frac{\rho}{2}\left[i2\pi\left(i\frac{V\Gamma e^{-i\alpha}}{\pi}\right)\right] = -\rho V\Gamma(\sin\alpha + i\cos\alpha) \tag{1.4-6}$$

これから，次式を得る．

$$F_x = -\rho V\Gamma \sin\alpha, \quad F_y = \rho V\Gamma \cos\alpha \tag{1.4-7}$$

$$\therefore L = F_y\cos\alpha - F_x\sin\alpha = \rho V\Gamma(\cos^2\alpha + \sin^2\alpha) = \rho V\Gamma \tag{1.4-8}$$

$$D = F_x\cos\alpha + F_y\sin\alpha = \rho V\Gamma(-\sin\alpha\cos\alpha + \sin\alpha\cos\alpha) = 0 \tag{1.4-9}$$

一方，z 平面の複素速度は，次のようになる．

$$\frac{dw}{dz} = \frac{dw}{d\zeta}\Big/\frac{dz}{d\zeta} = \left\{V\left(e^{-i\alpha} - e^{i\alpha}\frac{1}{\zeta^2}\right) + i\frac{\Gamma}{2\pi}\cdot\frac{1}{\zeta}\right\}\Big/\left(1 - \frac{1}{\zeta^2}\right) \quad (1.4\text{-}10)$$

すなわち，z 平面の平板翼の流れの速度は，写像変換された ζ 平面の変数で表現される．

さて，循環の値 Γ は次のように決める．すなわち，平板翼の後縁の速度が無限大にならないためには，対応する円上 $\zeta=1$ において $dw/d\zeta$ が 0 となる必要がある．

$$\left(\frac{dw}{d\zeta}\right)_{\zeta=1} = V(e^{-i\alpha} - e^{i\alpha}) + i\frac{\Gamma}{2\pi} = -i2V\sin\alpha + i\frac{\Gamma}{2\pi} = 0 \quad (1.4\text{-}11)$$

$$\therefore \Gamma = 4\pi V \sin\alpha \quad (1.4\text{-}12)$$

このように翼の後縁から流れが滑らかに流れ去るとして循環の値を決定する方法は，クッタ・ジュコフスキーの条件と呼ばれている．このとき，揚力は次のように表される．

$$F_x = -4\pi\rho V^2 \sin^2\alpha, \quad F_y = 4\pi\rho V^2 \sin\alpha\cos\alpha \quad (1.4\text{-}13)$$

$$L = F_y\cos\alpha - F_x\sin\alpha = 4\pi\rho V^2(\cos^2\alpha + \sin^2\alpha)\sin\alpha$$
$$= 4\pi\rho V^2\sin\alpha = \frac{1}{2}\rho V^2 S C_L, \quad (S = 4\times 1) \quad (1.4\text{-}14a)$$

$$\therefore C_L = 2\pi\sin\alpha \quad (1.4\text{-}14b)$$

ここで，C_L は無次元の揚力係数である．2次元の揚力係数は通常 C_l で表すことが多いが，C_l はローリングモーメント係数として使われるので，本書では C_L の表示を用いる．

次に，ブラジウスの第2公式により，中心における時計まわりのモーメントを計算してみよう．

$$M = \frac{\rho}{2}\text{Real}\left[\oint\left(\frac{dw}{dz}\right)^2 z\,dz\right] = \frac{\rho}{2}\text{Real}\left[\oint\left(\frac{dw}{dz}\right)^2 z\frac{dz}{d\zeta}d\zeta\right] \quad (1.4\text{-}15)$$

そこで，次式を求める．

$$\left(\frac{dw}{dz}\right)^2 z \frac{dz}{d\zeta} = \left(\frac{dw}{d\zeta}\right)^2 z \frac{d\zeta}{dz}$$

$$= \left\{V\left(e^{-i\alpha} - e^{i\alpha}\frac{1}{\zeta^2}\right) + i\frac{\Gamma}{2\pi}\cdot\frac{1}{\zeta}\right\}^2 \cdot \left(\zeta + \frac{1}{\zeta}\right)\Big/\left(1 - \frac{1}{\zeta^2}\right)$$

$$= V^2 e^{-i2\alpha}\zeta + i\frac{V\Gamma e^{-i\alpha}}{\pi} - \left(i4V^2 e^{-i\alpha}\sin\alpha + \frac{\Gamma^2}{4\pi^2}\right)\frac{1}{\zeta} + \cdots$$

(1.4-16)

これから，中心における時計まわりのモーメントが次のように得られる．

$$M = \frac{\rho}{2}\text{Real}\left[\oint\left(\frac{dw}{dz}\right)^2 z \frac{dz}{d\zeta}d\zeta\right]$$

$$= \frac{\rho}{2}\text{Real}\left[i2\pi\left(-i4V^2 e^{-i\alpha}\sin\alpha - \frac{\Gamma^2}{4\pi^2}\right)\right] \qquad (1.4\text{-}17)$$

$$= 4\pi\rho V^2 \sin\alpha\cos\alpha = L\cos\alpha$$

$$= \frac{1}{2}\rho V^2 S\bar{c}C_m, \qquad (S=4\times 1, \ \bar{c}=4)$$

$$\therefore C_m = \frac{1}{2}\pi\sin\alpha\cos\alpha = 0.25\,C_L\cos\alpha \qquad (1.4\text{-}18)$$

これは，中心から翼弦長の 1/4 に揚力の作用点があることを表している．この作用点は前縁から 1/4 の位置である．これらの結果を図 1.4 (d) に示す．(1.4-17) 式から，モーメントには循環の値 Γ は無関係であることがわかる．

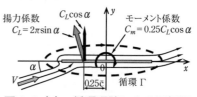

図 1.4 (d)　循環理論による平板翼

以上の循環理論による平板翼の結果を，【疑問 1.2】で検討した楕円翼と比較したものを次に示す．

- 迎角 α の平板翼には，循環理論により揚力が生じる。
- モーメントは循環の値には無関係で，【疑問1.2】で検討した循環のない楕円翼の厚みを0（$b=1$）としたモーメントに一致する。

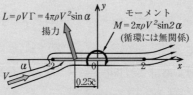

図1.4（e）　循環理論による平板翼

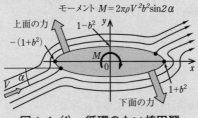

図1.4（f）　循環のない楕円翼

疑問 1.5 循環理論による平板翼上の流れの様子

循環理論による平板翼の揚力は $\rho V \Gamma$ で表されることがわかったが，循環の値 Γ は z 平面の平板翼を ζ 平面に写像した円のまわりの流れに対して定義したものである．この循環の流れは，z 平面の平板翼上ではどのような流れになっているのだろうか．詳細を調べてみよう．

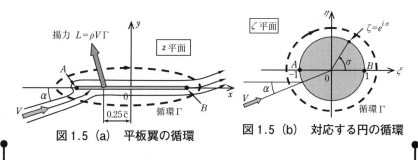

図1.5 (a) 平板翼の循環　　図1.5 (b) 対応する円の循環

【疑問1.4】で検討した循環理論による平板翼の揚力計算は，z 平面の平板翼を ζ 平面の単位円に写像（次式）して実施している．

$$z = \zeta + \frac{1}{\zeta}, \quad \therefore \frac{dz}{d\zeta} = 1 - \frac{1}{\zeta^2} \tag{1.5-1}$$

ζ 平面の単位円まわりの流れの複素速度ポテンシャルは次式である．

$$w = V\left(e^{-i\alpha}\zeta + e^{i\alpha}\frac{1}{\zeta}\right) + i\frac{\Gamma}{2\pi}\log \zeta, \quad \Gamma = 4\pi V \sin\alpha \tag{1.5-2}$$

ここで，Γ は循環である．この式を ζ で微分すると，ζ 平面の流れの複素速度が次のように得られる．

$$\frac{dw}{d\zeta} = V\left(e^{-i\alpha} - e^{i\alpha}\frac{1}{\zeta^2}\right) + i\frac{\Gamma}{2\pi} \cdot \frac{1}{\zeta} \tag{1.5-3}$$

ここで，$\zeta = e^{i\sigma}$ とおけば，単位円上の速度が次のように得られる．

$$\frac{dw}{d\zeta} = \left\{2V\sin(\sigma - \alpha) + \frac{\Gamma}{2\pi}\right\}e^{-i(\sigma - \pi/2)} \tag{1.5-4}$$

ζ平面の円上の流速は，(1.5-2) 式の Γ を代入すると次のようになる．

$$\text{流速：}(q)_\zeta = 2V\sin(\sigma-\alpha) + \frac{\Gamma}{2\pi} = 2V\{\sin(\sigma-\alpha) + \sin\alpha\} \tag{1.5-5}$$

これから，z平面の平板翼の複素速度は次のように表される．

$$\frac{dw}{dz} = \frac{dw}{d\zeta} \Big/ \frac{dz}{d\zeta} = \left\{ V\left(e^{-i\alpha} - e^{i\alpha}\frac{1}{\zeta^2}\right) + i\frac{\Gamma}{2\pi}\cdot\frac{1}{\zeta} \right\} \Big/ \left(1 - \frac{1}{\zeta^2}\right) \tag{1.5-6}$$

ここで，$\zeta = e^{i\sigma}$ とおけば，平板翼上の複素速度が次のように得られる．

$$\frac{dw}{dz} = \frac{dw}{d\zeta} \Big/ \frac{dz}{d\zeta} = V\frac{\sin(\sigma-\alpha) + \sin\alpha}{\sin\sigma} \tag{1.5-7}$$

従って，z平面の平板翼の流速は次のように表される．

$$\text{流速：}q = V\frac{\sin(\sigma-\alpha) + \sin\alpha}{\sin\sigma} \tag{1.5-8}$$

すなわち，平板翼の流速は，単位円の流速を $2\sin\sigma$ で割った値となる．この循環理論による平板翼の流速の内訳を図1.5 (c) に示す．ただし，ここでの流速が負となっているのは，流れの方向が x 軸の負の方向であることを示している．

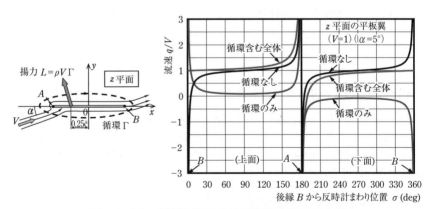

図1.5 (c)　循環理論による平板翼の流速の内訳

図1.5 (c) の平板翼の流速について詳細にみてみよう．

【疑問 1.5】循環理論による平板翼上の流れの様子

①循環なしの流速

　平板翼上面（$0 \leq \sigma \leq 180°$）では，後縁 B の流速は $-\infty$，$\sigma = \alpha = 5°$ の流速は 0 となる。そして，前縁側に近づくにつれて流速は増していき，前縁の流速は $+\infty$ となる。

　平板翼下面（$180° < \sigma \leq 360°$）では，前縁 A の流速は $-\infty$，$\sigma = 180 + \alpha = 185°$ の流速は 0 となる。そして，後縁側に近づくにつれて流速は増していき，後縁 B の流速は $+\infty$ となる。

②循環のみの流速

　平板翼上面では，後縁と前縁で流速は $+\infty$ で，それ以外の流速は正の値であるが大きくはない。

　平板翼下面では，前縁と後縁で流速は $-\infty$ で，それ以外の流速は負の値であるが大きくはない。

③循環を含む全体

　上記①と②を加えたもので，これが循環理論による平板翼の流速であり，次のようになっている。

　平板翼上面では，後縁 B の流速は $\cos\alpha$，後縁から少し前縁側の $\sigma = \alpha$ に対応する点の流速は 1，さらに，前縁側に近づくにつれて流速は循環の影響で増していき，前縁 A の流速は $+\infty$ となる。

　平板翼下面では，前縁 A の流速は $-\infty$，前縁から少し後縁側の $\sigma = 180 + \alpha$ に対応する点の流速は-1，$\sigma = 185 + \alpha$ に対応する点の流速は 0，さらに，後縁側に近づくと流速は正の値になり，後縁 B に達すると流速は $\cos\alpha$ の値まで回復する。

　図 1.5（c）からわかるように，循環なしの平板翼の流速は，上面の後縁 B から前縁 A の流速分布と，下面の前縁 A から後縁 B の流速分布は同じ形である。従って，循環なしの場合の流速をもとに平板翼の揚力を計算しても 0 になる。

　ところが，循環による流れは，上面は流速が正で循環なしの流れと同じ方向

であるので上面の流速は増加する。下面はこの逆で循環なしの流れと反対側であるので流速は減少する。このため，循環の流れを加えると平板翼の上下面に速度差が生じて揚力が発生するわけである。

次に，循環 Γ がどういうものか考えてみよう。いま，図 1.5 (d) に示すように，流速 q，流れの方向 λ とすると，流線に沿った速度の線積分は次式で与えられる。

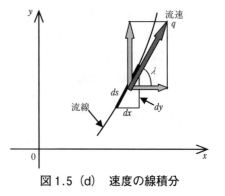

図 1.5 (d) 速度の線積分

$$\oint q\,ds = \oint (q\cos\lambda,\ q\sin\lambda)\cdot(dx,\ dy)$$
$$= \oint (q\cos\lambda\,dx + q\sin\lambda\,dy) \quad (1.5\text{-}9)$$

一方，流線と流れの方向とは一致するので，次の関係式が成り立つ。

$$\frac{dy}{dx} = \tan\lambda \quad (\text{流線の条件}) \qquad (1.5\text{-}10)$$

$$\therefore\ q\cos\lambda\,dy - q\sin\lambda\,dx = 0 \qquad (1.5\text{-}11)$$

この関係式を用いると，(1.5-9) 式は次のように変形できる。

$$\oint q\,ds = \oint \{(q\cos\lambda\,dx + q\sin\lambda\,dy) + i(q\cos\lambda\,dy - q\sin\lambda\,dx)\}$$
$$= \oint \{q\cos\lambda(dx + i\,dy) - i\,q\sin\lambda(dx + i\,dy)\}$$
$$= \oint q e^{-i\lambda}\,dz = \oint \frac{dw}{dz}\,dz$$

$$(1.5\text{-}12)$$

(1.5-12) 式を用いて，図 1.5 (e) の平板翼まわりの速度の線積分を具体的に求めてみる。(1.5-3) 式から

$$\frac{dw}{dz}dz = \left(\frac{dw}{d\zeta}\cdot\frac{d\zeta}{dz}\right)dz$$
$$= \frac{dw}{d\zeta}d\zeta$$

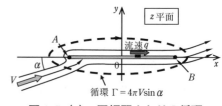

図 1.5 (e) 平板翼まわりの循環

$$= \left\{ V\left(e^{-i\alpha} - e^{i\alpha}\frac{1}{\zeta^2}\right) + i\frac{\Gamma}{2\pi}\cdot\frac{1}{\zeta}\right\}d\zeta \tag{1.5-13}$$

であるので，速度の線積分は次のようになる．

$$\oint q\,ds = \oint \frac{dw}{dz}dz = \oint \frac{dw}{d\zeta}d\zeta = \left[i2\pi\left(i\frac{\Gamma}{2\pi}\right)\right] = -\Gamma \tag{1.5-14}$$

この線積分は反時計まわりを正としているので，図 1.5（e）の平板翼まわりの循環 Γ は時計まわりである．(1.5-14) 式からわかるように，z 平面の平板翼まわりの循環と，ζ 平面の円まわりの循環は等しいことがわかる．

・循環は翼まわりの速度の線積分として次式で表される．

$$\Gamma = -\oint\frac{dw}{dz}dz = -\oint\frac{dw}{d\zeta}d\zeta \quad \text{（時計まわりの循環）}$$

・循環は，翼の写像変換によって変化しない．
・循環は，複素速度ポテンシャル w の中の対数関数の項．

$$w = \cdots + i\frac{\Gamma}{2\pi}\log\zeta + \cdots$$

（上記の循環の式は，流線を閉曲線とした場合であるが，流線ではない ζ 平面の円に対応する閉曲線の線積分でも求まることを【疑問 1.14】で述べる）

ここで検討したように，循環 Γ の概念を導入すると，非常に簡単に翼の揚力が計算できることがわかる．さて，この循環の概念についてもう少し考えてみよう．通常，翼のまわりに循環 Γ が存在することは次のように説明される．

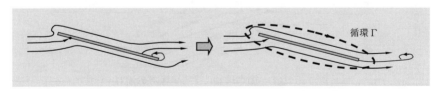

図 1.5（f）　翼のまわりの循環の発生の説明

図 1.5（f）に示すように，流体中で翼を移動させると，翼の後縁から上面

に巻き上がった流れ（出発渦）が発生して，その渦は後方に流れ去っていく。渦の合計は変化しないので，翼まわりには反対まわりの渦が残される。後縁上面に巻き上がった渦がすべて後縁から流れ去ると，後縁からは滑らかに後流側に流れるようになるため渦は発生しなくなる。このとき，翼には一定の渦が残される。これが循環である。この状態は，最初に後縁から上面に巻き上がった渦が翼に到達した点，すなわち，よどみ点が後縁まで後退したと解釈でき，その結果，後縁からの流れが滑らかに流れるようになる[6),8)]。

この説明においては，流れの最初の状態において，翼の後縁付近の上面に生じたよどみ点が後縁まで移動したことで，滑らかに流れるとしている。しかし，図1.5 (c) で示したように，平板翼の後縁における流速は $V\cos\alpha$ であって，よどみ点ではないことに注意する必要がある。平板翼まわりの流速が0，すなわちよどみ点となるのは，翼下面の前縁近くのみである。後縁がよどみ点になっているのは，揚力計算に利用した写像された円柱のまわりの流れにおいて，平板翼の後縁に対応する点であり，ここでの速度を0とすることで循環の値を決めたものである。

循環理論における循環 Γ の決定は，後縁 B がよどみ点（速度0）としたわけではないことに注意が必要である。（後縁に対応する円柱の点の速度を0としたもの）
　⇒平板翼のよどみ点は点 C のみである。
　⇒平板翼の後縁 B の流速は $V\cos\alpha$ である。

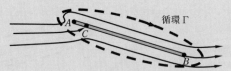

図1.5 (g)　循環理論による平板翼の流れ

なお，【疑問1.15】にて後述するように後縁角のある翼の後縁の流速は0となることが示される。

【疑問1.5】循環理論による平板翼上の流れの様子

循環理論では，平板翼まわりの循環 Γ によって，後縁 B の流速が有限の値となる。図1.5 (c) に示したように，循環を考えない場合の後縁 B の流速は無限大であるが，これに循環を考慮することによって後縁 B の流速を有限の値としている。従って，平板翼まわりに追加した循環は，後縁 B の流速が無限大となっていることがわかる。

図1.5 (f) の循環の説明では，翼から排出された渦に相当する反対側の渦によって，翼まわりに循環が生じるとしているが，図1.5 (g) の後縁 B における流速が無限大となるような循環が翼のまわりにあるというのは，なかなか理解しにくいものである。

循環理論における平板翼の循環 Γ のみによる流速は，前縁 A および後縁 B において無限大となる。
 ⇒翼から排出された渦に相当する循環が，翼まわりに無限大の速度を与えるというのは理解しにくい。
 ⇒後縁 B の流速は $V\cos\alpha$ である。

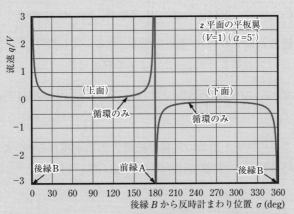

図1.5 (h)　平板翼の循環による流速

> **疑問**
> ## 1.6 循環理論による平板翼のモーメント

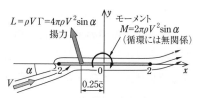

上記【疑問1.4】において，循環理論による平板翼に働く揚力およびモーメントについて検討した。その結果，揚力は $\rho V\Gamma$ となり循環 Γ に関係するが，モーメントについては循環 Γ に無関係であるという結果となった。これはなぜだろうか。

図1.6（a）　循環理論による平板翼
（図1.4（e）再掲）

【疑問1.4】で検討した循環理論による平板翼に働く力は，ブラジウスの第1公式から次のような結果であった。

$$F_x - iF_y = i\frac{\rho}{2}\left[i2\pi\left(i\frac{Ve^{-i\alpha}\Gamma}{\pi}\right)\right] = -\rho V\Gamma(\sin\alpha + i\cos\alpha) \quad (1.6\text{-}1)$$

これから，揚力 L は $\rho V\Gamma$ という結果が得られる。これに対して，モーメント M は，ブラジウスの第2公式から次のような結果であった。

$$M = 2\pi\rho V^2 \text{Real}\left[\sin 2\alpha - i\left(2\sin^2\alpha + \frac{\Gamma^2}{8\pi^2 V^2}\right)\right] = 2\pi\rho V^2 \sin 2\alpha$$

$$(1.6\text{-}2)$$

このように，モーメント計算の過程で循環 Γ の項が現れるが，モーメントはその実数部であるので，結果的に循環 Γ の項は消えてしまう。

参考のため，図1.6（b）に示す循環のない平板翼についてモーメントを計算してみよう。

図1.4（b）に示す z 平面の長さ4の平板翼を，ζ 平面の単位円に写

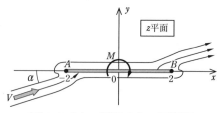

図1.6（b）　循環のない平板翼

像する関数は次のように表される。

$$z = \zeta + \frac{1}{\zeta},$$

$$\therefore \frac{dz}{d\zeta} = 1 - \frac{1}{\zeta^2} \tag{1.6-3}$$

ここで，ζ 平面の円の流れの複素速度ポテンシャルは，循環を考慮しない場合，次式である．

$$w = V\left(e^{-i\alpha}\zeta + e^{i\alpha}\frac{1}{\zeta}\right),$$

$$\therefore \frac{dw}{d\zeta} = V\left(e^{-i\alpha} - e^{i\alpha}\frac{1}{\zeta^2}\right) \tag{1.6-4}$$

ブラジウスの第2公式により，中心における時計まわりのモーメントは

$$M = \frac{\rho}{2}\text{Real}\left[\oint \left(\frac{dw}{dz}\right)^2 z\,dz\right] = \frac{\rho}{2}\text{Real}\left[\oint \left(\frac{dw}{d\zeta}\right)^2 z\frac{d\zeta}{dz}d\zeta\right] \tag{1.6-5}$$

ここで，

$$\left(\frac{dw}{d\zeta}\right)^2 z\frac{d\zeta}{dz} = \left\{V\left(e^{-i\alpha} - e^{i\alpha}\frac{1}{\zeta^2}\right)\right\}^2 \cdot \left(\zeta + \frac{1}{\zeta}\right)\bigg/\left(1 - \frac{1}{\zeta^2}\right)$$

$$= V^2 e^{-i2\alpha}\zeta - i4V^2 e^{-i\alpha}\sin\alpha\frac{1}{\zeta} + \cdots \tag{1.6-6}$$

これから，中心における時計まわりのモーメントが次のように得られる．

$$M = \frac{\rho}{2}\text{Real}[i2\pi(-i4V^2 e^{-i\alpha}\sin\alpha)]$$

$$= 2\pi\rho V^2 \sin 2\alpha \tag{1.6-7}$$

すなわち，図1.6 (b) のように循環のない平板翼についても，モーメント M の値は，循環を考慮した場合と同じモーメントが生じることがわかる．これは，【疑問1.2】で検討した楕円翼に作用する力（図1.2 (i)）と同様に，図1.6 (c) の

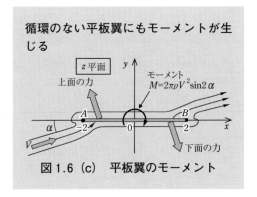

図1.6 (c)　平板翼のモーメント

ような力が働いているからである。

　実際には，図 1.6（c）の平板翼の後縁 B において流れが上面まで巻き上がることはないが，図 1.6（c）の例は，物体に働く力およびモーメントは循環を考えなくとも物体表面の圧力を積分することで求まることを示したものである。

疑問 1.7 循環理論を用いない翼の揚力計算 －自由流線理論

翼に働く揚力は，いわゆる循環理論により計算できることがわかったが，回転円柱のように翼が回転しているわけではないので，翼の揚力を循環で説明するのは難しい。

図 1.7 (a) 循環理論を用いない方法

そこで，循環理論を用いないで，翼の揚力を計算する方法はないのだろうか考えてみよう。翼としては上記で検討した平板翼とする。

既に【疑問 1.2】において，物体に働く流体力は，上下面の圧力変化による結果であり，物体まわりの循環を考えなくてもよいことを述べた。すなわち，翼の揚力を計算するには，循環を導入しなくても，後縁から自然に流線が流れるような流れを作ればよい。

そこで，循環理論を用いないで，図 1.7 (b) に示す自由流線理論を用いた流れを応用してみよう。自由流線理論とは，一様流の流速を 1 としたとき，翼下面の後縁および上面

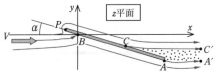

図 1.7 (b) 自由流線理論

の剥離位置から離れる流線上での流速を一様流と同じく 1 と仮定して翼に働く力およびモーメントを計算する理論である。下面の後縁からの自由流線と上面の剥離位置からの自由流線に囲まれた領域は死水域といわれる。

ここでは，循環理論を用いない翼の揚力およびモーメントを計算するために，自由流線理論による流れ[2),3)]を応用してみよう。その理論を用いて，平板翼の上面の剥離点が後縁まで達しているとして，循環理論による計算結果と比較してみよう。

山田恭介氏が1951年に発表した論文[3]には自由流線理論が詳しく説明されている。剥離位置が上面の後縁まで達している場合の流れについても結果が示されているが，詳しい議論はされておらず，またモーメントについては検討されていない。そこで，ここでは文献2)および3)を参考に，剥離位置が上面の後縁まで達している場合として，平板翼に働く力およびモーメントを計算してみよう。

まず，自由流線理論による流れの解析はどのようにするのか説明する。図1.7 (b) に示すように，平板翼の上面が点Cにて剥離して，自由流線CC'により死水域が生じている流れである。後縁からもAA'の自由流線を形成していると仮定する。一様流の速度は$V=1$とし，自由流線AA'およびCC'上の流速は1とする。

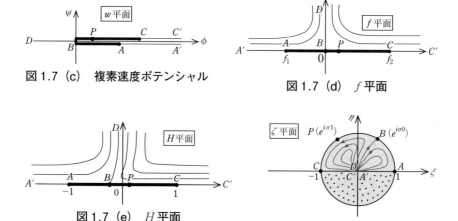

図1.7 (c)　複素速度ポテンシャル

図1.7 (d)　f平面

図1.7 (e)　H平面

図1.7 (f)　ζ平面

図1.7 (c) に示す複素速度ポテンシャルwを，次式によってf平面，H平面 (翼の長さ2)，ζ平面に写像する。

$$w=\phi+i\psi=f^2, \quad f=\frac{f_2-f_1}{2}H+\frac{f_2+f_1}{2}, \quad H=-\frac{1}{2}\left(\zeta+\frac{1}{\zeta}\right)$$

(1.7-1)

ここで，よどみ点Bに対応するζ平面の点Bを$\zeta=e^{i\sigma_0}$とおけば，

【疑問 1.7】循環理論を用いない翼の揚力計算－自由流線理論

$$H = -\frac{1}{2}\left(\zeta + \frac{1}{\zeta}\right) = -\frac{1}{2}(e^{i\sigma_0} + e^{-i\sigma_0}) = -\cos\sigma_0 \qquad (1.7\text{-}2)$$

となる。また，f 平面における AC 間の距離（$f_2 - f_1$）を次のように仮定する。

$$f_2 - f_1 = 2, \quad \therefore f = H + \frac{f_2 + f_1}{2} \qquad (1.7\text{-}3)$$

このとき，点 B は $f = 0$，$H = -\cos\sigma_0$ であるから，

$$\frac{f_2 + f_1}{2} = \cos\sigma_0 \qquad (1.7\text{-}4)$$

の関係式が得られる。従って，複素速度ポテンシャル w は次のように表される。

$$\begin{aligned}w &= f^2 = \left(H + \frac{f_2 + f_1}{2}\right)^2 = \left\{-\frac{1}{2}\left(\zeta + \frac{1}{\zeta}\right) + \frac{f_2 + f_1}{2}\right\}^2 \\ &= \left\{\cos\sigma_0 - \frac{1}{2}\left(\zeta + \frac{1}{\zeta}\right)\right\}^2\end{aligned} \qquad (1.7\text{-}5)$$

すなわち，z 平面の平板翼の流れの複素速度ポテンシャル w が，ζ 平面の半円内の変数 ζ の関数として表された。この後の具体的な解析方法については，【疑問 1.8】以降に詳細に述べる。

1.8 自由流線理論による平板翼の揚力計算法

循環理論を用いないで翼の揚力を計算する方法として,【疑問1.7】において,自由流線理論を用いて,平板翼の流れの複素速度ポテンシャル w を ζ 平面の半円内の変数 ζ の関数として求めた。ここでは,平板翼の上面の剥離点が後縁まで達しているとして,具体的な揚力計算法について検討しよう。

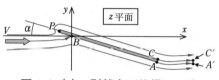

図1.8(a)　剥離点が後縁に一致

図1.8(a) に示すような上面の剥離点が後縁まで達した場合の流れの詳細を知るためには,z 平面の平板翼と ζ 平面の半円との関係を求める必要がある。

z 平面の平板翼の流れの速度は次式で表される。

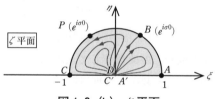

図1.8(b)　ζ 平面

$$\frac{dw}{dz} = qe^{-i\theta} = e^{-i\Omega}, \quad (\Omega = \theta + i\tau) \tag{1.8-1}$$

ここで,$q = e^\tau$ は流速,θ は流れの方向を表す。ζ 平面の半円の内部では,$\Omega(\zeta)$ は正則であるから,実部 $\theta(\zeta)$ が ζ 平面の実軸に関して対称であると仮定すれば,次式の Villat の公式[2] により $\Omega(\zeta)$ は決定される。

$$\Omega(\zeta) = i\tau(0) + \frac{1}{\pi}\int_0^\pi \theta(\sigma) \cdot \frac{1-\zeta^2}{1-2\zeta\cos\sigma+\zeta^2} d\sigma \tag{1.8-2}$$

ただし,$\theta(\sigma)$ は ζ 平面の単位円上の値で σ の関数である。ここで,$\zeta=0$ は無限遠点 A', C' に対応し,流速は $q=1$ で $\tau=0$,また流れの方向は $\theta=0$ である。すなわち,$\Omega(0)=0$ となるから,(1.8-2) 式から次の関係式が得られる。

【疑問 1.8】自由流線理論による平板翼の揚力計算法

$$\Omega(0)=\frac{1}{\pi}\int_0^\pi \theta(\sigma)d\sigma = 0 \tag{1.8-3}$$

このとき，(1.8-2)式は次のようになる．

$$\Omega(\zeta)=\frac{1}{\pi}\int_0^\pi \theta(\sigma)\cdot\frac{1-\zeta^2}{1-2\zeta\cos\sigma+\zeta^2}d\sigma \tag{1.8-4}$$

この積分は次のように実行される．図1.8(a)からわかるように，z平面の平板翼の流れの方向θは，図1.8(b)のζ平面の半円との対応から次のようである．

$$\theta(\sigma)=\begin{cases}-\alpha & (0<\sigma<\sigma_0)\\ \pi-\alpha & (\sigma_0<\sigma<\sigma_1)\\ -\alpha & (\sigma_1<\sigma<\pi)\end{cases} \tag{1.8-5}$$

このとき，(1.8-3)式から次式が得られる．

$$\int_0^\pi \theta(\sigma)\,d\sigma = -\alpha[\sigma]_0^{\sigma_0}+(\pi-\alpha)[\sigma]_{\sigma_0}^{\sigma_1}-\alpha[\sigma]_{\sigma_1}^\pi = \pi(\sigma_1-\sigma_0-\alpha)=0$$
$$\tag{1.8-6}$$

$$\therefore\ \sigma_1-\sigma_0-\alpha=0 \tag{1.8-7}$$

また，次の不定積分の公式

$$\int\frac{1-\zeta^2}{1-2\zeta\cos\sigma+\zeta^2}d\sigma=\sigma+i\log\frac{1-\zeta e^{i\sigma}}{1-\zeta e^{-i\sigma}} \tag{1.8-8}$$

を用いると，(1.8-4)式から次式が得られる．

$$\Omega(\zeta)=-\frac{\alpha}{\pi}\int_0^{\sigma_0}\frac{1-\zeta^2}{1-2\zeta\cos\sigma+\zeta^2}d\sigma+\frac{\pi-\alpha}{\pi}\int_{\sigma_0}^{\sigma_1}\frac{1-\zeta^2}{1-2\zeta\cos\sigma+\zeta^2}d\sigma$$
$$-\frac{\alpha}{\pi}\int_{\sigma_1}^\pi\frac{1-\zeta^2}{1-2\zeta\cos\sigma+\zeta^2}d\sigma\ =i\log\frac{1-\zeta e^{-i\sigma_0}}{1-\zeta e^{i\sigma_0}}\cdot\frac{1-\zeta e^{i\sigma_1}}{1-\zeta e^{-i\sigma_1}}$$
$$\tag{1.8-9}$$

ただし，(1.8-7)式の関係式を用いている．

(1.8-9)式を用いると，(1.8-1)式からz面上の流れの複素速度が次のように得られる．

$$\frac{dw}{dz}=e^{-i\Omega(\zeta)}\ =e^{-i\theta+\tau}=e^{i(\sigma_1-\sigma_0)}\cdot\frac{\sin\dfrac{\sigma_0-\sigma}{2}}{\sin\dfrac{\sigma_0+\sigma}{2}}\cdot\frac{\sin\dfrac{\sigma_1+\sigma}{2}}{\sin\dfrac{\sigma_1-\sigma}{2}} \tag{1.8-10}$$

この式の絶対値をとることにより，次式が得られる．

$$\frac{1}{q}=e^{-\tau(\sigma)}=\left|\frac{\sin\dfrac{\sigma_0+\sigma}{2}}{\sin\dfrac{\sigma_0-\sigma}{2}}\cdot\frac{\sin\dfrac{\sigma_1-\sigma}{2}}{\sin\dfrac{\sigma_1+\sigma}{2}}\right| \qquad (1.8\text{-}11)$$

一方，(1.7-5) 式で求めた複素速度ポテンシャル w を ζ で微分すると

$$\frac{dw}{d\zeta}=-\left\{\cos\sigma_0-\frac{1}{2}\left(\zeta+\frac{1}{\zeta}\right)\right\}\cdot\left(1-\frac{1}{\zeta^2}\right) \qquad (1.8\text{-}12)$$

となるので，(1.8-10) 式と (1.8-12) 式を組み合わせると，次の関係式を得る．

$$\frac{dz}{d\zeta}=\frac{dw}{d\zeta}\bigg/\frac{dw}{dz}=\frac{dw}{d\zeta}e^{i\Omega(\zeta)}=-\left\{\cos\sigma_0-\frac{1}{2}\left(\zeta+\frac{1}{\zeta}\right)\right\}\cdot\left(1-\frac{1}{\zeta^2}\right)e^{i\theta-\tau}$$
$$(1.8\text{-}13)$$

いま，ζ 面の円上の点を $\zeta=e^{i\sigma}$ とおくと，$d\zeta/d\sigma=ie^{i\sigma}$ であるから

$$\frac{dz}{d\sigma}=\frac{dz}{d\zeta}\cdot\frac{d\zeta}{d\sigma}=-\left\{\cos\sigma_0-\frac{1}{2}(e^{i\sigma}+e^{-i\sigma})\right\}\cdot(1-e^{-i2\sigma})e^{i\theta(\sigma)-\tau(\sigma)}\cdot ie^{i\sigma}$$
$$=2e^{i\theta(\sigma)-\tau(\sigma)}\cdot(\cos\sigma_0-\cos\sigma)\cdot\sin\sigma$$
$$(1.8\text{-}14)$$

この式を積分すると z の値が求まる．

$$z=2\int_0^\sigma e^{i\theta(\sigma)-\tau(\sigma)}\cdot(\cos\sigma_0-\cos\sigma)\cdot\sin\sigma\cdot d\sigma \qquad (1.8\text{-}15)$$

この式の絶対値をとることにより，(1.8-7) 式および (1.8-11) 式の関係式を考慮すると，z 面上の翼の長さ $l(\sigma)$ が次のように表される．

$$l(\sigma)=2\int_0^\sigma e^{-\tau(\sigma)}\cdot|\cos\sigma_0-\cos\sigma|\cdot\sin\sigma\cdot d\sigma$$
$$=4\int_0^\sigma \sin^2\frac{\sigma_1-\alpha+\sigma}{2}\cdot\left|\frac{\sin\dfrac{\sigma_1-\sigma}{2}}{\sin\dfrac{\sigma_1+\sigma}{2}}\right|\cdot\sin\sigma\cdot d\sigma \qquad (1.8\text{-}16)$$

この式から，翼の長さ $\bar{c}$ は次のように計算できる．

$$\begin{cases} \bar{c}_{(\text{下面})} = 4\int_0^{\sigma_1} \sin^2\dfrac{\sigma_1-\alpha+\sigma}{2} \cdot \left|\dfrac{\sin\dfrac{\sigma_1-\sigma}{2}}{\sin\dfrac{\sigma_1+\sigma}{2}}\right| \cdot \sin\sigma \cdot d\sigma & (1.8\text{-}17a) \\[2ex] \bar{c}_{(\text{上面})} = 4\int_{\sigma_1}^{\pi} \sin^2\dfrac{\sigma_1-\alpha+\sigma}{2} \cdot \left|\dfrac{\sin\dfrac{\sigma_1-\sigma}{2}}{\sin\dfrac{\sigma_1+\sigma}{2}}\right| \cdot \sin\sigma \cdot d\sigma & (1.8\text{-}17b) \end{cases}$$

この上下面の翼弦長 $\bar{c}$ を図1.8(c)に示す。平板翼の上面の剥離点が後縁まで達している条件は，$\bar{c}_{(\text{下面})} = \bar{c}_{(\text{上面})}$ となることである。この条件を満足することで σ_1 の値が決定される。なお，σ_0 の値は $\sigma_1 - \sigma_0 - \alpha = 0$ の関係式から決定される。

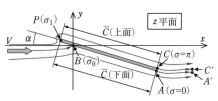

図1.8(c) 上下面の翼弦長 $\bar{c}$

$\alpha = 5°$ のとき，上下面の翼弦長 $\bar{c}$ が等しくなる条件で計算した結果は次のようである。

$$\begin{cases} \sigma_1 = 91.08°, \\ \bar{c}_{(\text{上面})}/\bar{c}_{(\text{下面})} = 0.9996, \\ \bar{c}_{(\text{下面})} = 0.9991 \end{cases} \quad (1.8\text{-}18)$$

この結果を図1.8(d)に示す。

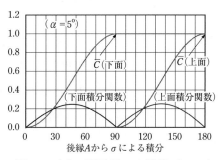

図1.8(d) 翼弦長 $\bar{c}$ の計算 $(\alpha=5°)$

疑問 1.9 自由流線理論による平板翼の揚力の計算結果

自由流線理論を用いて平板翼の揚力 L および抗力 D を具体的に計算してみよう。

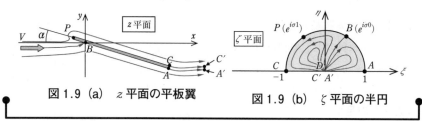

図 1.9 (a) z 平面の平板翼 図 1.9 (b) ζ 平面の半円

図 1.9 (a) に示すような上面の剥離点が後縁まで達した場合の平板翼の揚力および抗力を具体的に計算する。

上記【疑問 1.8】にて求めた (1.8-9) 式を展開すると

$$
\begin{aligned}
\Omega(\zeta) = \theta + i\tau &= i\log\frac{1-\zeta\, e^{-i\sigma_0}}{1-\zeta\, e^{i\sigma_0}} \cdot \frac{1-\zeta\, e^{i\sigma_1}}{1-\zeta\, e^{-i\sigma_1}} \\
&= 2(\sin\sigma_1 - \sin\sigma_0)\zeta + (\sin 2\sigma_1 - \sin 2\sigma_0)\zeta^2 \\
&\quad + \frac{2}{3}(\sin 3\sigma_1 - \sin 3\sigma_0)\zeta^3 + \cdots \\
&= c\zeta + d\zeta^2 + e\zeta^3 + \cdots
\end{aligned}
\tag{1.9-1}
$$

ここで,

$$
c = \Omega'(0) = 2(\sin\sigma_1 - \sin\sigma_0), \quad d = \frac{1}{2}\Omega''(0) = \sin 2\sigma_1 - \sin 2\sigma_0
\tag{1.9-2}
$$

このとき, (1.8-1) 式および (1.9-1) 式から

$$
\begin{aligned}
\frac{dw}{dz} &= e^{-i\Omega} = 1 - i\Omega + \frac{-\Omega^2}{2} + \frac{i\Omega^3}{6} + \cdots \\
&= 1 - ic\zeta + \left(-id - \frac{c^2}{2}\right)\zeta^2 + \left(-ie - cd + \frac{ic^3}{6}\right)\zeta^3 + \frac{c^4}{24}\zeta^4 + \cdots
\end{aligned}
\tag{1.9-3}
$$

【疑問 1.9】自由流線理論による平板翼の揚力の計算結果

一方，(1.8-12) 式を変形すると

$$\frac{dw}{d\zeta} = -\left(-\frac{1}{2}\zeta + \cos\sigma_0 - \frac{\cos\sigma_0}{\zeta^2} + \frac{1}{2\zeta^3}\right) \tag{1.9-4}$$

これから，次式が得られる．

$$\frac{dw}{dz} \cdot \frac{dw}{d\zeta} = -\left\{1 - ic\zeta + \left(-id - \frac{c^2}{2}\right)\zeta^2 + \left(-ie - cd + \frac{ic^3}{6}\right)\zeta^3 + \cdots\right\}$$

$$\times \left(-\frac{1}{2}\zeta + \cos\sigma_0 - \frac{\cos\sigma_0}{\zeta^2} + \frac{1}{2\zeta^3}\right)$$

$$= -\frac{1}{2\zeta^3} + \left(\cos\sigma_0 + \frac{ic}{2}\right)\frac{1}{\zeta^2} + \left(-ic\cos\sigma_0 + i\frac{d}{2} + \frac{c^2}{4}\right)\frac{1}{\zeta} + \cdots \tag{1.9-5}$$

ここで，ブラジウスの第 1 公式（ただし，翼を右にみて進む積分）を適用すると，次のようになる．

$$D - iL = -i\frac{\rho}{2}\oint_c \left(\frac{dw}{dz}\right)^2 dz = -i\frac{\rho}{2}\oint_c \frac{dw}{dz} \cdot \frac{dw}{d\zeta} d\zeta$$

$$= -i\frac{\rho}{2}\left[i2\pi \cdot \left(-ic\cos\sigma_0 + i\frac{d}{2} + \frac{c^2}{4}\right)\right]$$

$$= \frac{\rho\pi c^2}{4} - i\rho\pi\left(c\cos\sigma_0 - \frac{d}{2}\right)$$

$$= \frac{\rho\pi}{4}\Omega'(0)^2 - i\frac{\rho\pi}{4}\left(4\Omega'(0)\cos\sigma_0 - \Omega''(0)\right) \tag{1.9-6}$$

ここで，(1.9-2) 式および $\sigma_0 = \sigma_1 - \alpha$ の関係式を用いると，揚力 L および揚力係数 C_L は

$$L = \frac{\rho\pi}{4}\left(4\Omega'(0)\cos\sigma_0 - \Omega''(0)\right)$$

$$= \frac{\rho\pi}{2}\{4\sin\sigma_1\cos(\sigma_1 - \alpha) - \sin 2(\sigma_1 - \alpha) - \sin 2\sigma_1\}$$

$$= \frac{1}{2}\rho V^2 \bar{c} \times 1 \times C_L, \quad (V=1) \tag{1.9-7}$$

$$\therefore C_L = \frac{\pi}{c}\{4\sin\sigma_1\cos(\sigma_1 - \alpha) - \sin 2(\sigma_1 - \alpha) - \sin 2\sigma_1\} \tag{1.9-8}$$

また，抗力 D および抗力係数 C_D は

$$D = \frac{\rho\pi}{4}\Omega'(0)^2 = \rho\pi\{\sin\sigma_1 - \sin(\sigma_1-\alpha)\}^2 = \frac{1}{2}\rho V^2 \bar{c} \times 1 \times C_D$$
(1.9-9)

$$\therefore C_D = \frac{2\pi}{\bar{c}}\{\sin\sigma_1 - \sin(\sigma_1-\alpha)\}^2 \tag{1.9-10}$$

(1.9-8) 式の揚力係数について，循環理論による揚力係数（$2\pi\sin\alpha$）との比較を図 1.9（c）に示す．迎角 10° 程度まではほとんど一致することがわかる．

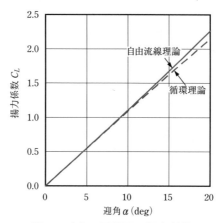

図 1.9（c） 平板翼の揚力係数
（循環理論との比較）

・翼に働く力は，翼表面の圧力を実際に積分すれば求まる

・すなわち，必ずしも循環の概念を取り入れる必要はなく，後縁から自然に流線が流れるような条件を取り入れて，ポテンシャル流を解けばよい．

⇒それは，同じ条件によるポテンシャル流の解は同じ流れを表すからである．

疑問 1.10 自由流線理論による平板翼のモーメント

自由流線理論を用いて平板翼に働くモーメント M を，具体的に計算して循環理論の結果と比較してみよう。

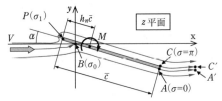

図 1.10 (a) 平板翼のモーメント

図 1.10 (a) に示す平板翼上面の剥離点が後縁まで達した場合のモーメント M を求めよう。

ブラジウスの第 2 公式を用いてモーメントを求める場合は，被積分関数の中に z が入ってくる。そのため，z を ζ 平面の ζ の関数として表す必要があるが，それには【疑問 1.8】にて検討した (1.8-13) 式を ζ で解析的に積分する必要があり複

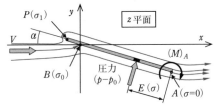

図 1.10 (b) 後縁 A まわりのモーメント

雑である。そこで，ここでは，図 1.10 (b) に示すように，平板翼の後縁 A まわりのモーメント $(M)_A$ を直接数値計算で求めることにする。

まず，図 1.10 (b) に示すように，後縁 A からの距離を表す関数 $E(\sigma)$ を次式で求める。

$$E(\sigma) = 4\int_0^\sigma \sin^2\frac{\sigma_1 - \alpha + \sigma}{2} \cdot \frac{\sin\dfrac{\sigma_1 - \sigma}{2}}{\sin\dfrac{\sigma_1 + \sigma}{2}} \cdot \sin\sigma \cdot d\sigma \qquad (1.10\text{-}1)$$

この式は，【疑問 1.8】で検討した (1.8-16) 式の関数 $l(\sigma)$ において，右辺の絶対値を取り除いた式である。この式を用いると，平板翼の上面側になっても後縁 A からの距離を表す。

平板翼上の点に対応するζ平面の半円上の点として，$\zeta=e^{i\sigma}$とおけば，$\sigma_1-\sigma_0=\alpha$に注意すると，(1.8-10)式から

$$\frac{dw}{dz}=e^{i\alpha}\cdot\frac{\sin\dfrac{\sigma_0-\sigma}{2}}{\sin\dfrac{\sigma_0+\sigma}{2}}\cdot\frac{\sin\dfrac{\sigma_1+\sigma}{2}}{\sin\dfrac{\sigma_1-\sigma}{2}} \tag{1.10-2}$$

一方，1つの流線である平板翼まわりの圧力をp，よどみ点（流速0）の圧力をp_0とすると，次のように表される．

$$p-p_0=-\frac{1}{2}\rho q^2=-\frac{1}{2}\rho\cdot\left|\frac{dw}{dz}\right|^2=-\frac{1}{2}\rho\cdot\left|\frac{\sin\dfrac{\sigma_0-\sigma}{2}}{\sin\dfrac{\sigma_0+\sigma}{2}}\cdot\frac{\sin\dfrac{\sigma_1+\sigma}{2}}{\sin\dfrac{\sigma_1-\sigma}{2}}\right|^2 \tag{1.10-3}$$

さらに，(1.8-14)式の$dz/d\sigma$および(1.8-11)式の$e^{-\tau(\sigma)}$から

$$|dz|=2e^{-\tau(\sigma)}\cdot(\cos\sigma_0-\cos\sigma)\cdot\sin\sigma\,d\sigma$$

$$=2\left|\frac{\sin\dfrac{\sigma_0+\sigma}{2}}{\sin\dfrac{\sigma_0-\sigma}{2}}\cdot\frac{\sin\dfrac{\sigma_1-\sigma}{2}}{\sin\dfrac{\sigma_1+\sigma}{2}}\right|\cdot(\cos\sigma_0-\cos\sigma)\cdot\sin\sigma\,d\sigma \tag{1.10-4}$$

従って，平板翼下面によるAまわりのモーメント$(M)_{A(下面)}$は

$$(M)_{A(下面)}=\int_0^{\sigma_1}(p-p_0)E(\sigma)|dz|$$

$$=-2\rho\int_0^{\sigma_1}\sin^2\frac{\sigma_0-\sigma}{2}\left|\frac{\sin\dfrac{\sigma_1+\sigma}{2}}{\sin\dfrac{\sigma_1-\sigma}{2}}\right|\cdot\sin\sigma\cdot E(\sigma)\,d\sigma \tag{1.10-5}$$

ここで，$\sigma_0=\sigma_1-\alpha$とおき，また平板翼上面（$\sigma_1<\sigma\leq\pi$）では下面とは反対方向のモーメントにするために，(1.10-5)式右辺の絶対値をはずすと，上下面全体の後縁Aまわりのモーメント$(M)_A$およびモーメント係数C_mが次式で得られる．

【疑問 1.10】自由流線理論による平板翼のモーメント 49

$$(M)_A = -2\rho \int_0^\pi \sin^2\frac{\sigma_1-\alpha-\sigma}{2} \cdot \frac{\sin\frac{\sigma_1+\sigma}{2}}{\sin\frac{\sigma_1-\sigma}{2}} \cdot \sin\sigma \cdot E(\sigma)\,d\sigma$$

$$= \frac{1}{2}\rho V^2 \bar{c}^2 (C_m)_A \qquad (1.10\text{-}6)$$

$$\therefore (C_m)_A = -\frac{4}{\bar{c}^2} \int_0^\pi \sin^2\frac{\sigma_1-\alpha-\sigma}{2} \cdot \frac{\sin\frac{\sigma_1+\sigma}{2}}{\sin\frac{\sigma_1-\sigma}{2}} \cdot \sin\sigma \cdot E(\sigma)\,d\sigma \qquad (1.10\text{-}7)$$

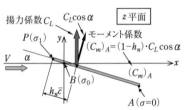

図 1.10 (c) 点 A まわりのモーメント

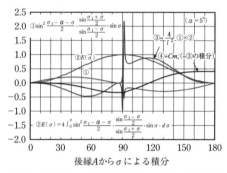

図 1.10 (d) 平板翼のモーメント計算

これから,揚力の作用点を前縁から $h_n\bar{c}$ の位置とすると,h_n は翼弦長 $\bar{c}$ に対する位置を小数で表したもので空力中心といわれ,次式で与えられる。

$$h_n = 1 - \frac{(C_m)_A}{C_L \cos\alpha} \qquad (1.10\text{-}10)$$

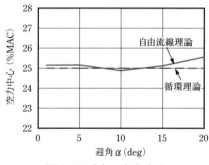

図 1.10 (e) 空力中心

図 1.10 (c) に空力中心の位置関係を示す。

図 1.10 (d) に,平板翼のモーメント C_m の計算例 ($\alpha=5°$) について,

(1.10-7) 式の各要素の状況を示す。このように得られる平板翼のモーメントを，迎角を変えて空力中心としてまとめたものが図 1.10 (e) である。平板翼の空力中心位置は，自由流線理論と循環理論とはほぼ同じ結果となることがわかる。

1.11 ジュコフスキー翼の流れ

平板翼は厚さおよびキャンバー（翼の中心線の反り）がない特殊な翼であるが，より現実的な翼に近いジュコフスキー翼とはどのようなものだろうか。

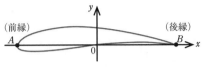

図1.11（a） ジュコフスキー翼

z 平面におけるジュコフスキー翼を，u 平面および ζ 平面に写像する。

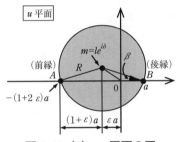

図1.11（b） u 平面の円

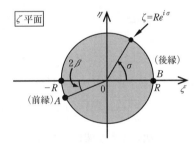

図1.11（c） ζ 平面の円

u 平面は点 m を中心とする円で，写像関数は次式である。

$$z = u + \frac{a^2}{u} \tag{1.11-1}$$

次に，u 平面の円を ζ 平面の原点を中心とする半径 R の円に次式によって写像する。

$$\zeta = (u-m)e^{i\beta}, \quad \therefore u = e^{-i\beta}\zeta + m \tag{1.11-2}$$

このとき，次のような対応となる。

点 B：$\zeta = R,\qquad u = Re^{-i\beta} + m$

点 A：$\zeta = Re^{i(\pi+2\beta)}, \quad u = Re^{i(\pi+2\beta)} \cdot e^{-i\beta} + m = Re^{i(\pi+\beta)} + m$

$$\tag{1.11-3}$$

(1.11-1) 式および (1.11-2) 式から，次式が得られる．

$$z = u + \frac{a^2}{u} = e^{-i\beta}\zeta + m + \frac{a^2}{e^{-i\beta}\zeta} \cdot \frac{1}{1 + me^{i\beta}/\zeta}$$

$$= e^{-i\beta}\zeta + m + \frac{a^2 e^{i\beta}}{\zeta} - \frac{a^2 m e^{i2\beta}}{\zeta^2} + \frac{a^2 m^2 e^{i3\beta}}{\zeta^3} - \frac{a^2 m^3 e^{i4\beta}}{\zeta^4} + \cdots$$

(1.11-4)

一方，ζ 平面の半径 R の円のまわりの流れの複素速度ポテンシャルは，次のように与えられる．

$$w = V_\zeta e^{-i\alpha_\zeta}\zeta + V_\zeta e^{i\alpha_\zeta}\frac{R^2}{\zeta} + \frac{i\Gamma}{2\pi}\log\zeta \quad (1.11\text{-}5)$$

従って，(1.11-4) 式および (1.11-5) 式から次式が得られる．

$$\frac{dw}{dz} = \frac{dw/d\zeta}{dz/d\zeta} = \frac{V_\zeta e^{-i\alpha_\zeta} - V_\zeta e^{i\alpha_\zeta}\frac{R^2}{\zeta^2} + \frac{i\Gamma}{2\pi}\cdot\frac{1}{\zeta}}{e^{-i\beta} - \frac{a^2 e^{i\beta}}{\zeta^2} + \frac{2a^2 m e^{i2\beta}}{\zeta^3} - \frac{3a^2 m^2 e^{i3\beta}}{\zeta^4} - \cdots}$$

(1.11-6)

(1.11-6) 式で，$\zeta \to \infty$ とおけば，無限遠の速度が次のように得られる．

$$\frac{dw}{dz} = Ve^{-i\alpha} = V_\zeta e^{-i(\alpha_\zeta - \beta)} \quad (無限遠) \quad (1.11\text{-}7)$$

従って，次のような関係がある．

$$V = V_\zeta, \quad \alpha = \alpha_\zeta - \beta \quad (1.11\text{-}8)$$

また，後縁 $B(\zeta=R)$ においては，クッタ・ジュコフスキーの条件を適用すると，$dw/d\zeta=0$ より循環が次のように求まる．

$$\Gamma = 4\pi R V_\zeta \sin\alpha_\zeta = 4\pi R V \sin(\alpha+\beta) \quad (1.11\text{-}9)$$

作用する力を計算するために，次式を求める．

$$\left(\frac{dw}{d\zeta}\right)^2 = \left(V_\zeta e^{-i\alpha_\zeta} - V_\zeta e^{i\alpha_\zeta}\frac{R^2}{\zeta^2} + \frac{i\Gamma}{2\pi}\cdot\frac{1}{\zeta}\right)^2$$

$$= V_\zeta^2 e^{-i2\alpha_\zeta} + i\frac{V_\zeta e^{-i\alpha_\zeta}\Gamma}{\pi}\cdot\frac{1}{\zeta} - \left(2V_\zeta^2 R^2 + \frac{\Gamma^2}{4\pi^2}\right)\cdot\frac{1}{\zeta^2}$$

$$- i\frac{V_\zeta e^{i\alpha_\zeta}R^2\Gamma}{\pi}\cdot\frac{1}{\zeta^3} - V_\zeta^2 e^{i2\alpha_\zeta}\frac{R^4}{\zeta^4} \quad (1.11\text{-}10)$$

$$\frac{d\zeta}{dz} = \frac{1}{e^{-i\beta}\left(1 - \frac{a^2 e^{i2\beta}}{\zeta^2} + \frac{2a^2 m\, e^{i3\beta}}{\zeta^3} - \frac{3a^2 m^2 e^{i4\beta}}{\zeta^4} - \cdots\right)}$$

$$= e^{i\beta}\left(1 + \frac{a^2 e^{i2\beta}}{\zeta^2} - \frac{2a^2 m\, e^{i3\beta}}{\zeta^3} + \frac{a^2(a^2 e^{i4\beta} + 3m^2)e^{i4\beta}}{\zeta^4} - \cdots\right)$$

(1.11-11)

従って，(1.11-10) 式と (1.11-11) 式をかけると

$$\left(\frac{dw}{d\zeta}\right)^2 \frac{d\zeta}{dz}$$

$$= e^{i\beta}\Bigg\{ V_\zeta^2 e^{-i2\alpha_\zeta} + i\frac{V_\zeta \Gamma e^{-i\alpha_\zeta}}{\pi}\cdot\frac{1}{\zeta}$$

$$+ \left(V_\zeta^2 a^2 e^{-i2(\alpha_\zeta - \beta)} - 2V_\zeta^2 R^2 - \frac{\Gamma^2}{4\pi^2}\right)\cdot\frac{1}{\zeta^2} + \cdots \Bigg\}$$

(1.11-12)

この式を用いて，翼に働く力はブラジウスの第1公式で次のようになる。

$$F_x - iF_y = i\frac{\rho}{2}\oint_c \left(\frac{dw}{d\zeta}\right)^2 \frac{d\zeta}{dz} d\zeta$$

$$= i\frac{\rho}{2}\left[i2\pi\left(i\frac{V_\zeta \Gamma e^{-i(\alpha_\zeta - \beta)}}{\pi}\right)\right]$$

$$= -\rho V_\zeta \Gamma \{\sin(\alpha_\zeta - \beta) + i\cos(\alpha_\zeta - \beta)\}$$

(1.11-13)

この式と (1.11-8) 式から，次式を得る。

$$\begin{cases} F_x = -\rho V_\zeta \Gamma \sin(\alpha_\zeta - \beta) = -\rho V \Gamma \sin\alpha \\ F_y = \rho V_\zeta \Gamma \cos(\alpha_\zeta - \beta) = \rho V \Gamma \cos\alpha \end{cases}$$

(1.11-14)

$$\therefore L = F_y \cos\alpha - F_x \sin\alpha = \rho V \Gamma (\cos^2\alpha + \sin^2\alpha) = \rho V \Gamma \quad (1.11\text{-}15)$$

$$D = F_x \cos\alpha + F_y \sin\alpha = \rho V \Gamma(-\sin\alpha\cos\alpha + \sin\alpha\cos\alpha) = 0$$

(1.11-16)

ここで，(1.11-9) 式の循環を代入すると，次のようになる。

$$L = \rho V \Gamma = 4\pi R \rho V^2 \sin(\alpha + \beta) = \frac{1}{2}\rho V^2 S C_L, \quad (S = \bar{c} \times 1)$$

(1.11-17)

$$\therefore C_L = \frac{8\pi R}{\bar{c}} \sin(\alpha + \beta) \qquad (1.11\text{-}18)$$

次に，モーメントを求めるために，(1.11-12) 式および (1.11-4) 式から次式を求める。

$$\left(\frac{dw}{d\zeta}\right)^2\frac{d\zeta}{dz}z = e^{i\beta}\left\{\begin{array}{l}V_\zeta{}^2 e^{-i2\alpha_\zeta} + i\dfrac{V_\zeta \Gamma e^{-i\alpha_\zeta}}{\pi}\cdot\dfrac{1}{\zeta} \\ + \left(V_\zeta{}^2 a^2 e^{-i2(\alpha_\zeta-\beta)} - 2V_\zeta{}^2 R^2 - \dfrac{\Gamma^2}{4\pi^2}\right)\cdot\dfrac{1}{\zeta^2} + \cdots\end{array}\right\}$$

$$\times\left\{e^{i\beta}\zeta + m + \frac{a^2 e^{i\beta}}{\zeta} - \frac{a^2 m e^{i2\beta}}{\zeta^2} + \cdots\right\}$$

$$= V_\zeta{}^2 e^{-i2\alpha_\zeta}\zeta + \left(mV_\zeta{}^2 e^{-i(2\alpha_\zeta-\beta)} + i\frac{V_\zeta \Gamma e^{-i\alpha_\zeta}}{\pi}\right)$$

$$+ \left(2V_\zeta{}^2 a^2 e^{-i2(\alpha_\zeta-\beta)} - 2V_\zeta{}^2 R^2 - \frac{\Gamma^2}{4\pi^2} + im\frac{V_\zeta \Gamma e^{-i(\alpha_\zeta-\beta)}}{\pi}\right)\cdot\frac{1}{\zeta} + \cdots$$

(1.11-20)

ここで，$m = le^{i\delta}$ とおくと，ブラジウスの第 2 公式により，原点まわりの頭上げモーメントは

$$(M)_{原点} = \frac{\rho}{2}\mathrm{Real}\left[\oint\left(\frac{dw}{d\zeta}\right)^2\frac{d\zeta}{dz}z\,d\zeta\right]$$

$$= \frac{\rho}{2}\mathrm{Real}\left[i2\pi\left(2V_\zeta{}^2 a^2 e^{-i2(\alpha_\zeta-\beta)} - 2V_\zeta{}^2 R^2 - \frac{\Gamma^2}{4\pi^2}\right.\right.$$

$$\left.\left.+ i\,le^{i\delta}\frac{V_\zeta \Gamma e^{-i(\alpha_\zeta-\beta)}}{\pi}\right)\right]$$

$$= 2\pi\rho V_\zeta{}^2 a^2 \sin 2(\alpha_\zeta - \beta) - \rho V_\zeta \Gamma\, l\cos(\alpha_\zeta - \beta - \delta)$$

$$= 2\pi\rho V^2 a^2 \sin 2\alpha - \rho V\Gamma\, l\cos(\alpha - \delta) \quad (1.11\text{-}21)$$

ここで，(1.11-17) 式の $\rho V\Gamma$ の関係式を代入すると，次のようになる。

$$(M)_{原点} = 2\pi\rho V^2 a^2 \sin 2\alpha - \frac{1}{2}\rho V^2 S C_L\, l\cos(\alpha - \delta)$$

$$= \frac{1}{2}\rho V^2 S\bar{c}\, C_m, \qquad (S = \bar{c} \times 1)$$

(1.11-22)

$$\therefore\ (C_m)_{原点} = \frac{4\pi\,a^2}{\bar{c}^2}\sin 2\alpha - C_L\frac{l}{\bar{c}}\cos(\alpha - \delta),\quad (|\delta| \geqq 90°\text{に注意})$$

(1.11-23)

次に，z 平面のジュコフスキー翼を具体的に求めてみよう．いま，(1.11-2)式において，$\zeta = Re^{i\sigma}$ および $m = le^{i\delta}$ とおくと，ζ 平面の円上の点と u 平面の点 m を中心とする円との対応が次のように表される．

$$u = le^{i\delta} + Re^{i(\sigma-\beta)} \tag{1.11-24}$$

これらの関係を図 1.11 (d) および図 1.11 (e) に示す．

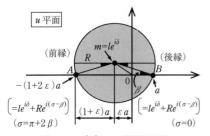
図 1.11 (d)　u 平面の円

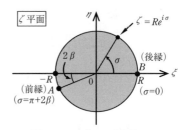
図 1.11 (e)　ζ 平面の円

図 1.11 (d) から，次の関係式が得られる．

$$R = \frac{1+\varepsilon}{\cos\beta}a, \quad l\cos\delta = -\varepsilon a, \quad l\sin\delta = R\sin\beta = (1+\varepsilon)a\tan\beta \tag{1.11-25a}$$

ただし，$\varepsilon = 0$ のときは，$\delta = 90°$ であるので次のようになる．

$$R = \frac{1}{\cos\beta}a, \quad \cos\delta = 0, \quad l = R\sin\beta = a\tan\beta \tag{1.11-25b}$$

また，$\beta = 0$ のときは，$\delta = 180°$ である．

三角形 OBm について，次の関係がある．

$$R^2 = a^2 + l^2 - 2al\cos\delta \tag{1.11-26}$$

このとき，(1.11-25a) 式を代入すると，次のようになる．

$$\cos^2\delta = \frac{\varepsilon^2\cos^2\beta}{(1+\varepsilon)^2 - (1+2\varepsilon)\cos^2\beta} \tag{1.11-27}$$

さらに整理すると，δ との符号に注意して次式を得る．

$$\cos\delta = -\frac{\varepsilon\cos\beta}{\sqrt{(1+\varepsilon)^2 - (1+2\varepsilon)\cos^2\beta}} \tag{1.11-28}$$

すなわち，δ は β と ε によって決まる角度である．

翼の後縁 B は，$u=a$ とおくと，

$$(z)_B = u + \frac{a^2}{u} = a + \frac{a^2}{a} = 2a \tag{1.11-29}$$

また，前縁 A は，$u=-(1+2\varepsilon)a$ とおくと，

$$(z)_A = -(1+2\varepsilon)a - \frac{a^2}{(1+2\varepsilon)a} = -\frac{2(1+2\varepsilon+2\varepsilon^2)}{1+2\varepsilon}a \tag{1.11-30}$$

が得られる．従って，翼弦長は次のようになる．

$$\bar{c} = 2a + \frac{2(1+2\varepsilon+2\varepsilon^2)}{1+2\varepsilon}a = \frac{4(1+\varepsilon)^2}{1+2\varepsilon}a \tag{1.11-31}$$

(1.11-25) 式の R および (1.11-31) 式の $\bar{c}$ を (1.11-18) 式の揚力係数に代入すると

$$C_L = 2\pi \cdot \frac{1+2\varepsilon}{1+\varepsilon} \cdot \frac{\sin(\alpha+\beta)}{\cos\beta} \tag{1.11-32}$$

$\varepsilon \neq 0$ の場合は，翼中心の頭上げモーメントは次式で与えられる．

$$(C_m)_{原点} = \frac{\pi}{4} \cdot \frac{(1+2\varepsilon)^2}{(1+\varepsilon)^4} \sin 2\alpha - C_L \frac{(1+2\varepsilon)}{4(1+\varepsilon)^2} \cdot \frac{-\varepsilon}{\cos\delta} \cdot \cos(\alpha-\delta)$$

$$\text{(ただし，}|\delta| \geqq 90° \text{に注意)} \tag{1.11-33a}$$

$\varepsilon=0$ の場合は，$\delta=90°$ であるので次のようになる．

$$(C_m)_{原点} = \frac{\pi}{4}\sin 2\alpha - C_L \frac{\tan\beta}{4}\sin\alpha \tag{1.11-33b}$$

$\beta=0$ の場合は，$\delta=180°$ であるので次のようになる．

$$(C_m)_{原点} = \frac{\pi}{4} \cdot \frac{(1+2\varepsilon)^2}{(1+\varepsilon)^4}\sin 2\alpha + C_L \frac{(1+2\varepsilon)\varepsilon}{4(1+\varepsilon)^2}\cos\alpha \tag{1.11-33c}$$

次に，空力中心における頭上げモーメントを求めてみよう．空力中心とは，モーメントが迎角によって変化しない位置である．空力中心位置を z_{ac} とすると，その点まわりの頭上げモーメントはブラジウスの第2公式を拡張した次式を用いる．

【疑問 1.11】ジュコフスキー翼の流れ　57

z 平面の 2 次元翼に働く任意の点（ここでは空力中心 z_{ac}）における時計まわりのモーメントは，次式で与えられる。
（ブラジウスの第 2 公式の拡張）

$$(M)_{ac} = \frac{\rho}{2} \text{Real} \left[\oint \left(\frac{dw}{dz} \right)^2 (z - z_{ac}) dz \right]$$
$$= \frac{\rho}{2} \text{Real} \left[\oint \left(\frac{dw}{d\zeta} \right)^2 z \frac{d\zeta}{dz} d\zeta \right] - \frac{\rho}{2} \text{Real} \left[z_{ac} \oint \left(\frac{dw}{d\zeta} \right)^2 \frac{d\zeta}{dz} d\zeta \right]$$

(1.11-34)

ここで，右辺第 1 項は原点まわりのモーメントであり，第 2 項は揚力に関する項である。

(1.11-34) 式の第 2 項は，(1.11-13) 式の $(F_x - iF_y)$ を用いると

$$\frac{\rho}{2} \text{Real} \left[z_{ac} \oint_c \left(\frac{dw}{d\zeta} \right)^2 \frac{d\zeta}{dz} d\zeta \right] = \text{Real} \left[-\rho V \Gamma (x_{ac} + iy_{ac})(\cos\alpha - i\sin\alpha) \right]$$
$$= -\rho V \Gamma (x_{ac} \cos\alpha + y_{ac} \sin\alpha)$$

(1.11-35)

従って，(1.11-34) 式は次のように変形できる。

$$(M)_{ac} = (M)_{原点} + \rho V \Gamma (x_{ac} \cos\alpha + y_{ac} \sin\alpha)$$
$$= \frac{1}{2} \rho V^2 \bar{c}^2 (C_m)_{原点} + \frac{1}{2} \rho V^2 \bar{c} C_L (x_{ac} \cos\alpha + y_{ac} \sin\alpha)$$

(1.11-36)

これから，(1.11-32) 式の C_L の式も考慮すると，次式を得る。

$$(C_m)_{ac} = \frac{\pi}{4} \cdot \frac{(1+2\varepsilon)^2}{(1+\varepsilon)^4} \sin 2\alpha + C_L \frac{1+2\varepsilon}{4(1+\varepsilon)^2}$$
$$\times \left\{ \frac{\varepsilon \cos(\alpha - \delta)}{\cos\delta} + \frac{x_{ac} \cos\alpha + y_{ac} \sin\alpha}{a} \right\}$$
$$= \frac{\pi}{4} \cdot \frac{(1+2\varepsilon)^2}{(1+\varepsilon)^4} \left[\sin 2\alpha + \frac{2(1+\varepsilon)\varepsilon \sin(\alpha + \beta)}{\cos\beta} \right.$$
$$\left. \times \left\{ \frac{\cos(\alpha - \delta)}{\cos\delta} + \frac{x_{ac} \cos\alpha + y_{ac} \sin\alpha}{\varepsilon a} \right\} \right]$$

(1.11-37)

ここで，
$$A=\frac{(1+\varepsilon)\varepsilon}{\cos\beta\cos\delta},\quad B=\frac{x_{ac}(1+\varepsilon)}{a\cos\beta},\quad C=\frac{y_{ac}(1+\varepsilon)}{a\cos\beta} \quad (1.11\text{-}38)$$
とおくと，(1.11-37) 式は次のように変形できる．
$$(C_m)_{ac}=\frac{\pi}{4}\cdot\frac{(1+2\varepsilon)^2}{(1+\varepsilon)^4}\begin{bmatrix}\{1+A\cos(\beta-\delta)+B\cos\beta+C\sin\beta\}\sin 2\alpha\\ +\{A\sin(\beta-\delta)+B\sin\beta-C\cos\beta\}\cos 2\alpha\\ +A\sin(\beta+\delta)+B\sin\beta+C\cos\beta\end{bmatrix}$$
$$(1.11\text{-}39)$$

従って，(1.11-39) 式が空力中心におけるモーメントであるためには，右辺の $\sin 2\alpha$ および $\cos 2\alpha$ の係数が 0 となる必要がある．すなわち，次の関係式が得られる．
$$\begin{cases}1+A\cos(\beta-\delta)+B\cos\beta+C\sin\beta=0\\ A\sin(\beta-\delta)+B\sin\beta-C\cos\beta=0\end{cases} \quad (1.11\text{-}40)$$
この式に (1.11-38) 式を代入して整理すると，次式が得られる．
$$x_{ac}=-\left(\varepsilon+\frac{\cos^2\beta}{1+\varepsilon}\right)a,\quad y_{ac}=\left\{(1+\varepsilon)\tan\beta-\frac{\sin 2\beta}{2(1+\varepsilon)}\right\}a \quad (1.11\text{-}41)$$

(1.11-39) 式に (1.11-40) 式，(1.11-41) 式および (1.11-38) 式を代入すると，空力中心における頭上げモーメントは次のようになる．
$$(C_m)_{ac}=-\frac{\pi}{4}\cdot\frac{(1+2\varepsilon)^2}{(1+\varepsilon)^4}\sin 2\beta \quad (1.11\text{-}42)$$
前縁から測った空力中心位置は次のようになる．
$$\frac{x_{ac}-(z)_A}{\bar{c}}\times 100=\frac{1}{4}\left\{\frac{2+3\varepsilon+2\varepsilon^2}{(1+\varepsilon)^2}-\frac{(1+2\varepsilon)\cos^2\beta}{(1+\varepsilon)^3}\right\}\times 100\quad[\%\text{MAC}]$$
$$(1.11\text{-}47)$$

実際にジュコフスキー翼の形状を求めるには，次のように行う．
$$u=r\,e^{i\theta}=\operatorname{Re}^{i(\sigma-\beta)}+l\,e^{i\delta}$$
$$=\left\{\frac{1+\varepsilon}{\cos\beta}a\cos(\sigma-\beta)-\varepsilon a\right\}+i\frac{1+\varepsilon}{\cos\beta}a\{\sin(\sigma-\beta)+\sin\beta\}$$
$$(1.11\text{-}48)$$

この u の値を用いて，(1.11-1) 式の z と u の写像関係式から，z 平面の翼形状が求められる．以上の結果を図 1.11 (f) にまとめて示す．

【疑問 1.11】ジュコフスキー翼の流れ　59

(空力中心)　$\dfrac{1}{4}\left\{\dfrac{2+3\varepsilon+2\varepsilon^2}{(1+\varepsilon)^2}-\dfrac{(1+2\varepsilon)\cos^2\beta}{(1+\varepsilon)^3}\right\}\times100$　[%MAC]

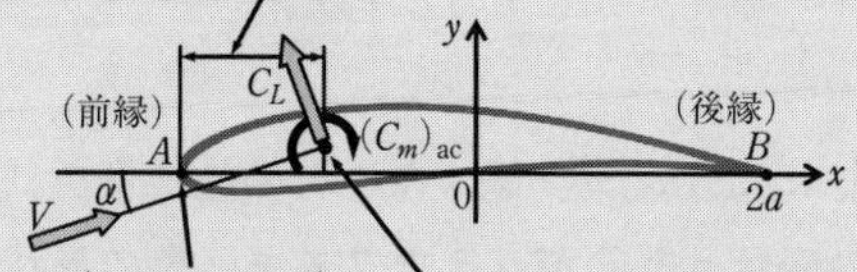

$-\dfrac{2(1+2\varepsilon+2\varepsilon^2)}{1+2\varepsilon}a$　　$y_{ac}=\left\{(1+\varepsilon)\tan\beta-\dfrac{\sin2\beta}{2(1+\varepsilon)}\right\}a$

(δ の条件)　$90°\leq\delta\leq180°$,　(翼弦長)　$\bar{c}=\dfrac{4(1+\varepsilon)^2}{1+2\varepsilon}a$

$\cos\delta=\dfrac{\varepsilon\cos\beta}{\sqrt{(1+\varepsilon)^2-(1+2\varepsilon)\cos^2\beta}}$ ($\varepsilon\neq0$),　$\delta=90°$ ($\varepsilon=0$)

(揚力係数)　$C_L=2\pi\cdot\dfrac{1+2\varepsilon}{1+\varepsilon}\cdot\dfrac{\sin(\alpha+\beta)}{\cos\beta}$

(モーメント係数) $\begin{cases}(C_m)_{原点}=\dfrac{\pi}{4}\cdot\dfrac{(1+2\varepsilon)^2}{(1+\varepsilon)^4}\sin2\alpha\\\qquad\qquad-C_L\dfrac{(1+2\varepsilon)}{4(1+\varepsilon)^2}\cdot\dfrac{-\varepsilon}{\cos\delta}\cdot\cos(\alpha-\delta)\qquad(\varepsilon\neq0)\\(C_m)_{原点}=\dfrac{\pi}{4}\sin2\alpha-C_L\dfrac{\tan\beta}{4}\sin\alpha\qquad\qquad(\varepsilon=0)\\(C_m)_{ac}=-\dfrac{\pi}{4}\cdot\dfrac{(1+2\varepsilon)^2}{(1+\varepsilon)^4}\sin2\beta\end{cases}$

図 1.11 (f)　ジュコフスキー翼の性能まとめ

疑問
1.12 ジュコフスキー翼の形状

上記【疑問1.11】にて，ジュコフスキー翼の性能解析式を導出した。ここでは，性能解析式の変数 ε と β がジュコフスキー翼の形状にどのように影響しているか確認してみよう。

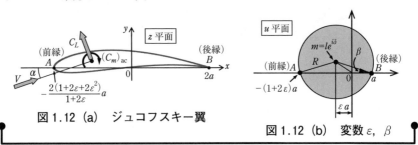

図 1.12 (a) ジュコフスキー翼　　　図 1.12 (b) 変数 ε, β

実際に，ε と β の値を設定してジュコフスキー翼の形状を描いた結果を図 1.12 (c) ～図 1.12 (g) に示す。$\varepsilon=0$ は厚さなし，$\beta=0$ はキャンバなしの対称翼となる。なお，$a=1$ としている。

(1) $\varepsilon=0$ (厚さなし)，$\beta=0$ (キャンバなし) のケース (平板翼)

迎角 $\alpha=10°$
$C_L/(2\pi\sin\alpha)=1.00$
空力中心 25.0[%MAC]
$y_{ac}=0$
$(C_m)_{ac}=0$

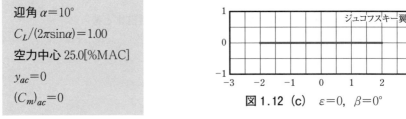

図 1.12 (c)　$\varepsilon=0$, $\beta=0°$

(翼弦長)	$\bar{c}=4$	(1.12-1)
(空力中心)	25 [%MAC]	(1.12-2)
(揚力係数)	$C_L=2\pi\sin\alpha$	(1.12-3)

【疑問 1.12】ジュコフスキー翼の形状　61

(原点モーメント)　　　　$(C_m)_{原点} = \dfrac{\pi}{4}\sin 2\alpha$ 　　　　　　(1.12-4)

(空力中心モーメント)　$(C_m)_{ac} = 0$ 　　　　　　　　　(1.12-5)

(2) $\varepsilon = 0$ (厚さなし), $\beta > 0$ (キャンバ有り) のケース (円弧翼)

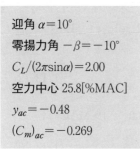

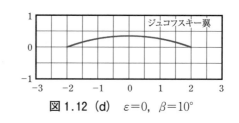

図 1.12 (d)　$\varepsilon = 0, \beta = 10°$

(ただし, $\delta = 90°$)

(翼弦長)　　　　　　　$\bar{c} = 4$ 　　　　　　　　　　　(1.12-6)

(空力中心)　　　　　　$\dfrac{1+\sin^2\beta}{4} \times 100$　　[%MAC]　(1.12-7)

(揚力係数)　　　　　　$C_L = 2\pi \dfrac{\sin(\alpha+\beta)}{\cos\beta}$ 　　　　(1.12-8)

(原点モーメント)　　　$(C_m)_{原点} = \dfrac{\pi}{4}\sin 2\alpha - C_L \dfrac{\tan\beta}{4}\sin\alpha$

　　　　　　　　　　　　　　　　　　　　　　　　(1.12-9)

(空力中心モーメント)　$(C_m)_{ac} = \dfrac{\pi}{4}\sin 2\beta$ 　　　　　(1.12-10)

(最大高さ h)　　　　$\dfrac{h}{\bar{c}} = \dfrac{1}{4}\left(\dfrac{1+\sin\beta}{\cos\beta} - \dfrac{\cos\beta}{1+\sin\beta}\right)$　(1.12-11)

(3) $\varepsilon=0.1$（厚さ有り），$\beta=0$（キャンバなし）のケース（対称翼）

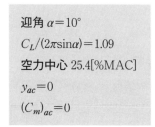

迎角 $\alpha=10°$
$C_L/(2\pi\sin\alpha)=1.09$
空力中心 25.4[%MAC]
$y_{ac}=0$
$(C_m)_{ac}=0$

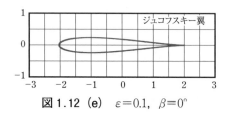

図 1.12 (e)　$\varepsilon=0.1,\ \beta=0°$

（翼弦長）　　　　$\bar{c} = \dfrac{4(1+\varepsilon)^2}{1+2\varepsilon} a$　　　　(1.12-12)

（空力中心）　　　$\dfrac{1+3\varepsilon+5\varepsilon^2+2\varepsilon^3}{4(1+\varepsilon)^3} \times 100$　　[%MAC]

(1.12-13)

（揚力係数）　　　$C_L = 2\pi \cdot \dfrac{1+2\varepsilon}{1+\varepsilon} \sin\alpha$　　　　(1.12-14)

（原点モーメント）　$(C_m)_{原点} = \dfrac{\pi}{4} \cdot \dfrac{(1+2\varepsilon)^2}{(1+\varepsilon)^4} \sin 2\alpha$
$\qquad\qquad\qquad\quad + C_L \dfrac{(1+2\varepsilon)\varepsilon}{4(1+\varepsilon)^2} \cos\alpha$

(1.12-15)

（空力中心モーメント）　$(C_m)_{ac}=0$　　　　(1.12-16)

(4) $\varepsilon=0.1$（厚さ有り），$\beta>0$（キャンバ有り）のケース（1）

迎角 $\alpha=10°$
零揚力角 $-\beta=-10°$
$C_L/(2\pi\sin\alpha)=2.18$
空力中心 26.1[%MAC]
$y_{ac}=-0.038$
$(C_m)_{ac}=-0.264$

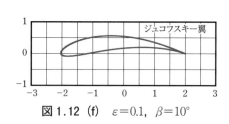

図 1.12 (f)　$\varepsilon=0.1,\ \beta=10°$

【疑問 1.12】ジュコフスキー翼の形状　63

(翼弦長)　　　　　　　$\bar{c} = \dfrac{4(1+\varepsilon)^2}{1+2\varepsilon} a$　　　　　　(1.12-17)

(空力中心)　　　$\dfrac{1}{4}\left\{\dfrac{2+3\varepsilon+2\varepsilon^2}{(1+\varepsilon)^2} - \dfrac{(1+2\varepsilon)\cos^2\beta}{(1+\varepsilon)^3}\right\}$
　　　　　　　　　$\times 100$　[%MAC]

　　　　　　　　　　　　　　　　　　　　　(1.12-18)

(揚力係数)　　　$C_L = 2\pi \cdot \dfrac{1+2\varepsilon}{1+\varepsilon} \cdot \dfrac{\sin(\alpha+\beta)}{\cos\beta}$　(1.12-19)

(原点モーメント)　$(C_m)_{原点} = \dfrac{\pi}{4} \cdot \dfrac{(1+2\varepsilon)^2}{(1+\varepsilon)^4} \sin 2\alpha$
　　　　　　　　　$- C_L \dfrac{(1+2\varepsilon)}{4(1+\varepsilon)^2} \cdot \dfrac{-\varepsilon}{\cos\delta} \cdot \cos(\alpha-\delta)$

　　　　　　　　　　　　　　　　　　　　　(1.12-20)

(空力中心モーメント)　$(C_m)_{ac} = -\dfrac{\pi}{4} \cdot \dfrac{(1+2\varepsilon)^2}{(1+\varepsilon)^4} \sin 2\beta$　(1.12-21)

(5) $\varepsilon = 0.1$ (厚さ有り), $\beta > 0$ (キャンバ有り) のケース (2)

迎角 $\alpha = 10°$
零揚力角 $-\beta = -20°$
$C_L/(2\pi\sin\alpha) = 3.34$
空力中心 28.0[%MAC]
$y_{ac} = 0.108$
$(C_m)_{ac} = -0.497$

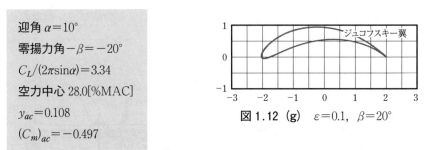

図 1.12 (g)　$\varepsilon = 0.1$, $\beta = 20°$

(解析式は上記ケース (4) と同じである)

疑問 1.13 ジュコフスキー翼の循環によるモーメント

上記【疑問 1.11】および【疑問 1.12】にて，ジュコフスキー翼について検討したが，原点まわりのモーメントは，図1.13（a）に示すように循環 Γ に関係する結果となった。

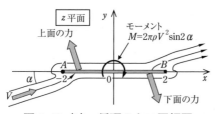

図 1.13（a） ジュコフスキー翼のモーメント

一方，【疑問 1.4】および【疑問 1.6】で述べたように，平板翼の中心まわりのモーメントは，循環 Γ がある場合もない場合もいずれも循環の値には無関係との結果であった。ジュコフスキー翼では，なぜモーメントが循環にも関係するのだろうか。

平板翼のモーメントについては，図1.13（b）～図1.13（c）に示すように，循環がある場合もない場合も，いずれも $2\pi\rho V^2 \sin 2\alpha$ との結果で，循環の値には無関係であった。

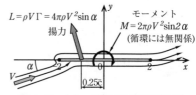

図 1.13（b） 循環のない平板翼 （図 1.6（c）再掲）

図 1.13（c） 循環のある平板翼 （図 1.4（e）再掲）

これに対して，図1.13（a）に示したように，ジュコフスキー翼の原点まわりのモーメントは循環の値に関係する。ジュコフスキー翼の原点まわりのモーメントが循環に関係するのは，ジュコフスキー翼が特殊な翼だからではない。

【疑問 1.13】 ジュコフスキー翼の循環によるモーメント

実は，ジュコフスキー翼においても，翼厚を 0 とした場合は平板翼の結果と同様に，循環の影響はなくなり同じ結果を与える。

具体的に示してみよう。z 平面のジュコフスキー翼を，ζ 平面の半径 R の円（図 1.13（d））に写像する関数は

$$z = e^{-i\beta}\zeta + le^{i\delta} + \frac{a^2}{e^{-i\beta}\zeta + le^{i\delta}} \qquad (1.13\text{-}1)$$

流れの複素速度ポテンシャルは，ζ 平面の流れとして次のように与えられる。

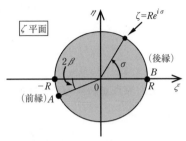

図 1.13（d） ζ 平面の円
（図 1.11（c）再掲）

$$w = Ve^{-i(\alpha+\beta)}\zeta + Ve^{i(\alpha+\beta)}\frac{R^2}{\zeta} + \frac{i\Gamma}{2\pi}\log \zeta \qquad (1.13\text{-}2)$$

ここで，Γ は循環である。

原点まわりの頭上げモーメントは，ブラジウスの第 2 公式により次のように与えられる。

$$(M)_{原点} = \frac{\rho}{2}\text{Real}\left[\oint \left(\frac{dw}{dz}\right)^2 z\,dz\right] = \frac{\rho}{2}\text{Real}\left[\oint \left(\frac{dw}{d\zeta}\right)^2 \frac{d\zeta}{dz} z\,d\zeta\right] \qquad (1.13\text{-}3)$$

この被積分関数は次のようになる。

$$\left(\frac{dw}{d\zeta}\right)^2 \frac{d\zeta}{dz} z = V^2 e^{-i2(\alpha+\beta)}\zeta + \left(l\,V^2 e^{-i(2\alpha+\beta-\delta)} + i\frac{V\Gamma e^{-i(\alpha+\beta)}}{\pi}\right)$$

$$+ \left(2V^2 a^2 e^{-i2\alpha} - 2V^2 R^2 - \frac{\Gamma^2}{4\pi^2} + i\,l\,\frac{V\Gamma e^{-i(\alpha-\delta)}}{\pi}\right)\cdot\frac{1}{\zeta} + \cdots$$

$$(1.13\text{-}4)$$

この被積分関数を用いて，(1.13-4) 式の ζ に関する積分を実行すると，(1.13-4) 式の $1/\zeta$ の項のみ影響するから

66 第1章 揚力の発生原理

$$\oint \left(\frac{dw}{d\zeta}\right)^2 z \frac{d\zeta}{dz} d\zeta = i2\pi \left(2V^2 a^2 e^{-i2\alpha} - 2V^2 R^2 - \frac{\Gamma^2}{4\pi^2} + il\frac{V\Gamma e^{-i(\alpha-\delta)}}{\pi}\right)$$

$$= (4\pi V^2 a^2 \sin 2\alpha - 2V\Gamma l \cos(\alpha-\delta))$$

$$+ i\left(4\pi V^2 a^2 \cos 2\alpha - 4\pi V^2 R^2 - \frac{\Gamma^2}{2\pi} + 2V\Gamma l \sin(\alpha-\delta)\right)$$

(1.13-5)

従って，原点まわりの頭上げモーメントは，(1.13-3) 式から次のように与えられる。

$$(M)_{\text{原点}} = \frac{\rho}{2} \text{Real}\left[\oint \left(\frac{dw}{d\zeta}\right)^2 z \frac{d\zeta}{dz} d\zeta\right] = 2\pi\rho V^2 a^2 \sin 2\alpha - \rho V\Gamma l \cos(\alpha-\delta)$$

(1.13-7)

この式の右辺第 2 項が循環 Γ によるモーメントである。このように，原点まわりの頭上げモーメントに循環の影響が現れるのは変数 l の存在に関係していることがわかる。次にこの変数 l について調べてみよう。

図 1.13 (e) は，ジュコフスキー翼に関係する変数 $\varepsilon, \beta, \delta$ について u 平面の半径 R の円の位置関係を示したものである。z 平面のジュコフスキー翼は，最初 u 平面に写像され，次に ζ 平面に写像されて解析される。写像関数は次のようである。

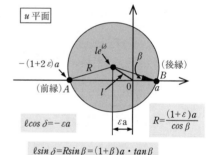

図 1.13 (e) 変数 $\varepsilon, \beta, \delta$

$$z = u + \frac{a^2}{u},$$

$$u = e^{-i\beta}\zeta + m$$

(1.13-8)

(1.13-7) 式のモーメント式が ε, β でどのように変化するかみてみよう。

図 1.13 (f) は $\varepsilon = 0$ の場合である。このときは円の中心が虚軸上にある場合で，δ の値は 90° である。

$$\varepsilon = 0 \Rightarrow \delta = 90° \Rightarrow l = a \tan \beta$$

【疑問 1.13】ジュコフスキー翼の循環によるモーメント

$$\Rightarrow (M)_{原点}$$
$$= 2\pi\rho V^2 a^2 \sin 2\alpha - \rho V \Gamma a \tan\beta \sin\alpha$$
(1.13-9)

図 1.13 (g) は $\beta=0$ の場合である。このときは円の中心が実軸上にある場合で，δ の値は $180°$ である。

$$\beta=0° \Rightarrow \delta=180° \Rightarrow l=\varepsilon a$$
$$\Rightarrow (M)_{原点} = 2\pi\rho V^2 a^2 \sin 2\alpha$$
$$+ \rho V \Gamma \varepsilon a \cos\alpha$$

(1.13-10)

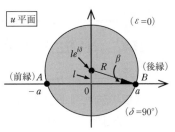

図 1.13 (f)　$\varepsilon=0$ の場合
(厚さなし)

図 1.13 (h) は，$\varepsilon=\beta=0$ の場合である。このときは円の中心が原点にある場合で，δ の値は $180°$ である。

$$\varepsilon=\beta=0 \Rightarrow \delta=180° \Rightarrow l=0$$
$$\Rightarrow (M)_{原点} = 2\pi\rho V^2 a^2 \sin 2\alpha$$

(1.13-11)

すなわち平板翼の場合には，原点まわりのモーメントに循環 Γ の項がなくなることがわかる。この場合の u 平面の円は平板翼の解析に用いた写像円と同じであることがわかる。

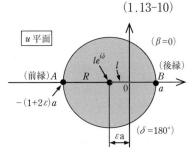

図 1.13 (g)　$\beta=0$ の場合
(キャンバなし)

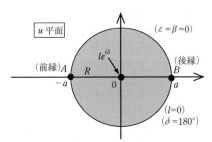

図 1.13 (h)　$\varepsilon=\beta=0$ の場合
(平板翼)

疑問

1.14 平板翼の前縁の特異点の扱い

平板翼の流れは上記【疑問 1.5】で検討したように，前縁において流れが下面から上面に巻き上がり，その流速 q は無限大となる。このため，平板翼表面の流速を圧力係数に換算して，翼まわりに直接積分することができない。

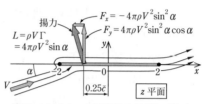

図 1.14（a） 平板翼の前縁の流速

一方，ブラジウスの第 1 公式を用いると，平板翼に働く力も問題なく計算することができる。結果は図 1.14（a）に示すとおりである。このように，前縁において特異点となる平板翼に働く力の計算は，ブラジウスの公式ではどのようにして計算しているのだろうか。

z 平面の平板翼の流れは，図 1.14（b）に示す ζ 平面の単位円に写像して解析が行われる。このときの写像関数は次式である。

$$z = \zeta + \frac{1}{\zeta}$$

$$\therefore \frac{dz}{d\zeta} = 1 - \frac{1}{\zeta^2}$$

(1.14-1)

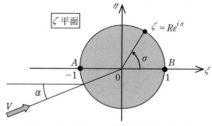

図 1.14（b） ζ 平面の円に変換
（図 1.4（c）再掲）

ζ 平面の単位円まわりの流れの複素速度ポテンシャルは，次式で表される。

$$w = V\left(e^{-i\alpha}\zeta + e^{i\alpha}\frac{1}{\zeta}\right) + i\frac{\Gamma}{2\pi}\log\zeta, \quad \Gamma = 4\pi V \sin\alpha \qquad (1.14\text{-}2)$$

z 平面における複素速度は，次のように表される。

【疑問 1.14】平板翼の前縁の特異点の扱い

$$\frac{dw}{dz} = \frac{dw}{d\zeta} \Big/ \frac{dz}{d\zeta} = \left\{ V\left(e^{-i\alpha} - e^{i\alpha}\frac{1}{\zeta^2}\right) + i\frac{\Gamma}{2\pi} \cdot \frac{1}{\zeta} \right\} \Big/ \left(1 - \frac{1}{\zeta^2}\right) \quad (1.14\text{-}3)$$

ここで，$\zeta = e^{i\sigma}$ とおくと，平板翼上の速度が次のように得られる。

$$\frac{dw}{dz} = V\frac{\sin(\sigma - \alpha) + \sin\alpha}{\sin\sigma} = qe^{-i\lambda} \quad (1.14\text{-}4)$$

この式から，平板翼上の前縁 A では，$\sigma = \pi$ であるから，流速 q が無限大となることがわかる。このため，平板翼に働く力を翼上の圧力（q の 2 乗に対応）を直接積分することが困難となる。

これに対して，平板翼に働く力は，次式のブラジウスの第 1 公式を用いると計算できる。

$$F_x - iF_y = i\frac{\rho}{2}\oint_c \left(\frac{dw}{dz}\right)^2 dz = i\frac{\rho}{2}\oint_c \left(\frac{dw}{d\zeta}\right)^2 \frac{d\zeta}{dz} d\zeta \quad (1.14\text{-}5)$$

右辺の被積分関数は次式である。

$$\left(\frac{dw}{d\zeta}\right)^2 \frac{d\zeta}{dz} = \left\{ V\left(e^{-i\alpha} - e^{i\alpha}\frac{1}{\zeta^2}\right) + i\frac{\Gamma}{2\pi} \cdot \frac{1}{\zeta} \right\}^2 \Big/ \left(1 - \frac{1}{\zeta^2}\right) \quad (1.14\text{-}6)$$

(1.14-6) 式は，ζ 平面の単位円の外部では $|1/\zeta| < 1$ であるので，$1/\zeta$ で展開して (1.14-5) 式に代入すると，次のようになる。

$$F_x - iF_y = i\frac{\rho}{2}\oint_c \left\{ V^2 e^{-i2\alpha} + i\frac{V\Gamma e^{-i\alpha}}{\pi} \cdot \frac{1}{\zeta} \right. \\ \left. -\left(2V^2 - V^2 e^{-i2\alpha} + \frac{\Gamma^2}{4\pi^2}\right)\frac{1}{\zeta^2} + \cdots \right\} d\zeta \quad (1.14\text{-}7)$$

ここで，(1.2-28) のコーシーの公式を適用すると，(1.14-7) 式の積分は $1/\zeta$ の項以外は 0 となる。従って，次式が得られる。

$$F_x - iF_y = i\frac{\rho}{2}\left[i2\pi\left(i\frac{V\Gamma e^{-i\alpha}}{\pi}\right)\right] = -\rho V\Gamma(\sin\alpha + i\cos\alpha) \quad (1.14\text{-}8)$$

ここで，循環の値を代入すると，平板翼に力が次のように与えられる。

$$F_x = -4\pi\rho V^2 \sin^2\alpha, \quad F_y = 4\pi\rho V^2 \sin\alpha\cos\alpha \quad (1.14\text{-}9)$$

このように，ブラジウスの公式を用いると，前縁に特異点のある平板翼に作用する力を求めることができる。これはどのような原理で計算が可能なのだろうか。実は，ブラジウスの公式では，翼に働く力を求める際に翼上の圧力は用いていないのである。ブラジウスの公式における積分経路は，ζ 平面の $|\zeta| > 1$ の

閉曲線であり，最も簡単な閉曲線は図1.14 (c) に示す半径 R の円である。z 平面の平板翼に働く力は，ζ 平面の半径 R の円に対応する閉曲線上の圧力を積分すれば求めることができる，というのがブラジウスの公式の重要なところである。この閉曲線上には特異点は存在しないため，積分計算が問題なく計算できる。

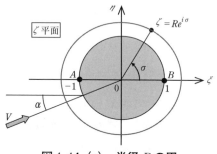

図1.14 (c)　半径 R の円

z 平面の翼に働く力およびモーメントを求める際に用いるブラジウスの公式における積分の閉曲線は，翼上の線ではなく，翼を取り囲む閉曲線にて実施する。

$$F_x - iF_y = i\frac{\rho}{2}\oint\left(\frac{dw}{dz}\right)^2 dz \qquad M = \frac{\rho}{2}\text{Real}\left[\oint\left(\frac{dw}{dz}\right)^2 z\,dz\right]$$

（第1公式）　　　　　　　　　　　（第2公式）

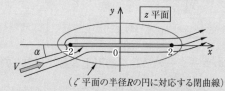

（ζ 平面の半径 R の円に対応する閉曲線）

図1.14 (d)　平板翼の力を計算する閉曲線

平板翼の場合は，前縁が特異点となるが，ζ 平面の単位円に写像したとき，単位円を取り囲む閉曲線に対応する z 平面の閉曲線上では特異点は存在しない。

平板翼に働く力を計算する際の積分の閉曲線を，図1.14 (d) に示すような平板翼を取り囲む閉曲線を用いた場合に，実際にその閉曲線上の圧力を積分し

た結果が，ブラジウスの公式から求めた力と一致するのか確かめてみよう。

(1.14-5) 式および (1.14-6) 式において，$\zeta = Re^{i\sigma}$ とおけば，次のように変形できる。

$$F_x - iF_y = i\frac{\rho}{2}\int_0^{2\pi}\left[\left\{V\left(e^{-i\alpha} - e^{i\alpha}\frac{e^{-i2\sigma}}{R^2}\right) + i\frac{\Gamma}{2\pi}\cdot\frac{e^{-i\sigma}}{R}\right\}^2 \middle/ \left(1 - \frac{e^{-i2\sigma}}{R^2}\right)\right] iRe^{i\sigma}\,d\sigma \quad (1.14\text{-}10)$$

この式の積分を実行すると，平板翼に働く力が得られる。実際に，$\alpha = 10°$，$R = 1.5$ とした平板翼上の流速と角度を図1.14 (e) に，また $\alpha = 10°$，$R = 1.1$ とした平板翼上の流速と角度を図1.14 (f) に示す。

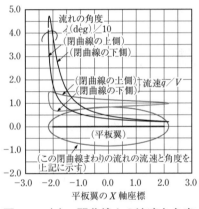

図1.14 (e) 閉曲線上の流速と角度
($\alpha = 10°$，$R = 1.5$)

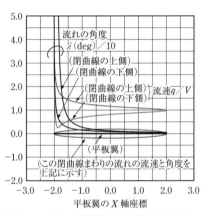

図1.14 (f) 閉曲線上の流速と角度
($\alpha = 10°$，$R = 1.1$)

図1.14 (e) の場合の平板翼に働く力は，(1.14-9) 式の値と比較すると

$$\frac{F_x}{-4\pi\rho V^2\sin^2\alpha} = 0.9966, \quad \frac{F_y}{4\pi\rho V^2\sin\alpha\cos\alpha} = 1.0000 \quad (1.14\text{-}11)$$

また，図1.14 (f) の場合の平板翼に働く力は

$$\frac{F_x}{-4\pi\rho V^2\sin^2\alpha} = 0.9992, \quad \frac{F_y}{4\pi\rho V^2\sin\alpha\cos\alpha} = 1.0000 \quad (1.14\text{-}12)$$

このように，実際に平板翼まわりの閉曲線上の圧力を積分した結果と，ブラジウスの公式で $1/\zeta$ の項だけを取り出した結果と一致することがわかる。すな

わち，翼の働く力およびモーメントは，翼上の圧力を積分しなくても，翼まわりの閉曲線における圧力を閉曲線上で積分しても同じであることは，興味深いことである．

循環について再び考えてみよう．循環 Γ は，【疑問 1.5】において翼表面の速度（これは1つの流線になっている）を線積分したものとして求まることを示したが，実は流線ではないが対応する ζ 平面の半径 $R\,(>1)$ の円の閉曲線に対して，その閉曲線方向の速度を線積分しても求まることを以下に示す．

図 1.5 (d) から，循環 Γ（時計回りを正）は閉曲線に沿う速度成分を閉曲線上で線積分すればよいので，次のように与えられる．

$$\Gamma = -\oint q\,ds = -\oint (q\cos\lambda,\ q\sin\lambda)\cdot(dx,\ dy)$$
$$= -\text{Real}\left[\oint q\,e^{-i\lambda}(dx+idy)\right] \qquad (1.14\text{-}13)$$
$$= -\text{Real}\left[\oint \frac{dw}{dz}dz\right] = -\text{Real}\left[\oint \frac{dw}{d\zeta}d\zeta\right]$$

図 1.14 (e) および図 1.14 (f) にて検討した平板翼まわりの閉曲線は，流線ではないが，ζ 平面の半径 $R\,(>1)$ の円に対応する閉曲線であり，この閉曲線に沿って実際に循環を $\sigma = 0 \sim 2\pi$ にて数値積分して求めた値を，平板翼の循環の値 $4\pi V\sin\alpha$ との比で表すと以下のようになる．

$$\frac{\Gamma}{4\pi V\sin\alpha} = 0.9999 \quad (\alpha = 10°,\ R = 1.5) \qquad (1.14\text{-}14\text{a})$$

$$\frac{\Gamma}{4\pi V\sin\alpha} = 1.0000 \quad (\alpha = 10°,\ R = 1.1) \qquad (1.14\text{-}14\text{b})$$

すなわち，次のようにまとめられる．

【疑問 1.14】平板翼の前縁の特異点の扱い　73

z 平面の翼の循環 Γ は，ζ 平面の半径 R の円に対応する閉曲線（これは流線でない）においても，閉曲線に沿った速度成分を線積分した次式によって求めることができる。

$$\Gamma = -\text{Real}\left[\oint \frac{dw}{dz} dz\right]$$

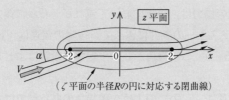
（ζ 平面の半径 R の円に対応する閉曲線）

以上示した循環の値は，実際に ζ 平面の半径 R の円に対応する閉曲線上で線積分を数値的に求めたものであるが，z 平面の複素速度 dw/dz を用いた次の解析式でも確かめられる。

$$\begin{aligned}\Gamma &= -\text{Real}\left[\oint \frac{dw}{dz} dz\right] = -\text{Real}\left[\oint \frac{dw}{d\zeta} d\zeta\right] \\ &= -\text{Real}\left[\oint \left\{V\left(e^{-i\alpha} - e^{i\alpha}\frac{1}{\zeta^2}\right) + i\frac{\Gamma}{2\pi}\cdot\frac{1}{\zeta}\right\} d\zeta\right]\end{aligned} \quad (1.14\text{-}15)$$

ここで，(1.2-28) 式のコーシーの公式から，次のようになる。

$$\Gamma = -\text{Real}\left[i2\pi\left(i\frac{\Gamma}{2\pi}\right)\right] = \Gamma \quad (1.14\text{-}16)$$

以上のように，z 平面の翼表面の閉曲線における線積分による循環の値と，ζ 平面の半径 R (> 1) の円に対応する z 平面の閉曲線における線積分の値は一致する。すなわち，循環の値は写像によって変化しないことがわかる。

疑問 1.15 翼の後縁の流れの様子

翼の揚力には後縁角が大きく影響する。【疑問 1.5】で述べたように，循環理論による平板翼の揚力は，後縁において流れが滑らかに後方に流れ去るとしたクッタ・ジュコフスキーの条件によって，後縁の流速は $V\cos\alpha$ と表される。すなわち，図 1.15（a）の後縁角が 0 の平板翼の後縁はよどみ点ではないことがわかる。

これに対して，図 1.15（b）のような後縁角のある翼では，後縁における流速はどのようになるのか考えてみよう。

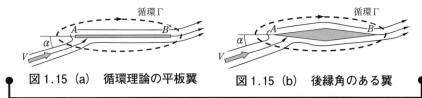

図 1.15（a） 循環理論の平板翼　　図 1.15（b） 後縁角のある翼

いま，図 1.15（c）に示す後縁角のある長さ 4 の翼の流れを，図 1.15（d）に示す ζ 平面の単位円の外部に写像する。

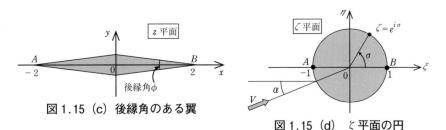

図 1.15（c） 後縁角のある翼　　図 1.15（d） ζ 平面の円

この写像関数は，Schwarz-Christoffel 変換を利用して

$$\frac{dz}{d\zeta} = K\left(1 - \frac{1}{\zeta}\right)^{\frac{\pi-\phi}{\pi}} \left(1 - \frac{e^{i\sigma_1}}{\zeta}\right)^{\frac{\phi}{\pi}} \left(1 - \frac{e^{i\sigma_2}}{\zeta}\right)^{\frac{\pi-\phi}{\pi}} \left(1 - \frac{e^{i\sigma_3}}{\zeta}\right)^{\frac{\phi}{\pi}} \quad (1.15\text{-}1)$$

ここで，ζ 平面の円の流れの複素速度ポテンシャルは，循環を伴う流れとして

【疑問 1.15】翼の後縁の流れの様子

$$w = V\left(e^{-i\alpha}\zeta + e^{i\alpha}\frac{1}{\zeta}\right) + i\frac{\Gamma}{2\pi}\log\zeta, \quad \therefore \frac{dw}{d\zeta} = V\left(e^{-i\alpha} - e^{i\alpha}\frac{1}{\zeta^2}\right) + i\frac{\Gamma}{2\pi}\cdot\frac{1}{\zeta}$$

(1.15-3)

一方，z 平面における複素速度は

$$\frac{dw}{dz} = qe^{-i\lambda} = \frac{dw}{d\zeta}\cdot\frac{d\zeta}{dz}$$

$$= \frac{V\left(e^{-i\alpha} - e^{i\alpha}\frac{1}{\zeta^2}\right) + i\frac{\Gamma}{2\pi}\cdot\frac{1}{\zeta}}{K\left(1-\frac{1}{\zeta}\right)^{1-\frac{\phi}{\pi}}\left(1-\frac{e^{i\sigma_1}}{\zeta}\right)^{\frac{\phi}{\pi}}\left(1-\frac{e^{i\sigma_2}}{\zeta}\right)^{1-\frac{\phi}{\pi}}\left(1-\frac{e^{i\sigma_3}}{\zeta}\right)^{\frac{\phi}{\pi}}} \quad (1.15\text{-}4)$$

循環の値 Γ は後縁の速度が無限大にならないように，$\zeta = 1$ において $dw/d\zeta$ を 0 とおくと

$$\left(\frac{dw}{d\zeta}\right)_{\zeta=1} = V(e^{-i\alpha} - e^{i\alpha}) + i\frac{\Gamma}{2\pi} = -i2V\sin\alpha + i\frac{\Gamma}{2\pi} = 0 \quad (1.15\text{-}5)$$

$$\therefore \Gamma = 4\pi V \sin\alpha \quad (1.15\text{-}6)$$

この循環の式は，平板翼の場合と同じである。

次に，後縁における流速を求めよう。いま，(1.15-4) 式に (1.15-6) 式の循環の式を代入して，$\zeta = e^{i\sigma}$ とおけば z 平面の翼上の速度 q は次のように表される。

$$q = \frac{V}{2|K|}\cdot\frac{\sin(\sigma-\alpha) + \sin\alpha}{\left(\sin\frac{\sigma}{2}\right)^{1-\frac{\phi}{\pi}}\left(\sin\frac{\sigma-\sigma_1}{2}\right)^{\frac{\phi}{\pi}}\left(\sin\frac{\sigma-\sigma_2}{2}\right)^{1-\frac{\phi}{\pi}}\left(\sin\frac{\sigma-\sigma_3}{2}\right)^{\frac{\phi}{\pi}}}$$

(1.15-8)

ここで，$\sigma \to 0$ とすると翼後縁の流速が得られるが，(1.15-8) 式の分母と分子に 0 になる要素があるので，変形すると次のように 0 になる。

$$\lim_{\sigma\to 0}\frac{\sin(\sigma-\alpha) + \sin\alpha}{\left(\sin\frac{\sigma}{2}\right)^{1-\frac{\phi}{\pi}}} = \lim_{\sigma\to 0}\frac{\cos(\sigma-\alpha)}{\left(1-\frac{\phi}{\pi}\right)}\cdot\frac{\left(\sin\frac{\sigma}{2}\right)^{\frac{\phi}{\pi}}}{\frac{1}{2}\cos\frac{\sigma}{2}} = 0 \quad (1.15\text{-}9)$$

すなわち，後縁角のある翼の後縁の流速は 0 となることがわかる。これらの結果をまとめると次のようである。

- 後縁角のない翼の後縁の流速は $q = V\cos\alpha$

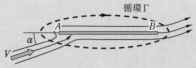

図 1.15 (a)（再掲）　後縁角のない翼

- 後縁角のある翼の後縁の流速は $q = 0$

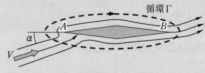

図 1.15 (b)（再掲）　後縁角のある翼

# 第2章
2次元翼の諸問題

　飛行機が着陸する際には機速を小さくする必要があるが，翼の揚力を維持するためにフラップを下げて揚力係数を大きくすることが行われる。フラップ付き翼は重要であるが，その流れは単独の翼に比べて複雑である。また，複葉翼の流れ，風洞内に置かれた翼の流れ，地面効果のある翼の流れも複雑であるが，単独翼の流れとどのように異なるのか確認しておくことは翼理論を理解する上で重要である。本章では，これらの複雑な流れも2次元ポテンシャル理論を用いると解析できることを示す。この解析には楕円関数が現れるが，付録に必要な公式をまとめてあるので適宜参照願いたい。

疑問 2.1 単純フラップ付き平板翼の流れ

　図2.1（a）に示すような，翼の後縁を下側に下げる構造の，いわゆる単純フラップ（plain flap）の揚力係数は，流れがどのように変化して揚力係数が増加するのだろうか。

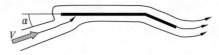

図2.1（a）　単純フラップ付き平板翼の流れ

　2次元のポテンシャル流として，図2.1（b）のz平面の単純フラップ付き平板翼を，図2.1（c）のζ平面の単位円の外部に写像することによって，揚力係数を求めてみよう。この問題は，文献1）および文献6）に詳しく説明されているので，その結果を基に以下解説する。

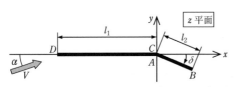

図2.1（b）　z平面の単純フラップ

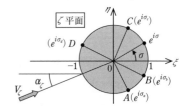

図2.1（c）　ζ平面の単位円

　写像関数は，Schwarz-Christoffel変換によって次のように表される。

$$\frac{dz}{d\zeta} = G\left(1 - \frac{e^{i\sigma_a}}{\zeta}\right)^{-\frac{\delta}{\pi}} \cdot \left(1 - \frac{e^{i\sigma_b}}{\zeta}\right) \cdot \left(1 - \frac{e^{i\sigma_c}}{\zeta}\right)^{\frac{\delta}{\pi}} \cdot \left(1 - \frac{e^{i\sigma_d}}{\zeta}\right) \quad (2.1\text{-}1)$$

　ここで，(2.1-1)式の右辺をζで展開した際に，$1/\zeta$の項があると，この式を積分するとlog関数が生じてz平面とζ平面とが1対1に対応しなくなるため，次の条件が必要である。

$$-\frac{\delta}{\pi}e^{i\sigma_a}+e^{i\sigma_b}+\frac{\delta}{\pi}e^{i\sigma_c}+e^{i\sigma_d}=0 \tag{2.1-2}$$

$$\therefore \frac{\delta}{\pi}\left(e^{i\sigma_a}-e^{i\sigma_c}\right)=e^{i\sigma_b}+e^{i\sigma_d} \tag{2.1-3}$$

これから次の2つの関係式が得られる。

$$\frac{\delta}{\pi}(\cos\sigma_a-\cos\sigma_c)=\cos\sigma_b+\cos\sigma_d \tag{2.1-4a}$$

$$\frac{\delta}{\pi}(\sin\sigma_a-\sin\sigma_c)=\sin\sigma_b+\sin\sigma_d \tag{2.1-4b}$$

ここで、$\sigma_a=2\pi-\sigma_c$ (2.1-5)

と仮定すると、(2.1-4a) 式および (2.1-4b) 式から次の関係式が得られる。

$$\sigma_d=3\pi-\sigma_b \tag{2.1-6a}$$

$$\sin\sigma_b=-\frac{\delta}{\pi}\sin\sigma_c, \quad \therefore \sigma_b=2\pi-\sin^{-1}\left(\frac{\delta}{\pi}\sin\sigma_c\right) \tag{2.1-6b}$$

ただし、$\sigma_a \sim \sigma_d$ の値は 0〜360° となるように決める。
従って、(2.1-3) 式は次のようになる。

$$\frac{\delta}{\pi}\left(e^{i\sigma_c}-e^{-i\sigma_c}\right)=-\left(e^{i\sigma_b}+e^{i(\pi-\sigma_b)}\right) \tag{2.1-7}$$

さて、次の微分を実行してみると、(2.1-7) 式を用いて次式が得られる。

$$\frac{d}{d\zeta}\left\{G\zeta\cdot\left(1-\frac{e^{i\sigma_c}}{\zeta}\right)^{1+\frac{\delta}{\pi}}\cdot\left(1-\frac{e^{-i\sigma_c}}{\zeta}\right)^{1-\frac{\delta}{\pi}}\right\}$$

$$=G\left(1-\frac{e^{i\sigma_c}}{\zeta}\right)^{\frac{\delta}{\pi}}\cdot\left(1-\frac{e^{-i\sigma_c}}{\zeta}\right)^{-\frac{\delta}{\pi}}\cdot\left(1-\frac{e^{i\sigma_b}}{\zeta}\right)\cdot\left(1-\frac{e^{i(\pi-\sigma_b)}}{\zeta}\right)$$

$$\tag{2.1-8}$$

この式の右辺は、(2.1-1) 式の右辺に等しいので、写像関数が次のように得られる。

$$z=G\zeta\cdot\left(1-\frac{e^{i\sigma_c}}{\zeta}\right)^{1+\frac{\delta}{\pi}}\cdot\left(1-\frac{e^{-i\sigma_c}}{\zeta}\right)^{1-\frac{\delta}{\pi}}+H \tag{2.1-9}$$

ここで、$G=Ke^{i\mu}$ (2.1-10)

とおき、$\zeta=e^{i\sigma}$ を代入すると翼上の点における写像関係が次のように表され

る。

$$z = 4Ke^{i\left(\mu + \frac{\delta\sigma_c}{\pi} - \delta\right)}\left(\sin\frac{\sigma_c - \sigma}{2}\right)^{1+\frac{\delta}{\pi}} \cdot \left(\sin\frac{\sigma_c + \sigma}{2}\right)^{1-\frac{\delta}{\pi}} + H \quad (2.1\text{-}11)$$

翼上の各点の対応を考えると次のようである。

【点 A】 $z=0$, $\sigma=-\sigma_c$ 　　【点 C】 $z=0$, $\sigma=\sigma_c$ $\quad (2.1\text{-}12)$

従って，積分定数 $H=0$ となる。

【点 B】 $z = l_2 e^{-i\delta}$, $\sigma = \sigma_b$ $\quad (2.1\text{-}13a)$

$$l_2 = 4K\left|\sin\frac{\sigma_c - \sigma_b}{2}\right|^{1+\frac{\delta}{\pi}} \cdot \left|\sin\frac{\sigma_c + \sigma_b}{2}\right|^{1-\frac{\delta}{\pi}} \quad (2.1\text{-}13b)$$

ただし，$\mu = -\dfrac{\delta\sigma_c}{\pi}$ $\quad (2.1\text{-}13c)$

【点 D】 $z = -l_1$, $\sigma = \pi - \sigma_b$ $\quad (2.1\text{-}14a)$

$$l_1 = 4K\left|\cos\frac{\sigma_c + \sigma_b}{2}\right|^{1+\frac{\delta}{\pi}} \cdot \left|\cos\frac{\sigma_c - \sigma_b}{2}\right|^{1-\frac{\delta}{\pi}} \quad (2.1\text{-}14b)$$

次に，揚力を求めよう。ζ 平面の単位円まわりの流れの複素速度ポテンシャルは次式で表される。

$$w = V_\zeta\left(e^{-i\alpha_\zeta}\zeta + e^{i\alpha_\zeta}\frac{1}{\zeta}\right) + i\frac{\Gamma}{2\pi}\log\zeta \quad (2.1\text{-}15)$$

z 平面の単純フラップ付き翼の速度は次式で与えられる。

$$\frac{dw}{dz} = \frac{dw}{d\zeta} \cdot \frac{d\zeta}{dz}$$

$$= \frac{V_\zeta\left(e^{-i\alpha_\zeta} - e^{i\alpha_\zeta}\dfrac{1}{\zeta^2}\right) + i\dfrac{\Gamma}{2\pi}\cdot\dfrac{1}{\zeta}}{Ke^{-i\frac{\delta\sigma_c}{\pi}}\left(1 - \dfrac{e^{-i\sigma_c}}{\zeta}\right)^{-\frac{\delta}{\pi}} \cdot \left(1 - \dfrac{e^{i\sigma_b}}{\zeta}\right)\cdot\left(1 - \dfrac{e^{i\sigma_c}}{\zeta}\right)^{\frac{\delta}{\pi}} \cdot \left(1 - \dfrac{e^{i(\pi-\sigma_b)}}{\zeta}\right)}$$

$$(2.1\text{-}16)$$

この式で，無限遠点 z, $\zeta \to \infty$ とすると，次のような対応となる。

$$Ve^{-i\alpha} = \frac{V_\zeta}{K}e^{-i\left(\alpha_\zeta - \frac{\delta\sigma_c}{\pi}\right)}, \quad \therefore V_\zeta = KV, \quad \alpha_\zeta = \alpha + \frac{\delta\sigma_c}{\pi} \quad (2.1\text{-}17)$$

後縁 B から流れが滑らかに流れ去るとして，クッタ・ジュコフスキーの条件

【疑問 2.1】単純フラップ付き平板翼の流れ 81

から，$\zeta=e^{i\sigma_b}$ とおいて（2.1-16）式の分子が 0 とすると，循環 Γ が次のように得られる。

$$\Gamma = 4\pi\, KV \sin\left(\alpha - \sigma_b + \frac{\delta\sigma_c}{\pi}\right) \tag{2.1-18}$$

単純フラップ付き翼に働く力は，ブラジウスの第 1 公式から

$$F_x - iF_y = i\frac{\rho}{2}\oint_c \left(\frac{dw}{dz}\right)^2 \frac{dz}{d\zeta}d\zeta = i\frac{\rho}{2}\oint_c \left(\frac{dw}{d\zeta}\right)^2 \frac{d\zeta}{dz}d\zeta \tag{2.1-19}$$

ここで，この式の右辺の被積分関数は（2.1-16）式から次のようである。

$$\left(\frac{dw}{d\zeta}\right)^2 \frac{d\zeta}{dz}$$

$$= \frac{\left\{V_\zeta\left(e^{-i\alpha_\zeta} - e^{i\alpha_\zeta}\frac{1}{\zeta^2}\right) + i\frac{\Gamma}{2\pi}\cdot\frac{1}{\zeta}\right\}^2}{Ke^{-i\frac{\delta\sigma_c}{\pi}}\left(1 - \frac{e^{-i\sigma_c}}{\zeta}\right)^{-\frac{\delta}{\pi}}\cdot\left(1 - \frac{e^{i\sigma_b}}{\zeta}\right)\cdot\left(1 - \frac{e^{i\sigma_c}}{\zeta}\right)^{\frac{\delta}{\pi}}\cdot\left(1 - \frac{e^{i(\pi-\sigma_b)}}{\zeta}\right)} \tag{2.1-20}$$

この式を ζ で展開すると，(2.1-2) 式を考慮すると $1/\zeta$ の項は

$$\left(\frac{dw}{d\zeta}\right)^2 \frac{d\zeta}{dz} = \cdots + i\frac{V_\zeta\Gamma}{K\pi}e^{i\left(\frac{\delta\sigma_c}{\pi} - \alpha_\zeta\right)}\cdot\frac{1}{\zeta} + \cdots \quad = \cdots + i\frac{V\Gamma e^{-i\alpha}}{\pi}\cdot\frac{1}{\zeta} + \cdots \tag{2.1-21}$$

従って，(2.1-19) 式が次のように計算できる。

$$\begin{aligned}F_x - iF_y &= i\frac{\rho}{2}\oint_c \left(\frac{dw}{d\zeta}\right)^2 \frac{d\zeta}{dz}d\zeta \\ &= i\frac{\rho}{2}\left[i2\pi\left(i\frac{V\Gamma e^{-i\alpha}}{\pi}\right)\right] = -\rho V\Gamma(\sin\alpha + i\cos\alpha)\end{aligned} \tag{2.1-22}$$

これから，次式を得る。

$$F_x = -\rho V\Gamma\sin\alpha, \quad F_y = \rho V\Gamma\cos\alpha \tag{2.1-23}$$

$$\begin{aligned}L &= F_y\cos\alpha - F_x\sin\alpha = \rho V\Gamma(\cos^2\alpha + \sin^2\alpha) \\ &= \rho V\Gamma = 4\pi\rho\, KV^2\sin\left(\alpha - \sigma_b + \frac{\delta\sigma_c}{\pi}\right)\end{aligned} \tag{2.1-24}$$

$$D = F_x\cos\alpha + F_y\sin\alpha = \rho V\Gamma(-\sin\alpha\cos\alpha + \sin\alpha\cos\alpha) = 0 \tag{2.1-25}$$

揚力係数は，翼弦長を l_1+l_2 として，次のようになる．

$$C_L = \frac{2L}{\rho V^2(l_1+l_2)} = 2\pi \frac{4K}{l_1+l_2} \sin(\alpha-\alpha_0) = 2\pi \frac{4K/l_1}{1+l_2/l_1} \sin(\alpha-\alpha_0)$$
(2.1-26)

ただし， $\alpha_0 = \sigma_b - \frac{\delta \sigma_c}{\pi} - 2\pi$ (2.1-27)

また，(2.1-13b) 式および (2.1-14b) 式より次のようである．

$$\frac{l_1}{4K} = \left|\cos\frac{\sigma_c+\sigma_b}{2}\right|^{1+\frac{\delta}{\pi}} \cdot \left|\cos\frac{\sigma_c-\sigma_b}{2}\right|^{1-\frac{\delta}{\pi}}$$
(2.1-28)

$$\frac{l_2}{l_1} = \left|\tan\frac{\sigma_c+\sigma_b}{2}\right| \cdot \left|\tan\frac{\sigma_c-\sigma_b}{2}\right| \cdot \left|\frac{\sin(\sigma_c-\sigma_b)}{\sin(\sigma_c+\sigma_b)}\right|^{\frac{\delta}{\pi}}$$
(2.1-29)

ここで，(2.1-6b) 式から次の関係がある．

$$\sigma_b = 2\pi - \sin^{-1}\left(\frac{\delta}{\pi}\sin\sigma_c\right)$$
(2.1-30)

このとき，翼弦長に対するフラップの弦長比は次式で表される．

$$\frac{l_2}{l_1+l_2} = \frac{l_2/l_1}{1+l_2/l_1} \quad (\text{フラップ弦長比})$$
(2.1-31)

図 2.1 (d) に，単純フラップの弦長比と $\sigma_a \sim \sigma_d$ の関係を示す．フラップを下げた場合には，σ_b は負の値 (180°〜360°) になる．図 2.1 (d) からわかるように，フラップ弦長比を決めると $\sigma_a \sim \sigma_d$ の値が決まることがわかる．

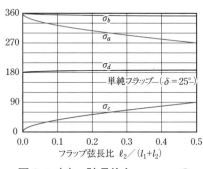

図 2.1 (d)　弦長比と $\sigma_a \sim \sigma_d$ の関係

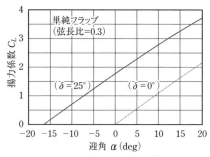

図 2.1 (e)　揚力係数
(ケース 2.1-1)

【疑問 2.1】単純フラップ付き平板翼の流れ　83

　いま，フラップ角 25°，フラップ弦長比 0.3 とした場合（ケース 2.1-1 とする）の単純フラップの揚力係数を図 2.1 (e) に示す．零揚力角は $\alpha_0=-16.5°$，揚力傾斜の係数の値は 2π の 0.992 倍で，迎角 $\alpha=5°$ では揚力 $C_L=2.29$ である．なお，フラップ舵角 δ を 0 にすると，当然ながら揚力傾斜は 2π に等しくなる．このとき，$\sigma_a \sim \sigma_d$ および弦長と $4K$ との比は次のようである．

$$\sigma_a=293.7°,\ \sigma_b=352.7°,\ \sigma_c=66.3°,\ \sigma_d=187.3°,\ 4K/(l_1+l_2)=0.992$$

　次に，z 平面の単純フラップ付き翼上の速度について調べてみよう．z 平面の速度は，(2.1-16) 式，(2.1-17)，(2.1-18) 式および (2.1-27) 式から次のように与えられる．

$$\begin{aligned}\frac{dw}{dz}&=V\frac{(e^{-i\alpha_\xi}-e^{i(\alpha_\xi-2\sigma)})+i2\sin(\alpha-\alpha_0)e^{-i\sigma}}{e^{-i\frac{\delta\sigma_c}{\pi}}(1-e^{-i(\sigma_c+\sigma)})^{-\frac{\delta}{\pi}}\cdot(1-e^{-i(\sigma-\sigma_b)})\cdot(1-e^{-i(\sigma-\sigma_c)})^{\frac{\delta}{\pi}}\cdot(1-e^{-i(\sigma-\pi+\sigma_b)})}\\ &=Ve^{-i\sigma_b}\cdot\frac{\sin(\sigma-\sigma_b-\alpha+\alpha_0)+\sin(\alpha-\alpha_0)}{\sin\sigma-\sin\sigma_b}\cdot\left(\frac{\sin\frac{\sigma+\sigma_c}{2}}{\sin\frac{\sigma-\sigma_c}{2}}\right)^{\frac{\delta}{\pi}}\end{aligned}$$

(2.1-32)

従って，流速 q は次のように表される．

$$\frac{q}{V}=\frac{\sin(\sigma-\sigma_b-\alpha+\alpha_0)+\sin(\alpha-\alpha_0)}{\sin\sigma-\sin\sigma_b}\cdot\left|\frac{\sin\frac{\sigma+\sigma_c}{2}}{\sin\frac{\sigma-\sigma_c}{2}}\right|^{\frac{\delta}{\pi}} \quad (2.1\text{-}33)$$

　図 2.1 (f) に，ケース 2.1-1（フラップ弦長比 0.3，フラップ角 $\delta=25°$）において，迎角 $\alpha=5°$ のときの単純フラップ翼上の流速 q を，$\delta=0°$ の場合と比較して示す．流速が負になっているのは，流れが一様流と逆であることを示す．フラップを下げると，上面ではフラップによる折れ点 C で流速が無限大となるため，その前後の位置の流速が速くなる．一方，下面においては，フラップによる折れ点 A で流速が 0 になるため，その前後の流速が遅くなる．

その結果，フラップ角が0°に比べて，上面の圧力が低くなり，また下面の圧力が高くなることから揚力が大きくなることがわかる。

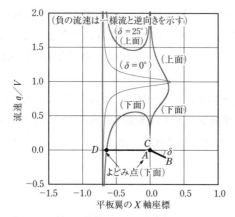

図 2.1 (f)　単純フラップ翼上の流速
（ケース 2.1-1, $\alpha=5°$）

図 2.1 (g) には，図 2.1 (f) と同じケースで ζ 平面の角度 σ に対応した流速分布を示す。

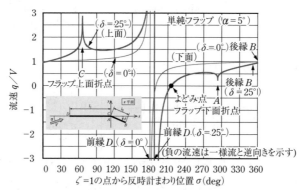

図 2.1 (g)　単純フラップ翼上の流速
（ζ 平面の角度 σ 対応）

2.2 隙間フラップ付き平板翼の流れ

図2.2 (a) に示すような，翼の後縁が下側に下がると同時にフラップ翼に隙間ができる高揚力装置は隙間フラップ (slotted flap) といわれる。この翼の流れが【疑問2.1】の単純フラップとどのように異なるのか，ポテンシャル理論の厳密解によって比較せよ。

図2.2 (a) 隙間フラップ付き平板翼の流れ

フラップに隙間のあるフラップ付き翼は，高揚力装置として古くから使われてきた。隙間のあるフラップ付き翼の流れの問題は，理論的な解析は取り扱いが難しいため，これまでは風洞試験によってデータを得ていた。近年CFD (computational fluid dynamics) の発達により，流れの場を細かく細分化して流れの方程式を数値的に求める方法により計算できるようになったが，CFDによる解析は解析のモデル化の方法など解析する技術者によって答が異なることもあり，実際の設計の現場においては風洞試験に代わるものになっていないのが実情である。ここでは，隙間フラップ付き平板翼の流れをポテンシャル流によって厳密解を求めてみる。ここでの結果は，CFDの計算結果の検証にも使えると思われる。

隙間フラップ付き翼の流れは翼が2つであるので，写像面において多重連結領域となり写像関数が複雑となる。Garrick[10] は，2つの翼の外部を矩形領域に写像することによって，複葉翼のまわりの流れを解いている。著者は，Garrickの方法を応用して隙間フラップ付き平板翼の流れを解析した[11]。ここでは，その結果を基に解説する。

(1) 物理面のz平面をz', t, u, s平面に写像する

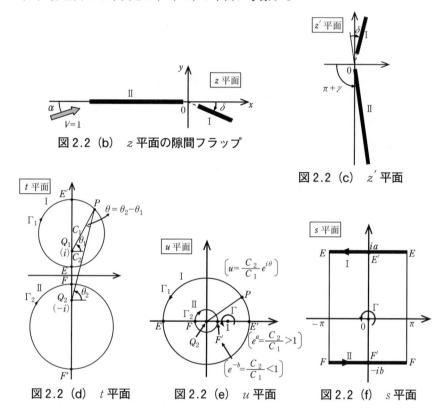

図 2.2 (b)　z 平面の隙間フラップ

図 2.2 (c)　z' 平面

図 2.2 (d)　t 平面

図 2.2 (e)　u 平面

図 2.2 (f)　s 平面

図 2.2 (b) は，物理面であるz平面における隙間フラップ付き平板翼である。原点はフラップと主翼（それぞれⅠ, Ⅱとする）の延長戦上の交点とし，主翼は実軸上にあるとする。簡単のため，一様流の流速は1として取り扱う。z平面を以下のように，z'平面，t平面，u平面，s平面に順次写像していく。

まず，z平面を$(\pi+\gamma)$だけ回転した図2.2 (c) のz'平面に写像する。次に，図2.2 (d) のt平面の2つの円の外部に写像する。

$$z' = e^{i(\pi+\gamma)} \cdot z \quad (2.2\text{-}1), \qquad z' = t + \frac{a_1}{t} + \frac{a_2}{t^2} + \cdots \quad (2.2\text{-}2)$$

次に，図2.2 (e) に示すu平面の2重同心円の環状領域の内部に写像する。

t 平面の虚軸上の 2 つの固定点 Q_1 および Q_2 の座標を $t=i$ および $t=-i$ として，この 2 つの固定点から任意の点 P に引いた直線の長さを c_1 および c_2，角度を θ_1 および θ_2 とする．このとき点 P の座標は次のように表される．

$$t=i+c_1 e^{i\theta_1}=-i+c_2 e^{i\theta_2}, \quad \therefore \frac{t+i}{t-i}=\frac{c_2}{c_1}e^{i(\theta_2-\theta_1)} \tag{2.2-3}$$

この関数を u とおくことによって，t 平面の 2 つの円の外部を u 平面の 2 重同心円の環状領域の内部に写像できる．

$$u=\frac{t+i}{t-i}=\frac{c_2}{c_1}e^{i\theta}, \ \theta=\theta_2-\theta_1 \quad (2.2\text{-}4), \quad \therefore t=i\frac{u+1}{u-1} \tag{2.2-5}$$

図 2.2 (e) の u 平面のフラップに対応する翼 I は，$c_2/c_1>1$ で，これに対応する t 平面の翼 I は点 E, E' を直径とする円（アポロニウス円といわれる）である．また，u 平面の主翼に対応する翼 II は，$c_2/c_1<1$ で，これに対応する t 平面の翼 II は点 F, F' を直径とする円である．

最後に，次の関係式により，u 平面の 2 重同心円の環状領域の内部を，図 2.2 (f) に示す s 平面の矩形領域の内部に写像する．

$$s=i\log u=-\theta+i\log\frac{c_2}{c_1} \tag{2.2-6}$$

ここで，2 つの翼では次のようである．

翼 I（フラップ）：$s=-\theta+ia, \ a=\log c_2/c_1 \quad (c_2/c_1>1) \tag{2.2-7a}$

翼 II（主翼）　：$s=-\theta-ib, \ b=-\log c_2/c_1 \quad (c_2/c_1<1) \tag{2.2-7b}$

（2）複素速度ポテンシャル w を s 平面の関数として求める

さて，図 2.2 (b) の z 平面の隙間フラップ付き平板翼の流れについて考えよう．複素速度ポテンシャル w は，$z=\infty$ の近傍においては，次のように表される．

$$w\approx e^{-i\alpha}z, \ (z\approx\infty) \tag{2.2-8}$$

$$w\approx e^{-i\alpha'}z', \ (z'\approx\infty) \ (\alpha'=\alpha+\pi+\gamma) \tag{2.2-9}$$

$$w\approx e^{-i\alpha'}t, \ (t\approx\infty) \tag{2.2-10}$$

$$w \approx i\frac{2e^{-i\alpha'}}{u-1}, \quad (u \approx 1) \tag{2.2-11}$$

$$u = e^{-is} = 1 - is - \frac{s^2}{2} + \cdots \tag{2.2-12}$$

$$\therefore w \approx -\frac{2e^{-i\alpha'}}{s}, \quad (s \approx 0) \tag{2.2-13}$$

その他の特異点としては，翼のまわりの循環による流れである．t 平面の2つの円の中心を $t=t_1$ および $t=t_2$ とすると，循環による複素速度ポテンシャルは次のように表される．

$$w = i\frac{\Gamma_1}{2\pi}\log(t-t_1) + i\frac{\Gamma_2}{2\pi}\log(t-t_2) \tag{2.2-14}$$

ここで，$t=\infty$ の近傍を考えると，対応する u 平面においては

$$t \approx i\frac{2}{u-1}, \quad (u \approx 1) \tag{2.2-15}$$

であるから，(2.2-14) 式に代入すると，$u=1$ の近傍において

$$w \approx i\frac{\Gamma_1}{2\pi}\log\left(\frac{1}{u-1}\right) + i\frac{\Gamma_2}{2\pi}\log\left(\frac{1}{u-1}\right),$$

$$\approx -i\frac{\Gamma}{2\pi}\log(u-1) \quad (u \approx 1) \quad (\Gamma = \Gamma_1 + \Gamma_2)$$
$$\tag{2.2-16}$$

$$\therefore w \approx -i\frac{\Gamma}{2\pi}\log s, \quad (s \approx 0) \tag{2.2-17}$$

以上の結果から，隙間フラップ付き平板翼の流れの複素速度ポテンシャル w は，s 平面の矩形領域の $s=0$ において一様流を表す特異点と循環を表す特異点によって次のように表される．

$$w \approx -\frac{2e^{-i\alpha'}}{s} - i\frac{\Gamma}{2\pi}\log s,$$

$$(s \approx 0) \quad (\Gamma = \Gamma_1 + \Gamma_2) \tag{2.2-18}$$

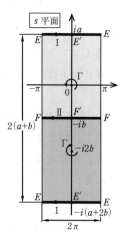

図 2.2 (g)　2重周期領域

(2.2-18) 式の複素速度ポテンシャルは，$s=0$ において2重涌きだしの流れと渦の流れの特異性をもつ．

【疑問 2.2】隙間フラップ付き平板翼の流れ　89

従って，これらの特異性をもち，しかも s 平面上の翼に対応する部分を流線にするような w を求めるには，図 2.2（g）に示すような s 平面の矩形領域を $s=-ib$ に関して鏡像をとって 2 倍に拡げ，それを 1 つの周期関数と考えれば，s 平面における速度 dw/ds は 2 重周期関数で表すことができる．具体的にこの 2 重周期関数を求めてみよう．

まず，s 平面における速度 dw/ds は次のように表される．

$$\frac{dw}{ds} = \frac{2e^{-i\alpha'}}{s^2} - i\frac{\Gamma}{2\pi}\cdot\frac{1}{s} + \frac{2e^{i\alpha'}}{(s+i2b)^2} + i\frac{\Gamma}{2\pi}\cdot\frac{1}{s+i2b} + P(s) \quad (2.2\text{-}19)$$

ここで，$P(s)$ は正則関数（特異点のない関数）である．

（2.2-19）式の s 平面における速度 dw/ds は，$s=0$ において $1/s^2$ の特異点と $1/s$ の特異点，また $s=-i2b$ において $1/(s+i2b)^2$ の特異点と $1/(s+i2b)$ の特異点を持つ 2 重周期関数である．一方，付録 A の楕円関数において，$\wp$（ペー）関数の主要部は $1/s^2$，また ζ（ツェータ）関数の主要部は $1/s$ である．従って，（2.2-19）式は次のように表現できる．

$$\begin{aligned}\frac{dw}{ds} = &-i\frac{\Gamma}{2\pi}\{\zeta(s)-\zeta(s+i2b)\} + 2\cos\alpha'\{\wp(s)+\wp(s+i2b)\}\\&-i2\sin\alpha'\{\wp(s)-\wp(s+i2b)\} + \kappa\end{aligned} \quad (2.2\text{-}20)$$

ただし，κ は実定数である．付録 A.6 から，（2.2-20）式を積分すると

$$\begin{aligned}w = &-i\frac{\Gamma}{2\pi}\log\frac{\sigma(s)}{\sigma(s+i2b)} - 2\cos\alpha'\{\zeta(s)+\zeta(s+i2b)\}\\&+i2\sin\alpha'\{\zeta(s)-\zeta(s+i2b)\} + \kappa s\end{aligned} \quad (2.2\text{-}21)$$

ここで，$\sigma(s)$ は付録 A のシグマ関数である．

いま，2 つの周期を次のように定義する．

$$2\omega_1 = 2\pi, \quad 2\omega_3 = i2(a+b) \quad (2.2\text{-}22)$$

このとき，ζ および σ の関係式を用いると，（2.2-21）式から

$$w(s+2\omega_j) - w(s) = -2\eta_j\left(4\cos\alpha' + \frac{\Gamma b}{\pi}\right) + 2\omega_j\kappa \quad (2.2\text{-}23)$$

$$\text{ただし，}\eta_j = \zeta(\omega_j) \quad (2.2\text{-}24)$$

ここで，ω_1 は実数，ω_3 は純虚数であるから，η_1 は実数，η_3 は純虚数である．従って，（2.2-23）式の複素速度ポテンシャルは，$j=1$ の場合は実数，$j=3$ の

場合は純虚数となる。

一方，複素速度ポテンシャルは次のような関数である。

$$w = \phi + i\psi \tag{2.2-25}$$

ここで，実数部 ϕ は速度ポテンシャルで，(2.2-23) 式は s 平面の矩形の水平な辺の流速の線積分で循環 $-\varGamma_1$ を表す。また，虚数部 ψ は流れ関数で，(2.2-23) 式は $-i2Q$ とおくと，Q は s 平面の矩形の垂直な辺を流れる流量を表す。従って，次の関係式が得られる。

$$-\varGamma_1 = -2\eta_1 \left(4\cos\alpha' + \frac{\varGamma b}{\pi} \right) + 2\omega_1 \kappa \tag{2.2-26a}$$

$$-i2Q = -2\eta_3 \left(4\cos\alpha' + \frac{\varGamma b}{\pi} \right) + 2\omega_3 \kappa \tag{2.2-26b}$$

(2.2-21) 式を用いると，(2.2-26a) 式および (2.2-26b) 式から

$$\kappa = 2\cos\alpha' \cdot \frac{2\eta_1}{\pi} - \frac{\varGamma'}{4\pi} - \frac{\varGamma}{2\pi} \cdot \left(\frac{1}{2} - \frac{2b\eta_1}{\pi} \right) \tag{2.2-27a}$$

$$Q = -2\cos\alpha' + \frac{\varGamma_1 a - \varGamma_2 b}{2\pi} \tag{2.2-27b}$$

ここで， $\varGamma = \varGamma_1 + \varGamma_2, \quad \varGamma' = \varGamma_1 - \varGamma_2$ \hfill (2.2-27c)

また，上記の式の導出には，付録 A.6 の次の関係式を用いた。

$$\eta_1 \omega_3 - \eta_3 \omega_1 = i\pi/2 \tag{2.2-28}$$

係数 κ が求まったので，(2.2-21) 式に代入すると，複素速度ポテンシャルが次のように求まる。

$$\begin{aligned} w = &-\frac{\varGamma'}{4\pi}s - \frac{\varGamma}{2\pi}\left\{ i \log \frac{\sigma(s)}{\sigma(s+i2b)} - \left(\frac{2b\eta_1}{\pi} - \frac{1}{2} \right)s \right\} \\ &- 2\cos\alpha'\left\{ \zeta(s) + \zeta(s+i2b) - \frac{2\eta_1}{\pi}s \right\} + i2\sin\alpha'\{\zeta(s) - \zeta(s+i2b)\} \end{aligned} \tag{2.2-29}$$

従って，s 平面における速度 dw/ds は，(2.2-29) 式を微分して

$$\begin{aligned} \frac{dw}{ds} = &-\frac{\varGamma'}{4\pi} - \frac{\varGamma}{2\pi}\left[i\{\zeta(s) - \zeta(s+i2b)\} - \frac{2b\eta_1}{\pi} + \frac{1}{2} \right] \\ &+ 2\cos\alpha'\left\{ \wp(s) + \wp(s+i2b) + \frac{2\eta_1}{\pi} \right\} \\ &- i2\sin\alpha'\{\wp(s) - \wp(s+i2b)\} \end{aligned} \tag{2.2-30}$$

【疑問 2.2】隙間フラップ付き平板翼の流れ

（3）z 平面の翼と s 平面の翼との対応関係式

次に，図 2.2（b）に示した z 平面の隙間フラップ付き平板翼と，図 2.2（g）の s 平面の矩形領域の翼上の値 s との関係式を求めてみよう。
いま，次式で表される関数 $f(s)$ を考える。

$$\frac{dz}{ds}=f(s) \tag{2.2-31}$$

z 平面の翼 I（フラップ）は，フラップ角 δ だけ下がっているので，図 2.2（g）の s 平面の 2 重周期関数領域において，鏡像関係にある下端の翼 I はフラップ角が δ だけ上がっている流れに対応する。従って，下端の翼 I に対して上端の翼 I は，フラップ角を 2δ だけ下げた場合の流れに対応する。従って，$f(s)$ は次のような関係を有する関数である。

$$f(s+2\omega_1)=f(s), \quad f(s+2\omega_3)=e^{-i2\delta}f(s) \tag{2.2-32}$$

これは，第 2 種の楕円関数である。

いま，z 平面と s 平面との関係を求めることが目的であるので，循環は省略すると，$z=\infty$ 近傍では（2.2-8）式から dw/dz が，また $s=0$ 近傍においては（2.2-13）式から dw/ds が次のように表される。

$$\frac{dw}{dz}\approx e^{-i\alpha}, \quad (z\approx\infty), \quad \frac{dw}{ds}\approx\frac{2e^{-i\alpha'}}{s^2}, \quad (s\approx 0) \tag{2.2-33}$$

このとき，関数 $f(s)$ は次のように与えられる。

$$f(s)=\frac{dz}{ds}=\frac{dw}{ds}\bigg/\frac{dw}{dz}\approx-\frac{2e^{-i\gamma}}{s^2}, \quad (s\approx 0) \quad (\gamma=\alpha'-\alpha-\pi) \tag{2.2-34}$$

一方，s 平面において鏡像にて拡大した領域においては次のようになる。

$$f(s)=\frac{2e^{i\alpha'}}{(s+i2b)^2}\bigg/e^{i\alpha}\approx-\frac{2e^{i\gamma}}{(s+i2b)^2}, \quad (s\approx-i2b) \tag{2.2-35}$$

関数 $f(s)$ は，（2.2-32）式を満足する第 2 種の楕円関数であるので，付録 A.1 に示す第 2 種の楕円関数例（次式）を考える。

$$F(s)=e^{-\frac{2\delta\eta_1 s}{\pi}}\cdot\frac{\sigma(s+2\delta)}{\sigma(s)} \tag{2.2-36}$$

この関数は（2.2-32）式と同じ次の特性をもつ。

$$F(s+2\omega_1)=F(s), \quad F(s+2\omega_3)=e^{-2\delta}\cdot F(s) \tag{2.2-37}$$

(2.2-36) 式の $F(s)$ は，σ（シグマ）関数で表されている．実際の計算においては，σ（シグマ）関数よりは ϑ（テータ）関数を用いた方が収束が速いので，$F(s)$ を $\sigma(2\delta)$ で割った次の関数 $A(s)$ を導入して，ϑ（テータ）関数で表して用いる．

$$A(s)=e^{-\frac{2\delta\eta_1 s}{\pi}}\cdot\frac{\sigma(s+2\delta)}{\sigma(s)\cdot\sigma(2\delta)}=\frac{1}{2\pi}\cdot\frac{\vartheta_1'(0)\cdot\vartheta_1\left(\frac{s}{2\pi}+\frac{\delta}{\pi}\right)}{\vartheta_1\left(\frac{s}{2\pi}\right)\cdot\vartheta_1\left(\frac{\delta}{\pi}\right)} \tag{2.2-38}$$

この式において，σ（シグマ）関数から ϑ（テータ）関数への変換は，付録の (A.6-4) 式を用いた．

(2.2-38) 式の $A(s)$ は，$s=0$ 近傍において主要部が $1/s$ であるので，$A'(s)$ の主要部は $-1/s^2$ となる．しかも，(2.2-32) 式と同じ周期性をもつことから，関数 $f(s)$ は次のように表すことができる．

$$f(s)=\frac{dz}{ds}=2\{A'(s)\cdot e^{-i\tau}+A'(s+i2b)\cdot e^{i\tau}\} \tag{2.2-39}$$

この式を積分すると，次式が得られる．

$$z=2\{A(s)\cdot e^{-i\tau}+A(s+i2b)\cdot e^{i\tau}\} \tag{2.2-40}$$

実際に (2.2-40) 式を計算するために，級数に展開しよう．翼Ⅰはフラップ舵角 δ だけ下がっているので，$f(s)\cdot e^{i\delta}$ は実数となるので，$A(s)\cdot e^{i\delta}$ を級数に展開する．

付録 A.5 より，次のような関係が得られる．

$$\frac{\vartheta_3\left(\frac{s}{2\pi}-\frac{1+\tau}{2}+\frac{\delta}{\pi}\right)}{\vartheta_3\left(\frac{s}{2\pi}-\frac{1+\tau}{2}\right)}=\frac{\vartheta_4\left(\frac{s}{2\pi}-\frac{\tau}{2}+\frac{\delta}{\pi}\right)}{\vartheta_4\left(\frac{s}{2\pi}-\frac{\tau}{2}\right)}=e^{i\delta}\frac{\vartheta_1\left(\frac{s}{2\pi}+\frac{\delta}{\pi}\right)}{\vartheta_1\left(\frac{s}{2\pi}\right)} \tag{2.2-41}$$

ここで，τ は次式である．また以降の級数で次式の h も使用される．

$$\tau=\frac{\omega_3}{\omega_1}=\frac{i(a+b)}{\pi}, \quad h=e^{i\tau\pi}=e^{-(a+b)} \tag{2.2-42}$$

従って，(2.2-38) 式から次式が得られる．

【疑問 2.2】隙間フラップ付き平板翼の流れ

$$A(s)e^{i\delta} = \frac{e^{i\delta}}{2\pi} \cdot \frac{\vartheta'_1(0) \cdot \vartheta_1\left(\dfrac{s}{2\pi} + \dfrac{\delta}{\pi}\right)}{\vartheta_1\left(\dfrac{s}{2\pi}\right) \cdot \vartheta_1\left(\dfrac{\delta}{\pi}\right)} = \frac{1}{2\pi} \cdot \frac{\vartheta'_1(0) \cdot \vartheta_3\left(\dfrac{s}{2\pi} - \dfrac{1+\tau}{2} + \dfrac{\delta}{\pi}\right)}{\vartheta_3\left(\dfrac{s}{2\pi} - \dfrac{1+\tau}{2}\right) \cdot \vartheta_1\left(\dfrac{\delta}{\pi}\right)}$$

(2.2-43)

この関数は，付録 A.5 の公式から，$v = s/(2\pi) - (1+\tau)/2$，$w = \delta/\pi$ とおくと次のような級数で表すことができる。

$$\begin{aligned}
A(s)\, e^{i\delta} &= \frac{1}{2\pi} \cdot \frac{\vartheta'_1(0) \cdot \vartheta_3\left(\dfrac{s}{2\pi} - \dfrac{1+\tau}{2} + \dfrac{\delta}{\pi}\right)}{\vartheta_3\left(\dfrac{s}{2\pi} - \dfrac{1+\tau}{2}\right) \cdot \vartheta_1\left(\dfrac{\delta}{\pi}\right)} \\
&= \frac{1}{2\sin\delta} + 2\sum_{n=1}^{\infty} (-1)^n h^n \\
&\quad \times \frac{\sin(ns - n\pi\tau - n\pi + \delta) - h^{2n}\sin(ns - n\pi\tau - n\pi - \delta)}{1 - 2h^{2n}\cos 2\delta + h^{4n}}
\end{aligned}$$

(2.2-44)

(2.2-7a) 式に示したように，翼 I（フラップ）では $s = -\theta + ia$ とおくと，(2.2-44) 式を用いて次式が得られる。

$$\begin{aligned}
(z)_{\mathrm{I}}\, e^{i\delta} &= 2\{A(s)e^{i\delta}e^{-i\gamma} + A(s+i2b)e^{i\delta}e^{i\gamma}\} \\
&= 2\frac{\cos\gamma}{\sin\delta} - 4\sum_{n=1}^{\infty} \frac{h^n}{1 - 2h^{2n}\cos 2\delta + h^{4n}} \\
&\quad \times \left\{ \begin{array}{l} e^{nb}\cdot\sin(n\theta - \delta + \gamma) + e^{-nb}\cdot\sin(n\theta - \delta - \gamma) \\ - h^{2n}e^{nb}\cdot\sin(n\theta + \delta + \gamma) - h^{2n}e^{-nb}\cdot\sin(n\theta + \delta - \gamma) \end{array} \right\}
\end{aligned}$$

（この式の導出は付録 B.1 参照） (2.2-45)

次に，翼 II（主翼）について，z 平面と s 平面との関係式を求めよう。翼 II では，$f(s)$ は実数であるので，単純に (2.2-38) 式の $A(s)$ を級数に展開する。付録 (A.5) の展開式から次のようになる。

$$A(s) = \frac{1}{2\pi} \cdot \frac{\vartheta_1'(0) \cdot \vartheta_1\left(\frac{s}{2\pi} + \frac{\delta}{\pi}\right)}{\vartheta_1\left(\frac{s}{2\pi}\right) \cdot \vartheta_1\left(\frac{\delta}{\pi}\right)}$$

$$= \frac{1}{2}\cot\frac{s}{2} + \frac{1}{2}\cot\delta + 2\sum_{n=1}^{\infty} h^{2n} \cdot \frac{\sin(ns+2\delta) - h^{2n}\sin ns}{1 - 2h^{2n}\cos 2\delta + h^{4n}}$$

(2.2-46)

ここで，$s = -\theta - ib$ とおくと，(2.2-46) 式を用いて次式が得られる。

$$(z)_{\mathrm{II}} = 2\{A(s)e^{-i\gamma} + A(s+i2b)e^{i\gamma}\}$$

$$= 2\cos\gamma \cdot \cot\delta + 2\frac{\sinh b \cdot \sin\gamma - \sin\theta\cos\gamma}{\cosh b - \cos\theta}$$

$$-4\sum_{n=1}^{\infty} \frac{h^{2n}}{1 - 2h^{2n}\cos 2\delta + h^{4n}}$$

$$\times \begin{Bmatrix} e^{nb} \cdot \sin(n\theta - 2\delta + \gamma) + e^{-nb} \cdot \sin(n\theta - 2\delta - \gamma) \\ -h^{2n}e^{nb} \cdot \sin(n\theta + \gamma) - h^{2n}e^{-nb} \cdot \sin(n\theta - \gamma) \end{Bmatrix}$$

（この式の導出は付録 B.2 参照） (2.2-47)

(4) 隙間フラップ付き平板翼の揚力を求める

さて，z 平面の隙間フラップ付き平板翼に働く揚力を求めよう。(2.2-30) 式で求めた s 平面における流れの速度 dw/ds を再び書くと次のようである。

$$\frac{dw}{ds} = -\frac{\Gamma'}{4\pi} - \frac{\Gamma}{2\pi}\left[i\{\zeta(s) - \zeta(s+i2b)\} - \frac{2b\eta_1}{\pi} + \frac{1}{2}\right]$$

$$+ 2\cos\alpha'\left\{\wp(s) + \wp(s+i2b) + \frac{2\eta_1}{\pi}\right\}$$

$$- i2\sin\alpha'\{\wp(s) - \wp(s+i2b)\}$$

(2.2-48)

この右辺第 2 項の要素は，翼 I（フラップ）では次のようになる。

$$i\{\zeta(s) - \zeta(s+i2b)\} - \frac{2b\eta_1}{\pi} + \frac{1}{2}$$

$$= i\{\zeta(-\theta+ia) - \zeta(-\theta-ia)\} - i2\eta_3 - \frac{2b\eta_1}{\pi} + \frac{1}{2}$$

(2.2-49)

ここで，付録 A.6 から，$\eta_1\omega_3 - \eta_3\omega_1 = i\pi/2$ の式を用いると，次の関係式を得る。

$$\eta_1\omega_3-\eta_3\omega_1 = -i\frac{\pi}{2}\left\{-\frac{\eta_1(2a+2b)}{\pi}-i2\eta_3\right\}=i\frac{\pi}{2} \qquad (2.2\text{-}50\mathrm{a})$$

$$\therefore -i2\eta_3=\frac{(2a+2b)\eta_1}{\pi}-1 \qquad (2.2\text{-}50\mathrm{b})$$

この式を (2.2-48) 式に代入すると

$$\begin{aligned}
&i\{\zeta(s)-\zeta(s+i2b)\}-\frac{2b\eta_1}{\pi}+\frac{1}{2}\\
&=i\{\zeta(-\theta+ia)-\zeta(-\theta-ia)\}+\frac{2a\eta_1}{\pi}-\frac{1}{2}
\end{aligned} \qquad (2.2\text{-}51)$$

この式を $R_1(\theta,a)$ とおくと，次のような級数展開式が得られる。

$$\begin{aligned}
R_1(\theta,a)&=i\{\zeta(-\theta+ia)-\zeta(-\theta-ia)\}+\frac{2a\eta_1}{\pi}-\frac{1}{2}\\
&=-\frac{1}{2}+\frac{\sinh a}{\cosh a-\cos\theta}-4\sum_{n=1}^{\infty}\frac{h^{2n}}{1-h^{2n}}\sinh na\cdot\cos n\theta
\end{aligned}$$

$$(2.2\text{-}52)$$

(この式の導出は付録 B.3 参照)

翼 II（主翼）においては，$s=-\theta-ib$ とおくと，(2.2-49) 式は次のようになる。

$$\begin{aligned}
&i\{\zeta(s)-\zeta(s+i2b)\}-\frac{2b\eta_1}{\pi}+\frac{1}{2}\\
&=i\{\zeta(-\theta-ib)-\zeta(-\theta-ib+i2b)\}-\frac{2b\eta_1}{\pi}+\frac{1}{2}\\
&=-\left[i\{\zeta(-\theta+ib)-\zeta(-\theta-ib)\}+\frac{2b\eta_1}{\pi}-\frac{1}{2}\right]
\end{aligned} \qquad (2.2\text{-}53)$$

すなわち，翼 II（主翼）においては，$R_1(\theta,a)$ を $-R_1(\theta,b)$ とすればよいことがわかる。

次に，翼 I（フラップ）においては，$s=-\theta+ia$ とおくと，(2.2-48) 式の右辺第 2 項の要素は次のようになる。

$$\wp(s)+\wp(s+i2b)+\frac{2\eta_1}{\pi}=\wp(-\theta+ia)+\wp(-\theta+ia+i2b)+\frac{2\eta_1}{\pi}$$
$$=\wp(-\theta+ia)+\wp(-\theta-ia)+\frac{2\eta_1}{\pi}$$

(2.2-54)

この式を $R_2(\theta,a)$ とおくと，次のような級数展開式が得られる．

$$R_2(\theta,a)=\wp(-\theta+ia)+\wp(-\theta-ia)+\frac{2\eta_1}{\pi}$$
$$=\frac{1-\cosh a\cdot\cos\theta}{(\cosh a-\cos\theta)^2}-4\sum_{n=1}^{\infty}\frac{n\,h^{2n}}{1-h^{2n}}\cosh na\cdot\cos n\theta$$

(2.2-55)

（この式の導出は付録 B.4 参照）

翼 II（主翼）においては，$s=-\theta-ib$ とおくと，(2.2-54) 式は次のようになる．

$$\wp(s)+\wp(s+i2b)+\frac{2\eta_1}{\pi}=\wp(-\theta-ib)+\wp(-\theta-ib+i2b)+\frac{2\eta_1}{\pi}$$
$$=\wp(-\theta-ib)+\wp(-\theta+ib)+\frac{2\eta_1}{\pi}$$

(2.2-56)

すなわち，翼 II（主翼）においては，$R_2(\theta,a)$ を $R_2(\theta,b)$ とすればよいことがわかる．

次に，(2.2-48) 式の右辺第 4 項の要素は，翼 I（フラップ）では次のようになる．

$$i\{\wp(s)-\wp(s+i2b)\}=i\{\wp(-\theta+ia)-\wp(-\theta+ia+i2b)\}$$
$$=i\{\wp(-\theta+ia)-\wp(-\theta-ia)\}$$

(2.2-57)

この式を $R_3(\theta,a)$ とおくと，次のような級数展開式が得られる．

$$R_3(\theta,a) = i\{\wp(-\theta+ia) - \wp(-\theta-ia)\}$$
$$= -\frac{\sinh a \cdot \sin\theta}{(\cosh a - \cos\theta)^2} + 4\sum_{n=1}^{\infty} \frac{n h^{2n}}{1-h^{2n}} \sinh na \cdot \sin n\theta$$

(2.2-58)

(この式の導出は付録B.5参照)

翼II（主翼）においては，$s = -\theta - ib$ とおくと，(2.2-57) 式は次のようになる。

$$i\{\wp(s) - \wp(s+i2b)\} = i\{\wp(-\theta-ib) - \wp(-\theta-ib+i2b)\}$$
$$= -i\{\wp(-\theta+ib) - \wp(-\theta-ib)\}$$

(2.2-59)

すなわち，翼II（主翼）においては，$R_3(\theta,a)$ を $-R_3(\theta,b)$ とすればよいことがわかる。

$R_1(\theta,a) \sim R_3(\theta,a)$ の関数を用いると，(2.2-48) 式の s 平面における流れの速度 dw/ds は，次のように表される。

$$\begin{cases} \left(\dfrac{dw}{ds}\right)_{\text{I}} = -\dfrac{\Gamma'}{4\pi} - \dfrac{\Gamma}{2\pi}\cdot R_1(\theta,a) + 2\cos\alpha'\cdot R_2(\theta,a) - 2\sin\alpha'\cdot R_3(\theta,a) \\ \left(\dfrac{dw}{ds}\right)_{\text{II}} = -\dfrac{\Gamma'}{4\pi} + \dfrac{\Gamma}{2\pi}\cdot R_1(\theta,b) + 2\cos\alpha'\cdot R_2(\theta,b) + 2\sin\alpha'\cdot R_3(\theta,b) \end{cases}$$

(2.2-60)

さて，翼I（フラップ）および翼II（主翼）の後縁に相当する θ を θ_1 および θ_2 とすると，クッタ・ジュコフスキーの条件は次式である。

$$\left(\frac{dw}{ds}\right)_{\text{I}} = 0, \quad (\theta = \theta_1) \quad (2.2\text{-}61\text{a}), \quad \left(\frac{dw}{ds}\right)_{\text{II}} = 0, \quad (\theta = \theta_2) \quad (2.2\text{-}61\text{b})$$

(2.2-60) 式を用いて，(2.2-61a) 式および (2.2-61b) 式を計算すると，循環 Γ および Γ' が次のように得られる。

$$\Gamma = -\frac{4\pi E_1}{\cos\phi}\sin(\alpha + \pi + \gamma + \phi) \tag{2.2-62}$$

$$\Gamma' = -\frac{8\pi \cdot E_3}{\cos\phi'}\sin(\alpha + \pi + \gamma + \phi') \tag{2.2-63}$$

ただし，

$$E_1=\frac{R_3(\theta_1,a)+R_3(\theta_2,b)}{R_1(\theta_1,a)+R_1(\theta_2,b)}, \quad E_2=\frac{R_2(\theta_1,a)-R_2(\theta_2,b)}{R_1(\theta_1,a)+R_1(\theta_2,b)} \tag{2.2-64a}$$

$$\frac{E_2}{E_1}=\frac{R_2(\theta_1,a)-R_2(\theta_2,b)}{R_3(\theta_1,a)+R_3(\theta_2,b)}=-\tan\phi \tag{2.2-64b}$$

$$E_3=\frac{R_3(\theta_1,a)R_1(\theta_2,b)-R_1(\theta_1,a)R_3(\theta_2,b)}{R_1(\theta_1,a)+R_1(\theta_2,b)} \tag{2.2-64c}$$

$$E_4=\frac{R_2(\theta_1,a)R_1(\theta_2,b)+R_1(\theta_1,a)R_2(\theta_2,b)}{R_1(\theta_1,a)+R_1(\theta_2,b)} \tag{2.2-64d}$$

$$\frac{E_4}{E_3}=\frac{R_2(\theta_1,a)R_1(\theta_2,b)+R_1(\theta_1,a)R_2(\theta_2,b)}{R_3(\theta_1,a)R_1(\theta_2,b)-R_1(\theta_1,a)R_3(\theta_2,b)}=-\tan\phi' \tag{2.2-64e}$$

である。　　((2.2-62) 式～ (2.2-64e) 式の導出は付録B.6参照)

循環が求まったので隙間フラップ付き平板翼の揚力は次のようになる。

$$C_L=\frac{\rho V\Gamma}{(1/2)\rho V^2\bar{c}\times 1}=\frac{2\Gamma}{\bar{c}}=-\frac{8\pi E_1}{\bar{c}\cdot\cos\phi}\sin(\alpha+\pi+\gamma+\phi) \tag{2.2-65}$$

ただし，$V=1$ としている。

全揚力に対するフラップの揚力の比率は次のようである。

$$\begin{aligned}\frac{\Gamma_1}{\Gamma}&=\frac{(\Gamma+\Gamma')/2}{\Gamma}=\frac{1}{2}\left(1+\frac{\Gamma'}{\Gamma}\right)\\&=\frac{1}{2}+\frac{E_3\cos\phi}{E_1\cos\phi'}\cdot\frac{\sin(\alpha+\gamma+\phi')}{\sin(\alpha+\gamma+\phi)}\end{aligned} \tag{2.2-66}$$

(5) 隙間フラップ付き平板翼上の流速分布を求める

さて，z 平面の隙間フラップ付き平板翼上の流速分布を求めてみよう。z 平面の速度は，次のように与えられる。

$$\frac{dw}{dz}=qe^{-\lambda}=\frac{dw}{ds}\bigg/\frac{dz}{ds}=\frac{dw}{ds}\bigg/f(s) \tag{2.2-67}$$

ここで，q は流速，λ は流れの角度である。s 平面の翼上の流れの速度 $(dw/ds)_\mathrm{I}$ および $(dw/ds)_\mathrm{II}$ は，(2.2-60) 式である。また，$f(s)=dz/ds$ であ

り，これを積分して求めた翼上の $(z)_{\text{I}}$ および $(z)_{\text{II}}$ が，s 平面の $s=-\theta+ia$ および $s=-\theta-ib$ における θ の関数として，(2.2-45) 式および (2.2-47) 式にて求まっているので，これらの式を θ で微分して -1.0 を掛ければ $f(s)_{\text{I}}$ および $f(s)_{\text{II}}$ が次のように得られる。

$$f(s)_{\text{I}} \cdot e^{i\delta} = -\frac{d(z)_{\text{I}}}{d\theta}$$

$$= 4\sum_{n=1}^{\infty} \frac{n\,h^n}{1-2h^{2n}\cos 2\delta + h^{4n}}$$

$$\times \begin{Bmatrix} e^{nb}\cdot\cos(n\theta-\delta+\gamma)+e^{-nb}\cdot\cos(n\theta-\delta-\gamma) \\ -h^{2n}e^{nb}\cdot\cos(n\theta+\delta+\gamma)-h^{2n}e^{-nb}\cdot\cos(n\theta+\delta-\gamma) \end{Bmatrix}$$

(2.2-68)

$$f(s)_{\text{II}} = -\frac{d(z)_{\text{II}}}{d\theta} = \frac{e^{-b}\cos(\theta+\gamma)+e^{b}\cos(\theta-\gamma)-2\cos\gamma}{(\cosh b - \cos\theta)^2}$$

$$+4\sum_{n=1}^{\infty} \frac{n\,h^{2n}}{1-2h^{2n}\cos 2\delta + h^{4n}}$$

$$\times \begin{Bmatrix} e^{nb}\cdot\cos(n\theta-2\delta+\gamma)+e^{-nb}\cdot\cos(n\theta-2\delta-\gamma) \\ -h^{2n}e^{nb}\cdot\cos(n\theta+\gamma)-h^{2n}e^{-nb}\cdot\cos(n\theta-\gamma) \end{Bmatrix}$$

（この式の右辺第 1 項の導出は付録 B.7 参照）　　　　(2.2-69)

(2.2-60) 式，(2.2-68) 式および (2.2-69) 式から，z 平面の隙間フラップ付き平板翼上の速度が次のように得られる。

$$\left(\frac{dw}{dz}\right)_{\text{I}} \cdot e^{-i\delta} = (q)_{\text{I}} \cdot e^{-i(\lambda_{\text{I}}+\delta)} = \left(\frac{dw}{ds}\right)_{\text{I}} \bigg/ \{f(s)_{\text{I}} \cdot e^{i\delta}\} \quad (2.2\text{-}70)$$

$$\left(\frac{dw}{dz}\right)_{\text{II}} = (q)_{\text{II}} \cdot e^{-i\lambda_{\text{II}}} = \left(\frac{dw}{ds}\right)_{\text{II}} \bigg/ f(s)_{\text{II}} \quad (2.2\text{-}71)$$

（6）隙間フラップ付き平板翼の計算例

z 平面の隙間フラップ付き平板翼の計算例を以下に示す。解析に必要なパラメータは，迎角 α，フラップ角 δ，z' 平面の回転角度 γ，u 平面の2重同心円の半径 e^a および e^{-b} である。なお，翼の形状には迎角は無関係である。

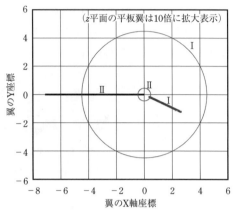

図2.2 （i） ケース2.2-1 の形状

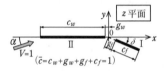

図2.2 （h） 翼の形状

$\delta=25°$, $\gamma=-80°$, $a=1.5$, $b=0.8$ とした場合（ケース2.2-1とする）の解析結果を以下に示す。図2.2 （i）は2重同心円と隙間フラップの形状，表2.2 （a）は解析結果の形状と性能値である。フラップ弦長比 (c_f/c) は25％，フラップの隙間 g_f は4％である。

表2.2 （a） 翼の形状と解析結果（ケース2.2-1）

	$\alpha=$	5.0000	$C_L=$	1.8710
	$\delta=$	25.0000	$(C_L)f/C_L=$	0.2710
	$\gamma=$	-80.0000	$\alpha_0=-(\pi+\gamma+\phi)=$	-13.5125
	$a=$	1.5000	$\alpha'=\alpha+\pi+\gamma=$	105.0000
	$b=$	0.8000	$C_{L_\alpha}=$	$0.9378 \times 2\pi \cdot \sin(\alpha-\alpha_0)$
$h=\exp(-a-b)=$		0.1003	翼弦長 $\bar{c}=$	1.0000

＜以下は原点から翼に沿って測った距離＞

フラップ後縁 $=$ 0.2897	$\theta\ T1=$ 7.5000	$C_w=$ 0.7039
フラップ前縁 $=$ 0.0396	$\theta\ L1=$ 195.7027	$C_f=$ 0.2501
主翼後縁 $\ \ =-0.0064$	$\theta\ T2=$ 203.3032	$g_w=$ 0.0064
主翼前縁 $\ \ =-0.7103$	$\theta\ L2=$ 3.7000	$g_f=$ 0.0396

表2.2 (b) は，隙間フラップ（ケース2.2-1）と【疑問2.1】で検討した単純フラップ（ケース2.1-1）との比較である．隙間フラップは単純フラップに比較して，揚力係数および揚力傾斜が小さくなる．その理由について考えてみよう．

表2.2 (b) 隙間フラップと単純フラップの比較

項　目	隙間フラップ	単純フラップ
迎角 α	5°	
フラップ角 σ	25°	
主翼弦長比	0.70	
フラップ弦長比	0.25	0.30
隙間 $(g_w + g_f)$	0.05	0
揚力係数 C_L	1.87	2.29
揚力傾斜 $C_{L\alpha}$	$0.938 \times 2\pi$	$0.992 \times 2\pi$
零揚力角 α_0	$-13.5°$	$-16.5°$

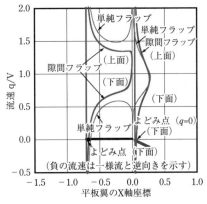

図2.2 (j)　流速の比較

図2.2 (j) は，迎角 $\alpha=5°$ における隙間フラップの流速 q を単純フラップと比較したものである．流速が負になっているのは，流れが一様流と逆であることを示す．隙間フラップの場合は，フラップは主翼から離れているため，主翼の後縁の流速は一様流速と同じ程度になる．これに対して，単純フラップの

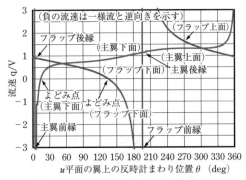

図2.2 (k)　隙間フラップの流速（角度 θ 対応）

場合は，フラップと主翼の間には隙間がないため，フラップの前縁は流速が無限大となる．その結果，主翼の後縁付近の流速も無限大となることから上面の流速が全体的に速くなる．また，下面側については，隙間なしの場合は，フラップの前縁では流速が0となることから，主翼の後縁付近の流速も遅くなる．その結果，単純フラップの場合は，上下面の速度差が大きくなり揚力が大

きくなる。ただし，実際の流れでは粘性があるために単純フラップの上面前縁付近の流れがはがれ易くなるため，理論どおりの結果にはならないことに注意する必要がある。なお，図2.2（k）は，図2.2（j）と同じケースでu平面の角度θに対応した隙間フラップの流速分布を示したものである。

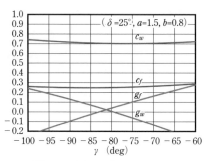

図2.2（ℓ）　パラメータγ

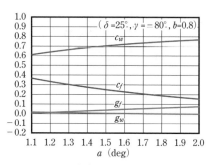

図2.2（m）　パラメータa

図2.2（l）～図2.2（n）は，フラップ角を$\delta=25°$として，γ，aおよびbが隙間フラップ付き平板翼の形状にどのように影響するかを調べたものである。図2.2（l）は，$a=1.5$，$b=0.8$として，γを変化させた場合であるが，隙間を表すg_wおよびg_fが大きく変化する。図2.2（m）は，aを変化させた場合

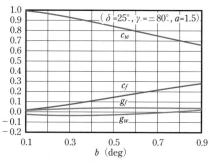

図2.2（n）　パラメータb

であるが，隙間g_wはほとんど変化せずに他の形状が変化する。図2.2（n）は，bを変化させた場合であるが，隙間g_fはほとんど変化せずに他の形状が変化することがわかる。

【疑問2.1】の単純フラップ翼と，ここで検討した隙間フラップ翼について，2次元ポテンシャル流の厳密解で比較した結果をまとめると次のようである。

【疑問 2.2】隙間フラップ付き平板翼の流れ

単純フラップ翼 $<\alpha=5°,\ \delta=25°,\ c_f/\bar{c}=0.3>$
・隙間のない単純フラップ翼は揚力発生の効率がよい
・$C_L=2.29,\quad C_{L\alpha}=0.992\times 2\pi$

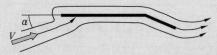

図 2.1 (a)(再掲) 単純フラップ付き平板翼

隙間フラップ翼 $<\alpha=5°,\delta=25°,\ c_f/\bar{c}=0.25,\ g/\bar{c}=0.05>$
・隙間のあるフラップは失速を防止できる利点はあるが，単純フラップより揚力発生の効率が悪い
・$C_L=1.87,\quad C_{L\alpha}=0.938\times 2\pi$

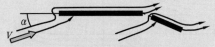

図 2.2 (a)(再掲) 隙間フラップ付き平板翼

疑問 2.3 複葉翼の流れ

　図2.3（a）に示すような，上下に2つある翼を複葉翼という。1903年のライト兄弟のフライヤー号を始め，1900年代初頭の飛行機はもっぱら構造的な理由であるが，その多くが複葉翼を採用している。近年，複葉翼を用いて超音速機のソニックブームを低減する研究が行われている。ここでは，低速における複葉翼の流れが単葉翼と何が異なるのか，2次元ポテンシャル理論の厳密解によって考えてみよう。

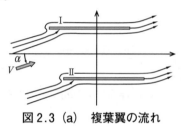

図2.3（a）　複葉翼の流れ

　Garrick[10]は2つの翼の外部を矩形領域に写像することによって，複葉翼のまわりの流れを解いている。佐々木[2]は同様な問題を紹介している。ここでは，これらの文献を基に複葉翼の流れを計算してみよう。

（1）物理面のz平面をs平面の矩形領域に写像する

　図2.3（b）は，物理面であるz平面における複葉翼である。上側に翼Ⅰ，下側に翼Ⅱとし，原点は両翼間の中心とする。角度γは両翼の食い違い角（stagger angle）である。【疑問2.2】と同様に，図2.3（b）に示すz平面の複葉翼の外部を，z'平面の2つの翼の外部，t平面の2つの円の外部，u平面の2重同心円の環状領域の内部，s平面の矩形領域の内部へと写像する。簡単のため，一様流の流速は1として取り扱う。

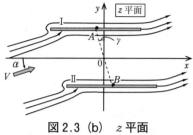

図 2.3 (b) z 平面

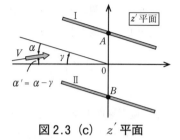

図 2.3 (c) z' 平面

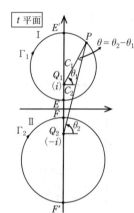

図 2.3 (d) t 平面
(図 2.2 (d) と同じ)

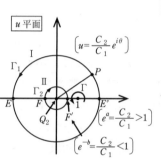

図 2.3 (e) u 平面
(図 2.2 (e) と同じ)

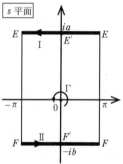

図 2.3 (f) s 平面
(図 2.2 (f) と同じ)

いま z 平面を γ だけ時計まわりに回転した z' 平面を考える。

$$z' = e^{-i\gamma} \cdot z \quad (2.3\text{-}1), \qquad z' = t + \frac{a_1}{t} + \frac{a_2}{t^2} + \cdots \quad (2.3\text{-}2)$$

次に，t 平面を，u 平面に次式で写像する。

$$u = \frac{t+i}{t-i}, \quad \therefore t = i\frac{u+1}{u-1} \quad (2.3\text{-}3)$$

最後に，u 平面を s 平面に写像する。このとき，矩形の上端は翼 I，下端は翼 II に対応させる。写像関数は次式である。

$$s = i\log u = -\theta + i\log\frac{c_2}{c_1}, \qquad u = e^{-is} = 1 - is - \frac{s^2}{2} + \cdots \quad (2.3\text{-}4)$$

ここで，2 つの翼では次のようである。

翼Ⅰ（下側の翼）： $s=-\theta+ia$, $a=\log c_2/c_1$ $(c_2/c_1 > 1)$ (2.3-5a)

翼Ⅱ（上側の翼）： $s=-\theta-ib$, $b=-\log c_2/c_1$ $(c_2/c_1 < 1)$ (2.3-5b)

$$s=i\log\frac{t+i}{t-i}, \quad \therefore t=i\frac{1+e^{is}}{1-e^{is}} \quad (2.3\text{-}6)$$

（2）複素速度ポテンシャル w を s 平面の関数として求める

　複葉翼の流れの複素速度ポテンシャル w は，【疑問 2.2】と同様に，s 平面の矩形領域の $s=0$ において一様流を表す特異点と循環を表す特異点によって次のように表される。

$$w \approx -\frac{2e^{-i\alpha'}}{s} - i\frac{\Gamma}{2\pi}\log s, \quad (s\approx 0) \quad (2.2\text{-}7)$$

ここで，　　$\alpha'=\alpha-\gamma$, $\Gamma=\Gamma_1+\Gamma_2$ (2.3-8)

　(2.3-7) 式の複素速度ポテンシャルは $s=0$ において 2 重涌きだしの流れと渦の流れの特異性をもつ。従って，これらの特異性をもち，しかも s 平面上の翼に対応する部分を流線にするような w を求めるには，図 2.3 (g) に示すような s 平面の矩形領域を $s=-ib$ に関して鏡像をとって 2 倍に拡げ，それを 1 つの周期関数と考えれば，s 平面における速度 dw/ds は 2 重周期関数で表すことができる。ここで，2 つの周期は次のようである。

$$2\omega_1=2\pi, \quad 2\omega_3=i2(a+b) \quad (2.3\text{-}9)$$

　具体的には，付録 A の楕円関数用いて，【疑問 2.2】と同じく次のように表される。

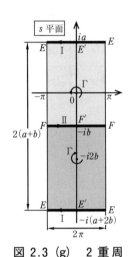

図 2.3 (g) 2 重周期領域
（図 2.2 (g) と同じ）

$$\begin{aligned}
w = &-\frac{\Gamma'}{4\pi}s - \frac{\Gamma}{2\pi}\left\{i\log\frac{\sigma(s)}{\sigma(s+i2b)} - \left(\frac{2b\eta_1}{\pi} - \frac{1}{2}\right)s\right\} \\
&- 2\cos\alpha'\left\{\zeta(s)+\zeta(s+i2b)-\frac{2\eta_1}{\pi}s\right\} \\
&+ i2\sin\alpha'\{\zeta(s)-\zeta(s+i2b)\}
\end{aligned}$$

(2.3-10)

従って，s 平面における速度 dw/ds は，(2.3-10) 式を微分して

$$\frac{dw}{ds} = -\frac{\Gamma'}{4\pi} - \frac{\Gamma}{2\pi}\left[i\{\zeta(s)-\zeta(s+i2b)\} - \frac{2b\eta_1}{\pi} + \frac{1}{2}\right]$$
$$+ 2\cos\alpha'\left\{\wp(s) + \wp(s+i2b) + \frac{2\eta_1}{\pi}\right\} \qquad (2.3\text{-}11)$$
$$- i2\sin\alpha'\{\wp(s) - \wp(s+i2b)\}$$

(3) z 平面の翼と s 平面の翼との対応関係式

次に，図 2.3 (b) に示した z 平面の複葉翼と，図 2.3 (g) の s 平面の矩形領域の翼上の値 s との関係を次式により求める。

$$\frac{dz}{ds} = f(s) \qquad (2.3\text{-}12)$$

翼上の点では，dz および ds はともに実数であるので，$f(s)$ は翼上において実数であり，次のような関係を有する関数である。

$$f(s+2\omega_1) = f(s), \qquad f(s+2\omega_3) = f(s) \qquad (2.3\text{-}13)$$

いま，z 平面と s 平面との関係を求めることが目的であるので，循環は省略すると，$z=\infty$ 近傍および $s=0$ 近傍においては次のように表される。

$$\frac{dw}{dz} \approx e^{-i\alpha}, \quad (z\approx\infty), \quad \frac{dw}{ds} \approx \frac{2e^{-i\alpha'}}{s^2}, \quad (s\approx 0) \qquad (2.3\text{-}14)$$

このとき，関数 $f(s)$ は次のように与えられる。

$$f(s) = \frac{dz}{ds} = \frac{dw}{ds}\Big/\frac{dw}{dz} \approx \frac{2e^{i\gamma}}{s^2}, \quad (s\approx 0) \quad (\gamma=\alpha-\alpha') \qquad (2.3\text{-}15)$$

一方，s 平面において鏡像にて拡大した領域は，次のようになる。

$$f(s) = \frac{2e^{i\alpha'}}{(s+i2b)^2}\Big/e^{i\alpha} \approx \frac{2e^{-i\gamma}}{(s+i2b)^2}, \quad (s\approx -i2b) \qquad (2.3\text{-}16)$$

関数 $f(s)$ は，(2.3-13) 式の関係を有し，$s=0$ において $1/s^2$ の特異点を持つことから，第 1 種の楕円関数（付録 A 参照）である。従って，$\wp$（ペー）関数によって次のように表される。

$$f(s) = \frac{dz}{ds} = 2\{\wp(s)e^{i\gamma} + \wp(s+i2b)e^{-i\gamma}\} + k_1 \qquad (2.3\text{-}17)$$

ここで，k_1 は定数である。

(なお，この関数 $f(s)$ における角度 γ は，【疑問2.2】の (2.2-39) 式における角度 γ とは符号が反対であることに注意する。)

さて，$\wp$（ペー）関数と ζ（ツェータ）関数の関係から (2.3-17) 式は積分されて

$$z = -2\{\zeta(s)e^{i\gamma} + \zeta(s+i2b)e^{-i\gamma}\} + k_1 s + k_2 \qquad (2.3\text{-}18)$$

z 平面の翼 I を一周したときの流れは，s 平面の矩形の上端を $2\omega_1$ だけ移動したときの矩形内部の流れに対応する。翼 II についても同様である。すなわち，翼を一周した場合には，z 平面および s 平面ともに流れは元に戻るので $2\omega_1$ の周期を有する。従って，(2.3-18) 式の s のかわりに $s+2\omega_1$ を代入した式から (2.3-18) 式を引くと 0 になるので，付録 A.3 の関係式に注意すると次式が得られる。

$$\begin{aligned}
&z(s+2\omega_1) - z(s) \\
&= -2\{\zeta(s+2\omega_1)e^{i\gamma} + \zeta(s+2\omega_1+i2b)e^{-i\gamma}\} \\
&\quad + k_1(s+2\omega_1) + k_2 + 2\{\zeta(s)e^{i\gamma} + \zeta(s+i2b)e^{-i\gamma}\} - k_1 s - k_2 \\
&= -4\eta_1(e^{i\gamma} + e^{-i\gamma}) + 2k_3\omega_1 = -8\eta_1 \cos\gamma + 2k_3\omega_1 = 0
\end{aligned}$$
$$(2.3\text{-}19)$$

ただし，$\eta_1 = \zeta(\omega_1)$ $\qquad (2.3\text{-}20)$

従って，(2.3-19) 式から k_1 が次のように得られる。

$$k_1 = \frac{4\eta_1 \cos\gamma}{\omega_1} \qquad (2.3\text{-}21)$$

この式を (2.3-18) 式に代入すると

$$z = -2\left\{\zeta(s)e^{i\gamma} + \zeta(s+i2b)e^{-i\gamma} - \frac{2\eta_1 \cos\gamma}{\omega_1} \cdot s\right\} + k_2 \qquad (2.3\text{-}22)$$

ここで，新に次の関数を定義する。

$$Z_1(s) = \zeta(s) - \frac{\eta_1}{\omega_1} s \qquad (2.3\text{-}23)$$

このとき，(2.3-22) 式は次のように表される。

$$z = -2\{Z_1(s)e^{i\gamma} + Z_1(s+i2b)e^{-i\gamma}\} - i\frac{4b\eta_1 e^{-i\gamma}}{\omega_1} + k_2 \qquad (2.3\text{-}24)$$

ここで，定数 k_2 を次のように仮定する．

$$k_2 = i\frac{4b\eta_1 e^{-i\gamma}}{\omega_1} - i e^{-i\gamma} \qquad (2.3\text{-}25)$$

このとき，(2.3-24) 式は次のようになる．

$$z = -2\{Z_1(s)e^{i\gamma} + Z_1(s+i2b)e^{-i\gamma}\} - ie^{-i\gamma} \qquad (2.3\text{-}26)$$

さて，翼 I では，$s = -\theta + ia$ とおくと，次のようになる．

$$(z)_\mathrm{I} = i\cos\gamma + \sin\gamma - 2\frac{\sinh a \sin\gamma - \sin\theta\cos\gamma}{\cosh a - \cos\theta}$$

$$+ 4\sum_{n=1}^{\infty} \frac{h^{2n}}{1-h^{2n}}\{e^{na}\sin(n\theta+\gamma) + e^{-na}\sin(n\theta-\gamma)\}$$

$$(2.3\text{-}27)$$

（この式の導出は付録 B.8 参照）

また翼 II では，$s = -\theta - ib$ とおくと，次のようになる．

$$(z)_\mathrm{II} = -i\cos\gamma - \sin\gamma + 2\frac{\sinh b \sin\gamma + \sin\theta\cos\gamma}{\cosh b - \cos\theta}$$

$$+ 4\sum_{n=1}^{\infty} \frac{h^{2n}}{1-h^{2n}}\{e^{-nb}\sin(n\theta+\gamma) + e^{nb}\sin(n\theta-\gamma)\}$$

$$(2.3\text{-}28)$$

（この式の導出は付録 B.9 参照）

(2.3-27) 式および (2.3-28) 式の結果から，図 2.3 (b) の翼 I の y 座標は $\cos\gamma$，翼 II は $-\cos\gamma$ であることがわかる．

(4) 複葉翼の揚力を求める

複葉翼に働く揚力を求めよう．(2.3-11) 式で求めた s 平面における流れの速度は，【疑問 2.2】と同様に $R_1(\theta,a) \sim R_3(\theta,a)$ の関数を用いて次のように表される．

$$\begin{cases} \left(\dfrac{dw}{ds}\right)_{\mathrm{I}} = -\dfrac{\Gamma'}{4\pi} - \dfrac{\Gamma}{2\pi}\cdot R_1(\theta,a) + 2\cos\alpha'\cdot R_2(\theta,a) - 2\sin\alpha'\cdot R_3(\theta,a) \\ \left(\dfrac{dw}{ds}\right)_{\mathrm{II}} = -\dfrac{\Gamma'}{4\pi} + \dfrac{\Gamma}{2\pi}\cdot R_1(\theta,b) + 2\cos\alpha'\cdot R_2(\theta,b) + 2\sin\alpha'\cdot R_3(\theta,b) \end{cases}$$

(2.3-29)

翼Ⅰおよび翼Ⅱの後縁に相当する θ を θ_1 および θ_2 とすると，クッタ・ジュコフスキーの条件は次式である。

$$\left(\frac{dw}{ds}\right)_{\mathrm{I}} = 0,\ (\theta=\theta_1),\quad \left(\frac{dw}{ds}\right)_{\mathrm{II}} = 0,\ (\theta=\theta_2) \quad (2.3\text{-}30)$$

(2.3-29) 式を用いて，(2.3-30) 式を計算すると

$$\Gamma = -\frac{4\pi E_1}{\cos\phi}\sin(\alpha-\gamma+\phi) \quad (2.3\text{-}31)$$

$$\Gamma' = -\frac{8\pi\cdot E_3}{\cos\phi'}\sin(\alpha-\gamma+\phi') \quad (2.3\text{-}32)$$

ただし，E_1，E_3，ϕ，ϕ' は【疑問2.2】に述べたものである。

循環が求まったので複葉翼の揚力は次のようになる。

$$C_L = \frac{\rho V \Gamma}{(1/2)\rho V^2 \bar{c} \times 1} = \frac{2\Gamma}{\bar{c}} = -\frac{8\pi E_1}{\bar{c}\cdot\cos\phi}\sin(\alpha-\gamma+\phi) \quad (2.3\text{-}33)$$

ただし，$V=1$

全揚力に対する翼Ⅱの揚力の比率は次のようである。

$$\frac{\Gamma_2}{\Gamma} = \frac{(\Gamma-\Gamma')/2}{\Gamma} = \frac{1}{2}\left(1-\frac{\Gamma'}{\Gamma}\right) = \frac{1}{2} - \frac{E_3\cos\phi}{E_1\cos\phi'}\cdot\frac{\sin(\alpha-\gamma+\phi')}{\sin(\alpha-\gamma+\phi)}$$

(2.3-34)

(5) 複葉翼上の流速分布を求める

さて，z 平面の複葉翼上の流速分布を求めよう。z 平面の複素速度は

$$\frac{dw}{dz} = qe^{-\lambda} = \frac{dw}{ds}\Big/\frac{dz}{ds} = \frac{dw}{ds}\Big/f(s) \quad (2.3\text{-}35)$$

ここで，q は流速，λ は流れの角度である。s 平面の翼上の流れの速度 $(dw/ds)_{\mathrm{I}}$ および $(dw/ds)_{\mathrm{II}}$ は，(2.3-29) 式である。また，$f(s)=dz/ds$ であり，これを積分して求めた翼上の $(z)_{\mathrm{I}}$ および $(z)_{\mathrm{II}}$ が，s 平面の $s=-\theta+ia$ お

よび $s=-\theta-ib$ における θ の関数として，(2.3-27) 式および (2.3-28) 式にて求まっているので，これらの式を θ で微分して -1.0 を掛ければ $f(s)_\mathrm{I}$ および $f(s)_\mathrm{II}$ が次のように得られる．

$$f(s)_\mathrm{I} = -\frac{d(z)_\mathrm{I}}{d\theta} = -\frac{e^{-a}\cos(\theta+\gamma)+e^{a}\cos(\theta-\gamma)-2\cos\gamma}{(\cosh a - \cos\theta)^2} \\ -4\sum_{n=1}^{\infty}\frac{nh^{2n}}{1-h^{2n}}\{e^{na}\cos(n\theta+\gamma)+e^{-na}\cos(n\theta-\gamma)\}$$

(2.3-36)

$$f(s)_\mathrm{II} = -\frac{d(z)_\mathrm{II}}{d\theta} = -\frac{e^{b}\cos(\theta+\gamma)+e^{-b}\cos(\theta-\gamma)-2\cos\gamma}{(\cosh b - \cos\theta)^2} \\ -4\sum_{n=1}^{\infty}\frac{nh^{2n}}{1-h^{2n}}\{e^{-nb}\cos(n\theta+\gamma)+e^{nb}\cos(n\theta-\gamma)\}$$

(2.3-37)

(2.3-29) 式，(2.3-36) 式および (2.3-37) 式から，z 平面の複葉翼上の複素速度が次のように得られる．

$$\left(\frac{dw}{dz}\right)_\mathrm{I} = (q)_\mathrm{I} \cdot e^{-i\lambda_\mathrm{I}} = \left(\frac{dw}{ds}\right)_\mathrm{I} / f(s)_\mathrm{I}$$

(2.3-38)

$$\left(\frac{dw}{dz}\right)_\mathrm{II} = (q)_\mathrm{II} \cdot e^{-i\lambda_\mathrm{II}} = \left(\frac{dw}{ds}\right)_\mathrm{II} / f(s)_\mathrm{II}$$

(2.3-39)

(6) 複葉翼の計算例

z 平面の複葉翼の計算例を以下に示す．解析時に入力するパラメータは次の4つである．

① α：迎角，② γ：食い違い角
③ a：u 平面の2重同心円の翼Ⅰの円の半径 e^{a} に対応
④ b：u 平面の2重同心円の翼Ⅱの円の半径 e^{-b} に対応

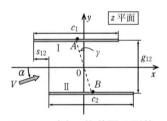

図 2.3 (h)　複葉翼の形状

このとき，主要な形状データは，食い違い量 (stagger) s_{12} およびギャップ量 g_{12} である．

【ケース 2.3-1】
($\alpha=10°$, $\gamma=0°$, $a=2.0$, $b=2.0$)
$\alpha=10.0000$　$C_{L\alpha}=0.9360\times2\pi\cdot\sin(\alpha-\alpha_0)$
$\gamma=0.0000$　$C_L=1.0212$
$a=2.0000$　$(C_L)_{II}/C_L=0.4979$
$b=2.0000$　$\alpha_0=\gamma-\phi=0$
―――――――――――――――――――
翼 I（上側）後縁 ＝　0.2500
翼 I（上側）前縁 ＝ －0.2500
翼 II（下側）後縁 ＝　0.2500
翼 II（下側）前縁 ＝ －0.2500
食い違い量 s_{12}/c_1 ＝　0
ギャップ量 g_{12}/c_1 ＝　1.7819
$\theta T1=$ 74.7995　$\theta T2=$ 74.7995
$\theta L1=$ 285.2121　$\theta L2=$ 285.2121
翼弦長 $c_1=0.5000$　翼弦長 $c_2=0.5000$

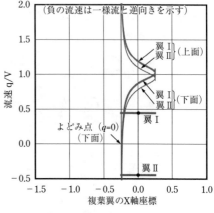

図 2.3（i）　ケース 2.3-1

　ケース 2.3-1 の図 2.3（i）は，迎角 10°で食い違い量は無しの場合である．ギャップ量がかなり大きいので，ほとんど単葉翼に近い特性を示すことがわかる．翼 I の翼弦長に対するギャップ量 $g_{12}/c_1=1.78$ である．揚力傾斜 $C_{L\alpha}$ は，2π の 0.936 倍で，全体の揚力に対する翼 II の揚力の分担は 0.498 倍でほぼ半分である．

【ケース 2.3-2】
($\alpha=10°$, $\gamma=0°$, $a=1.0$, $b=1.0$)
$\alpha=10.0000$　$C_{L\alpha}=0.7403\times2\pi\cdot\sin(\alpha-\alpha_0)$
$\gamma=0.0000$　$C_L=0.8077$
$a=1.0000$　$(C_L)_{II}/C_L=0.5010$
$b=1.0000$　$\alpha_0=\gamma-\phi=0$
―――――――――――――――――――
翼 I（上側）後縁 ＝　0.2500
翼 I（上側）前縁 ＝ －0.2500
翼 II（下側）後縁 ＝　0.2500
翼 II（下側）前縁 ＝ －0.2500
食い違い量 s_{12}/c_1 ＝　0
ギャップ量 g_{12}/c_1 ＝　0.5388
$\theta T1=$ 52.3998　$\theta T2=$ 52.3998
$\theta L1=$ 307.6235　$\theta L2=$ 307.6235
翼弦長 $c_1=0.5000$　翼弦長 $c_2=0.5000$

図 2.3（j）　ケース 2.3-2

　ケース 2.3-2 の図 2.3（j）は，迎角 10°で食い違い量は無しの場合である．

ギャップ量がケース 2.3-1 よりも小さいため，翼Ⅰの下面の流速が速くなっている。また，翼Ⅱの上面の流速が遅くなっている。その結果，翼Ⅰおよび翼Ⅱともに，上下面の流速の差が少なくなり揚力が減っている。翼Ⅰの翼弦長に対するギャップ量 $g_{12}/c_1=0.529$ である。揚力傾斜 $C_{L\alpha}$ は，2π の 0.740 倍で効率が下がっている。なお，全体の揚力に対する翼Ⅱの揚力の分担は 0.501 倍で，さほど差はないことがわかる。

【ケース 2.3-3】
($\alpha=10°$, $\gamma=0°$, $a=0.5$, $b=0.5$)

$\alpha=$ 10.0000 $C_{L\alpha}=0.6199\times2\pi\cdot\sin(\alpha-\alpha_0)$
$\gamma=$ 0.0000 $C_L=$ 0.6763
$a=$ 0.5000 $(C_L)_{II}/C_L=0.4924$
$b=$ 0.5000 $\alpha_0=\gamma-\phi=0$

翼Ⅰ（上側）後縁 = 0.2500
翼Ⅰ（上側）前縁 = -0.2500
翼Ⅱ（下側）後縁 = 0.2500
翼Ⅱ（下側）前縁 = -0.2500
食い違い量 s_{12}/c_1 = 0
ギャップ量 g_{12}/c_1 = 0.2082
$\theta T1=$ 33.0001 $\theta T2=$ 33.0001
$\theta L1=$ 326.9146 $\theta L2=$ 326.9146
翼弦長 $c_1=0.5000$ 翼弦長 $c_2=0.5000$

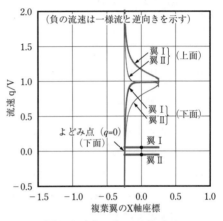

図 2.3 (k) ケース 2.3-3

ケース 2.3-3 の図 2.3 (k) は，迎角 10° で食い違い量は無しの場合である。ギャップ量がかなり小さいため，翼Ⅰの下面と翼Ⅱの上面（ギャップ内の流れ）の流速がほぼ等しくなっていることがわかる。そのため，ケース 2.3-2 に比較して，翼Ⅰの下面の流速がさらに速く，また，翼Ⅱの上面の流速がさらに遅くなっている。その結果，翼Ⅰおよび翼Ⅱともに，上下面の流速の差が少なくなり揚力がかなり減っている。翼Ⅰの翼弦長に対するギャップ量 $g_{12}/c_1=0.208$ である。揚力傾斜 $C_{L\alpha}$ は，2π の 0.620 倍でかなり効率が下がっている。なお，全体の揚力に対する翼Ⅱの揚力の分担は 0.492 倍で，さほど差はないことがわかる。

【ケース 2.3-4】
($\alpha=10°$, $\gamma=30°$, $a=1.0$, $b=1.0$)

$\alpha=$ 10.0000　$C_{L_\alpha}=0.7732 \times 2\pi \cdot \sin(\alpha-\alpha_0)$
$\gamma=$ 30.0000　$C_L=$ 0.8429
$a=$ 1.0000　$(C_L)_{II}/C_L=$ 0.4091
$b=$ 1.0000　$\alpha_0=\gamma-\phi=$ 0.0082

翼Ⅰ（上側）後縁 ＝　0.1510
翼Ⅰ（上側）前縁 ＝ －0.3490
翼Ⅱ（下側）後縁 ＝　0.3490
翼Ⅱ（下側）前縁 ＝ －0.1510
食い違い量 s_{12}/c_1 ＝　0.3961
ギャップ量 g_{12}/c_1 ＝　0.4743
$\theta T1=$ 75.0994　$\theta T2=$ 32.6001
$\theta L1=$ 327.4147　$\theta L2=$ 284.9121
翼弦長 $c_1=0.5000$　翼弦長 $c_2=0.5000$

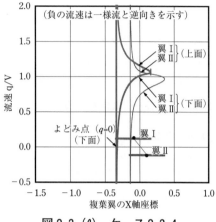

図 2.3（ℓ）　ケース 2.3-4

　ケース 2.3-4 の図 2.3（l）は，迎角 10°で翼Ⅰの翼弦長の 0.396 倍の食い違い量がある場合である。また，翼Ⅰの翼弦長に対するギャップ量は 0.474 倍である。ケース 2.3-2 の $\gamma=0°$，$a=1.0$，$b=1.0$ のケースの食い違い量がない場合のギャップ量は 0.529 倍であったので，a，b の値が同じで γ（食い違い角）が正の複葉翼ではギャップ量が少し小さい結果となる。

　ケース 2.3-2（食い違い量なし）と比較すると，食い違い量があると，翼Ⅰの下面の前半部は，翼Ⅱの影響で一様流の流れが曲げられて流速が遅くなり，翼Ⅰの揚力は増える。翼Ⅱの上面の前半部は，翼Ⅰの影響を受けて流速が遅くなり，また下面は逆に少し速くなり，翼Ⅱの揚力は減る。揚力傾斜 C_{L_α} は，2π の 0.773 倍で食い違い量があると効率が多少回復する。なお，全体の揚力に対する翼Ⅱの揚力の分担は 0.409 倍で食い違い量があると小さくなることがわかる。

　ここで検討した複葉翼について，単葉翼との違いを 2 次元ポテンシャル流の厳密解で比較した結果をまとめると次のようである。

<単葉翼（平板翼）>
・揚力係数：$C_L = 2\pi \sin\alpha$

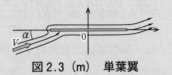

図2.3（m）　単葉翼

<複葉翼（食い違い量 s_{12}，ギャップ量 g_{12} の平板翼）>
・食い違い量がない場合，ギャップ量が小さくなると，翼Ⅰ下面と翼Ⅱ上面の流速が等しくなっていく
　　⇒翼Ⅰ下面は速く，翼Ⅱ上面は遅く
　　⇒揚力は減少
・食い違い量があると，翼Ⅰの揚力が増加，翼Ⅱの揚力が減少。
　　⇒揚力は食い違い量がない場合よりも回復する

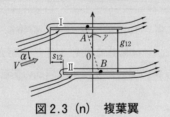

図2.3（n）　複葉翼

2.4 風洞内に置かれた平板翼の揚力（１）－写像関数導出

図2.4（a）に示すように，風洞翼内に置かれた平板翼に作用する揚力を計算するにはどのようにしたらよいだろうか．まず，流れの写像関数について検討してみよう．

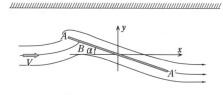

図2.4（a） 風洞内の平板翼の流れ

佐々木[2]は風洞内に置かれた平板翼の流れを矩形領域に写像することによって解いている．友近[13]は同様な問題を詳しく紹介している．ここでは，これらの文献を基に平板翼の揚力に及ぼす風洞壁の影響を解析するための写像関数を求めてみよう．

（１）物理面のz平面をs平面の矩形領域に写像する

図2.4（b）は，物理面であるz平面における風洞壁と平板翼である．一様流は水平で，平板翼は水平から迎角αだけ傾きを持っている．ここでは，物理面のz平面と写像される面との関係を求めるので，平板翼の循環はないと仮定する．平板翼に対応する点$BAB'A'$およびHBおよび$B'H'$は１つの流線であり，流れ関数は$\psi=0$とする．ここで，HおよびH'は無限遠点である．また，平板翼の中点をz平面の原点とする．なお，平板翼の翼弦長は$2a$，風洞壁の幅はDとする．

図2.4（c）は，複素速度ポテンシャルを表すw平面である．平板翼は$\psi=0$に対応し，風洞の上側の壁は$\psi=\psi_1$，下側の壁は$\psi=-\psi_2$とする．

【疑問 2.4】風洞内に置かれた平板翼の揚力(1)－写像関数導出

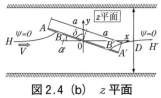

図 2.4 (b) z 平面
(循環なし)

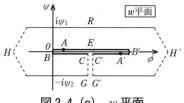

図 2.4 (c) w 平面

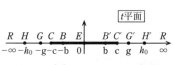

図 2.4 (d) t 平面の上半面

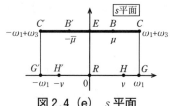

図 2.4 (e) s 平面

この w 平面において，平板翼の下面に対応する点 B と A' との間の点 CC' から点 GG' に沿って切断を作り，点 H，G，C，B，B'，C'，G'，H' と一周して，t 平面の上半面に Schwarz-Christoffel 変換により次式によって写像する。

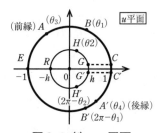

図 2.4 (f) u 平面

$$\frac{dw}{dt} = M \frac{t^2 - b^2}{(t^2 - h_0^2)\sqrt{(t^2 - c^2)(t^2 - g^2)}} \quad (2.4\text{-}1)$$

ここで，$t = -h_0$, $-g$, $-c$, $-b$ はそれぞれ点 H, G, C, B に対応し，$t = b$, c, g, h_0 はそれぞれ点 B', C', G', H' に対応する。なお，M は定数である。

次に，付録 A.2 の $\wp$（ペー）関数を用いて，t 平面の上半面を s 平面に次式で写像する。

$$t^2 = \wp(s) - e_3 \quad (2.4\text{-}2)$$

この式を s で微分すると，付録 A.2 から次式を得る。

$$2t\frac{dt}{ds} = \wp'(s) = 2\sqrt{\{\wp(s)-e_1\}\{\wp(s)-e_2\}\{\wp(s)-e_3\}}$$
$$= 2t\sqrt{(t^2+e_3-e_1)(t^2+e_3-e_2)} \quad (2.4\text{-}3\text{a})$$

$$\therefore \frac{ds}{dt} = \frac{1}{\sqrt{(t^2-c^2)(t^2-g^2)}} \quad (2.4\text{-}3\text{b})$$

$$\text{ただし,} \quad g=\sqrt{e_1-e_3}, \quad c=\sqrt{e_2-e_3} \quad (2.4\text{-}4)$$

ここで，t 平面の $t=-h_0$，$-g$，$-c$，$-b$ はそれぞれ $s=\nu$，ω_1，$\omega_1+\omega_3$，μ に対応し，$t=b$，c，g，h_0 はそれぞれ $s=-\bar{\mu}$，$-\omega_1+\omega_3$，$-\omega_1$，$-\nu$ に対応する。

（2）複素速度ポテンシャル w を s 平面の関数として求める

s 平面における流れの複素速度 dw/ds は，(2.4-1) 式，(2.4-2) 式および (2.4-3b) 式から

$$\frac{dw}{ds} = \frac{dw}{dt}\cdot\frac{dt}{ds} = M\frac{t^2-b^2}{t^2-h_0{}^2} = M\frac{\wp(s)-e_3-b^2}{\wp(s)-e_3-h_0{}^2} = M\frac{\wp(s)-\wp(\mu)}{\wp(s)-\wp(\nu)}$$
$$(2.4\text{-}5)$$

この式は，付録 A.2 から次のように変形できる。

$$\frac{dw}{ds} = M\frac{\wp(s)-\wp(\mu)}{\wp(s)-\wp(\nu)}$$
$$= M\frac{\wp(\nu)-\wp(\mu)}{\wp'(\nu)}\{\zeta(\mu+\nu)-\zeta(\mu-\nu)-\zeta(s+\nu)+\zeta(s-\nu)\}$$

（この式の導出は付録B.10 参照） $\quad (2.4\text{-}6)$

(2.4-6) 式の ζ（ツェータ）関数は容易に積分でき，翼上の点 B $(s=\mu)$ において $w=0$ とおけば次式が得られる。

$$w = M\frac{\wp(\nu)-\wp(\mu)}{\wp'(\nu)}$$
$$\left[\{\zeta(\mu+\nu)-\zeta(\mu-\nu)\}(s-\mu)-\log\frac{\sigma(s+\nu)\sigma(\mu-\nu)}{\sigma(s-\nu)\sigma(\mu+\nu)}\right] \quad (2.4\text{-}7)$$

この関数 $w(s)$ は $2\omega_1$ の周期をもつ。$w(s+2\omega_1)$ をつくると

【疑問 2.4】風洞内に置かれた平板翼の揚力（1）—写像関数導出

$$w(s+2\omega_1) = M \frac{\wp(\nu) - \wp(\mu)}{\wp'(\nu)} \left[\begin{array}{l} \{\zeta(\mu+\nu) - \zeta(\mu-\nu)\}(s+2\omega_1-\mu) \\ -\log \dfrac{\sigma(s+\nu)\ \sigma(\mu-\nu)}{\sigma(s-\nu)\ \sigma(\mu+\nu)} - 4\eta_1 \nu \end{array} \right]$$

(2.4-8)

(2.4-8) 式から (2.4-7) 式を引いたものを 0 とおくと，次式が得られる。

$$\zeta(\mu+\nu) - \zeta(\mu-\nu) = \frac{2\eta_1 \nu}{\omega_1} \tag{2.4-9}$$

図 2.4 (c) の w 平面における点 R および G の虚数部の値は，$i\psi_1$ および $-i\psi_2$ である。これらの点の s 平面における値は，$s=0$ および $s=\omega_1$ である。このとき，(2.4-7) 式から次の式が得られる。

$$(w)_R - (w)_G = i\pi M \frac{\wp(\nu) - \wp(\mu)}{\wp'(\nu)} = i(\psi_1 + \psi_2) \tag{2.4-10}$$

$$\therefore M = \frac{\psi_1 + \psi_2}{\pi} \cdot \frac{\wp'(\nu)}{\wp(\nu) - \wp(\mu)} \tag{2.4-11}$$

従って，(2.4-9) 式および (2.4-11) 式を (2.4-7) 式に代入すると，

$$w = \frac{\psi_1 + \psi_2}{\pi} \cdot \left\{ \frac{2\eta_1 \nu}{\omega_1}(s-\mu) - \log \frac{\sigma(s+\nu)\sigma(\mu-\nu)}{\sigma(s-\nu)\sigma(\mu+\nu)} \right\} \tag{2.4-12}$$

また，(2.4-11) 式を (2.4-6) 式に代入すると

$$\begin{aligned} \frac{dw}{ds} &= \frac{\psi_1 + \psi_2}{\pi} \cdot \frac{\wp'(\nu)}{\wp(\nu) - \wp(\mu)} \cdot \frac{\wp(s) - \wp(\mu)}{\wp(s) - \wp(\nu)} \\ &= \frac{\psi_1 + \psi_2}{\pi} \cdot \{\zeta(\mu+\nu) - \zeta(\mu-\nu) - \zeta(s+\nu) + \zeta(s-\nu)\} \end{aligned} \tag{2.4-13}$$

付録 A.6 の関係式を用いると (2.4-13) 式は次のようにも変形できる。

$$\frac{dw}{ds} = \frac{\psi_1 + \psi_2}{\pi} \cdot \frac{\wp'(\nu)}{\wp(\nu) - \wp(\mu)} \cdot \frac{\sigma(\nu)^2}{\sigma(\mu)^2} \cdot \frac{\sigma(s+\mu)\ \sigma(s-\mu)}{\sigma(s+\nu)\ \sigma(s-\nu)} \tag{2.4-14}$$

また，w 平面における点 C および G 虚数部の値は，0 および $-i\psi_2$ である。これらの点の s 平面における値は，$s=\omega_1+\omega_3$ および $s=\omega_1$ である。従って，(2.4-12) 式から

$$(w)_C - (w)_G = i\nu \frac{\psi_1 + \psi_2}{\omega_1} = i\psi_2 \tag{2.4-15}$$

$$\therefore \nu = \frac{\psi_2}{\psi_1 + \psi_2} \omega_1 \tag{2.4-16}$$

(3) z 平面の流れの速度を u 平面を利用して求める

図 2.4 (d) の s 平面の矩形の内部を,図 2.4 (e) に示す u 平面の 2 重同心円の環状領域の内部に写像する関数は次式である.

$$s = \omega_1 + \omega_3 + i\frac{\omega_1}{\pi}\log u, \quad u = e^{-i\pi\left(\frac{s}{\omega_1} - 1 - \tau\right)} \tag{2.4-17}$$

外側の円は平板翼に対応し,半径は 1 とする.また,内側の円は風洞壁に対応し,半径は h とする.ここで,内側の半径 h は,次のように表される.

$$h = e^{i\tau\pi}, \quad \tau = \frac{\omega_3}{\omega_1} \tag{2.4-18}$$

s 平面の点と u 平面の点との対応は次のようになる.

$$\text{点 } B : s = \mu = \omega_1 + \omega_3 - \frac{\omega_1}{\pi}\theta_1, \quad \text{点 } H : s = \nu = \omega_1 - \frac{\omega_1}{\pi}\theta_2 \tag{2.4-19a}$$

$$\text{点 } H' : s = -\nu = \omega_1 - \frac{\omega_1}{\pi}(2\pi - \theta_2) = -\omega_1 + \frac{\omega_1}{\pi}\theta_2 \tag{2.4-19b}$$

$$\text{点 } A : s = s_3 = \omega_1 + \omega_3 - \frac{\omega_1}{\pi}\theta_3, \quad \text{点 } A' : s = s_4 = \omega_1 + \omega_3 - \frac{\omega_1}{\pi}\theta_4 \tag{2.4-19c}$$

(なお,μ は複素数,ν は実数である)

さて,z 平面の平板翼の流れの速度を,次式の Ω を用いて表す.

$$\frac{dw}{dz} = q\,e^{-i\lambda} = e^{-i\Omega}, \quad (\Omega = \lambda + i\log q) \tag{2.4-20}$$

ここで,q は流速,λ は流れの方向を表す.z 平面における平板翼および風洞壁の流れの方向は分かっているので,図 2.4 (f) の u 平面の外円(平板翼)上および内円(風洞壁)上において,Ω の実数部が既知である.このとき,次に示す 2 重同心円の環状領域における Villat の公式[2](次に示す)により Ω を求めることができる.

【疑問 2.4】風洞内に置かれた平板翼の揚力（1）－写像関数導出

<環状領域における Villat の公式>

半径 1 および h の環状領域において，$h<u<1$ で正則で，関数 $\Omega(u)$ の実数部が外円上で $\lambda_1(\theta)$，内円上で $\lambda_2(\theta)$ のとき次式の条件を満足するとする。

$$\int_0^{2\pi} \lambda_1(\theta)\, d\theta = \int_0^{2\pi} \lambda_2(\theta)\, d\theta \qquad (2.4\text{-}21)$$

このとき，関数 $\Omega(u)$ は次式で与えられる。

$$\Omega(u) = \frac{i\omega_1}{\pi^2} \int_0^{2\pi} \lambda_1(\theta)\cdot \zeta\!\left(\frac{\omega_1}{i\pi}\log u - \frac{\omega_1}{\pi}\theta\right) d\theta$$
$$\qquad -\frac{i\omega_1}{\pi^2} \int_0^{2\pi} \lambda_2(\theta)\cdot \zeta_3\!\left(\frac{\omega_1}{i\pi}\log u - \frac{\omega_1}{\pi}\theta\right) d\theta + i\,C \qquad (2.4\text{-}22)$$

ただし，C は実数である。

Villat の公式を用いて，風洞内に置かれた平板翼の流れの関数 Ω を求めよう。平板翼の流れの角度 $\lambda_1(\theta)$ は

$$\lambda_1(\theta) = \begin{cases} -\alpha, & (\theta_4 < \theta < \theta_1),\ (\theta_3 < \theta < 2\pi - \theta_1) \\ \pi - \alpha & (\theta_1 < \theta < \theta_3),\ (2\pi - \theta_1 < \theta < 2\pi + \theta_4) \end{cases} \qquad (2.4\text{-}23)$$

風洞壁における流れの角度 $\lambda_2(\theta)$ は全て 0 であるから，実数部の条件式である (2.4-21) 式の右辺は 0 となる。従って，次の関係式が得られる。

$$\int_0^{2\pi} \lambda_1(\theta)\, d\theta = \pi\cdot(\theta_3 + \theta_4 - 2\alpha) = 0, \quad \therefore\ \theta_3 + \theta_4 = 2\alpha \qquad (2.4\text{-}24)$$

(2.4-20) 式の Ω を s 平面の矩形内の変数で表すと次のようになる。

$$\Omega(s) = C_0 - \frac{i2}{\pi}(\eta_1 s - \eta_3\,\omega_1)\cdot(\pi - \alpha) - i2\eta_3 s - i\log \frac{\sigma(s-s_3)\,\sigma(s-s_4)}{\sigma(s+\mu)\,\sigma(s-\mu)}$$

（ただし C_0 は定数）（この式の導出は付録 B.11 参照） $\qquad (2.4\text{-}25)$

この式から次式が得られる。

$$\frac{dw}{dz} = e^{-i\Omega} = \frac{1}{C_1} e^{-\frac{2}{\pi}(\eta_1 s - \eta_3\,\omega_1)\cdot(\pi - \alpha) - 2\eta_3 s}\cdot \frac{\sigma(s+\mu)\,\sigma(s-\mu)}{\sigma(s-s_3)\,\sigma(s-s_4)} \qquad (2.4\text{-}26)$$

ただし，C_1 は新たな定数である。

(4) z 平面の翼と s 平面の翼との対応関係式

　z 平面の風洞内に置かれた平板翼と，s 平面の矩形領域の翼上の値 s との関係式を求めよう．次の関数 $f(s)$ を次式で定義する．

$$f(s) = \frac{dz}{ds} = \frac{dz}{dw} \cdot \frac{dw}{ds} = e^{i\Omega} \cdot \frac{dw}{ds} \qquad (2.4\text{-}27)$$

ここで，(2.4-14) 式および (2.4-26) 式を (2.4-27) 式に代入し，新たな係数 C' を用いて次のように表す．

$$\begin{aligned}
f(s) = e^{i\Omega} \cdot \frac{dw}{ds} &= C_1 e^{\frac{2}{\pi}(\eta_1 s - \eta_3 \omega_1)\cdot(\pi - \alpha) + 2\eta_3 s} \cdot \frac{\sigma(s-s_3)\,\sigma(s-s_4)}{\sigma(s+\mu)\,\sigma(s-\mu)} \\
&\quad \times \frac{\psi_1 + \psi_2}{\pi} \cdot \frac{\wp'(\nu)}{\wp(\nu) - \wp(\mu)} \cdot \frac{\sigma(\nu)^2}{\sigma(\mu)^2} \cdot \frac{\sigma(s+\mu)\,\sigma(s-\mu)}{\sigma(s+\nu)\,\sigma(s-\nu)} \\
&= -C' e^{\frac{2}{\pi}(\eta_1 s - \eta_3 \omega_1)\cdot(\pi - \alpha) + 2\eta_3 s} \cdot \frac{\sigma(s-s_3)\,\sigma(s-s_4)}{\sigma(s+\nu)\,\sigma(s-\nu)} \qquad (2.4\text{-}28)
\end{aligned}$$

ただし，C' は次式であるが，次のように変形できる．

$$\begin{aligned}
C' &= -C_1 \frac{\psi_1 + \psi_2}{\pi} \cdot \frac{\wp'(\nu)}{\wp(\nu) - \wp(\mu)} \cdot \frac{\sigma(\nu)^2}{\sigma(\mu)^2} \\
&= -C_1 \frac{\psi_1 + \psi_2}{\pi} \cdot \frac{\sigma(2\nu)}{\sigma(\nu+\mu)\,\sigma(\nu-\mu)}
\end{aligned} \qquad (2.4\text{-}29)$$

(2.4-15) 式の関数 $f(s)$ は次の周期性をもつ．

$$f(s+2\omega_1) = f(s), \qquad f(s+2\omega_3) = e^{i2(\pi-\alpha)} f(s) \qquad (2.4\text{-}30)$$

（この式の導出は付録 B.12 参照）

　一方，シグマ関数 $\sigma(u)$ は $u=0$ に 1 位の零点を有する関数であるので，関数 $f(s)$ は，$s=\nu$，$-\nu$ において 1 位の極を有する第 2 種の楕円関数である（付録 A.1）．

　次に，関数 $f(s)$ を計算しやすい要素の関数に分解することを考える．それには，(2.4-30) 式と同じ周期性をもち，$s=0$ において 1 位の極を有する第 2 種楕円関数である次式の関数 $A(s)$ を用いる．

【疑問 2.4】風洞内に置かれた平板翼の揚力（１）－写像関数導出

$$A(s) = -\frac{\sigma\left\{s - \frac{2\omega_1}{\pi}(\pi-\alpha)\right\}}{\sigma(s)\,\sigma\left\{\frac{2\omega_1}{\pi}(\pi-\alpha)\right\}} \cdot e^{\frac{2\eta_1}{\pi}(\pi-\alpha)s} = \frac{1}{2\omega_1} \cdot \frac{\vartheta_1'(0)\,\vartheta_2\left(\frac{s}{2\omega_1} - \frac{\delta}{\pi}\right)}{\vartheta_1\left(\frac{s}{2\omega_1}\right)\vartheta_2\left(\frac{\delta}{\pi}\right)}$$

（この式の導出は付録 B.13 参照）　　　　　　　　　　(2.4-31)

ただし，$\delta = \frac{\pi}{2} - \alpha$。　　　　　　　　　　　　　　　　　(2.4-32)

従って，$s = \nu$, $-\nu$ において 1 位の極を有する第 2 種楕円関数の $f(s)$ は，

$$f(s) = C_\nu A(s-\nu) + C_{-\nu} A(s+\nu) \tag{2.4-33}$$

ここで，係数 C_ν および $C_{-\nu}$ は次の留数の定理により求めることができる。

<留数の定理>

・複素関数 $f(s)$ は $s = s_0$ において 3 位の極を有する次式としてみよう。

$$f(s) = \frac{a_{-3}}{(s-s_0)^3} + \frac{a_{-2}}{(s-s_0)^2} + \frac{a_{-1}}{s-s_0} + a_0 + a_1(s-s_0) + a_2(s-s_0)^2 + \cdots$$

・$s = s_0$ を中心とした半径 R の円の閉曲線 C についての線積分は

$s - s_0 = Re^{i\theta}$, $ds = iRe^{i\theta}d\theta$ であるから

$$\oint_C f(s)\,ds = i\frac{a_{-3}}{R^2}\int_0^{2\pi} e^{-i2\theta}d\theta + i\frac{a_{-2}}{R}\int_0^{2\pi} e^{-i\theta}d\theta + i\,a_{-1}\int_0^{2\pi} d\theta$$
$$+ i\,a_0 R\int_0^{2\pi} e^{i\theta}d\theta + i\,a_1 R^2\int_0^{2\pi} e^{i2\theta}d\theta + i\,a_2 R^3\int_0^{2\pi} e^{i3\theta}d\theta + \cdots$$
$$= i\,2\pi\,a_{-1}$$

・これから，$a_{-1} = \dfrac{1}{i\,2\pi}\oint_C f(s)\,ds$　　　　　　　　(2.4-34)

この係数 a_{-1} は $f(s)$ は $s = s_0$ における留数といわれる。

⇒すなわち，関数 $f(s)$ が $s = s_0$ に極をもつとき，$s = s_0$ にて級数に展開したときの分母が $s - s_0$ の 1 次の係数 a_{-1} が留数である。

・留数 a_{-1} は具体的には次のように求めることができる。

$$\lim_{s\to s_0}\frac{d^2}{ds^2}\bigl[(s-s_0)^3 f(s)\bigr] = \lim_{s\to s_0}\bigl[2a_{-1} + 6a_0(s-s_0) + \cdots\bigr] = 2a_{-1}$$

　　　　　　　　　　　　　　　　　　　　　　　　　　(2.4-35)

(2.4-33) 式から，$f(s)$ の $s=\nu$ における留数は係数 C_ν になる。

$$\lim_{s\to\nu}(s-\nu)f(s)=C_\nu\lim_{s\to\nu}(s-\nu)A(s-\nu)=C_\nu \qquad (2.4\text{-}36)$$

この係数 C_ν を具体的に求めるには，(2.4-28) 式の関数 $f(s)$ を用いて留数を求めればよい。その結果，次のように得られる。

$$C_\nu=-C'\frac{\{\sigma(\omega_3)\}^2}{\{\vartheta_4(0)\}^2\sigma(2\nu)}\cdot\vartheta_4\!\left(\frac{\theta_3-\theta_2}{2\pi}\right)\vartheta_4\!\left(\frac{\theta_4-\theta_2}{2\pi}\right)\cdot e^{\frac{\eta_1\omega_1}{2\pi^2}\left\{\theta_3{}^2+\theta_4{}^2+4\pi\delta+\frac{2\pi^2\nu^2}{\omega_1{}^2}\right\}}$$

（この式の導出は付録 B.14 参照） $\qquad (2.4\text{-}37)$

同様に，$f(s)$ の $s=-\nu$ における留数は係数 $C_{-\nu}$ であり，次のように得られる。

$$C_{-\nu}=C'\frac{\{\sigma(\omega_3)\}^2}{\{\vartheta_4(0)\}^2\sigma(2\nu)}\cdot\vartheta_4\!\left(\frac{\theta_3+\theta_2}{2\pi}\right)\vartheta_4\!\left(\frac{\theta_4+\theta_2}{2\pi}\right)\cdot e^{\frac{\eta_1\omega_1}{2\pi^2}\left\{\theta_3{}^2+\theta_4{}^2+4\pi\delta+\frac{2\pi^2\nu^2}{\omega_1{}^2}\right\}}$$

（この式の導出は付録 B.14 参照） $\qquad (2.4\text{-}38)$

以上によって，z 平面の風洞内に置かれた平板翼と，s 平面の矩形領域との関係式 $dz/ds=f(s)$ が，定数 C' 以外が決まったことになる。

(5) 定数 C' を決定する

z 平面の風洞における流れの角度は 0 であるから，無限遠点 H ($s=\nu$) および H' ($s=-\nu$) における速度が次のように与えられる。

$$\left(\frac{dw}{dz}\right)_H=V,\quad\left(\frac{dw}{dz}\right)_{H'}=V \qquad (2.4\text{-}39)$$

点 H および H' は流れ関数 $\psi=\psi_1$ および $-\psi_2$ に対応する。無限遠点においては，流線と速度との関係は次式である。

$$\frac{\partial\psi}{\partial y}=V,\quad\therefore\int_{-D/2}^{D/2}\frac{\partial\psi}{\partial y}dy=\psi_1+\psi_2=VD \qquad (2.4\text{-}40)$$

この関係式を用いると，(2.4-14) 式および (2.4-29) 式から dw/ds は

$$\frac{dw}{ds}=\frac{VD}{\pi}\cdot\frac{\sigma(2\nu)}{\sigma(\nu+\mu)\,\sigma(\nu-\mu)}\cdot\frac{\sigma(s+\mu)\,\sigma(s-\mu)}{\sigma(s+\nu)\,\sigma(s-\nu)} \qquad (2.4\text{-}41)$$

一方，無限遠点 H ($s=\nu$) および H' ($s=-\nu$) においては，(2.4-39) 式および (2.4-41) 式から

【疑問 2.4】風洞内に置かれた平板翼の揚力（1）－写像関数導出

$$\{f(s)\}_\infty = \frac{dz}{ds} = \frac{dz}{dw} \cdot \frac{dw}{ds} = \frac{D}{\pi} \cdot \frac{\sigma(2\nu)}{\sigma(\nu+\mu)\,\sigma(\nu-\mu)} \cdot \frac{\sigma(s+\mu)\,\sigma(s-\mu)}{\sigma(s+\nu)\,\sigma(s-\nu)} \tag{2.4-42}$$

$$\therefore C_\nu = \lim_{s\to\nu}(s-\nu)f(s) = \frac{D}{\pi},\quad C_{-\nu} = \lim_{s\to -\nu}(s+\nu)f(s) = -\frac{D}{\pi} \tag{2.4-43}$$

この結果と（2.4-37）式および（2.4-38）式より

$$C_{-\nu} = -C_\nu,\quad \vartheta_4\!\left(\frac{\theta_3-\theta_2}{2\pi}\right)\vartheta_4\!\left(\frac{\theta_4-\theta_2}{2\pi}\right) = \vartheta_4\!\left(\frac{\theta_3+\theta_2}{2\pi}\right)\vartheta_4\!\left(\frac{\theta_4+\theta_2}{2\pi}\right) \tag{2.4-44}$$

（2.4-37）式と（2.4-43）式とから

$$\frac{1}{C'} = -\frac{\pi}{D} \cdot \frac{\{\sigma(\omega_3)\}^2}{\{\vartheta_4(0)\}^2\,\sigma(2\nu)} \cdot \vartheta_4\!\left(\frac{\theta_3-\theta_2}{2\pi}\right)\vartheta_4\!\left(\frac{\theta_4-\theta_2}{2\pi}\right)$$
$$\times e^{\frac{\eta_1\omega_1}{2\pi^2}\cdot\left\{\theta_3{}^2+\theta_4{}^2+4\pi\delta+\frac{2\pi^2\nu^2}{\omega_1{}^2}\right\}} \tag{2.4-45}$$

これらの結果から，z 平面の風洞内に置かれた平板翼と s 平面の矩形領域との関係式 $dz/ds = f(s)$ が次のように求まったことになる。

$$f(s) = \frac{D}{\pi}\cdot\{A(s-\nu) - A(s+\nu)\} \tag{2.4-46}$$

疑問 2.5 風洞内に置かれた平板翼の揚力（２）－揚力の算出

図2.5（a）に示すように，風洞翼内に置かれた平板翼に作用する揚力について，上記【疑問2.4】にて導出した写像関数を用いて算出せよ．

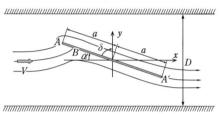

図2.5（a） 風洞内の平板翼の流れ

【疑問2.4】にて導出した写像関数を用いて，風洞内に置かれた平板翼の形状を求め，それに働く揚力を計算してみよう．

（１）z平面の平板翼の形状

【疑問2.4】において求めたz平面と写像されたs平面との関係を表すを構成する関数$A(s)$は，（2.4-31）式から次のように変形できる．

$$A(s) = \frac{1}{2\omega_1} \cdot \frac{\vartheta_1'(0)\, \vartheta_2\left(\dfrac{s}{2\omega_1} - \dfrac{\delta}{\pi}\right)}{\vartheta_1\left(\dfrac{s}{2\omega_1}\right) \vartheta_2\left(\dfrac{\delta}{\pi}\right)}$$

$$= \frac{1}{2\omega_1} \cdot \frac{\vartheta_1'(0)\, \vartheta_3\left\{\dfrac{s}{2\omega_1} - \dfrac{1+\tau}{2} - \dfrac{1}{\pi}\left(\dfrac{\pi}{2} + \delta\right)\right\}}{\vartheta_3\left(\dfrac{s}{2\omega_1} - \dfrac{1+\tau}{2}\right) \vartheta_1\left\{-\dfrac{1}{\pi}\left(\dfrac{\pi}{2} + \delta\right)\right\}} \cdot e^{i\left(\frac{\pi}{2} + \delta\right)}$$

（この式の変形は付録 B.15 参照） (2.5-1)

付録 A.5 から，次の関数の級数展開式がある．

【疑問 2.5】風洞内に置かれた平板翼の揚力（2）―揚力の算出　127

$$\frac{\vartheta_1'(0)}{2\pi} \frac{\vartheta_3(v+w)}{\vartheta_3(v)\vartheta_1(w)}$$
$$=\frac{1}{2\sin\pi w}+2\sum_{n=1}^{\infty}(-1)^n h^n \cdot \frac{\sin\pi(2nv+w)-h^{2n}\sin\pi(2nv-w)}{1-2h^{2n}\cos 2\pi w+h^{4n}}$$
(2.5-2)

この式を利用すると，(2.5-1) 式の関数 $A(s)$ は次のように表される。

$$A(s)=\frac{2\pi}{\omega_1}\cdot e^{i\left(\frac{\pi}{2}+\delta\right)}$$
$$\times\left\{-\frac{1}{4\sin\left(\frac{\pi}{2}+\delta\right)}+\sum_{n=1}^{\infty}\frac{(-1)^n h^n}{1-2h^{2n}\cos 2\left(\frac{\pi}{2}+\delta\right)+h^{4n}}\right.$$
$$\left.\times\left[\begin{array}{l}\sin\pi\left\{2n\left(\dfrac{s}{2\omega_1}-\dfrac{1+\tau}{2}\right)-\dfrac{1}{\pi}\left(\dfrac{\pi}{2}+\delta\right)\right\}\\ -h^{2n}\sin\pi\left\{2n\left(\dfrac{s}{2\omega_1}-\dfrac{1+\tau}{2}\right)+\dfrac{1}{\pi}\left(\dfrac{\pi}{2}+\delta\right)\right\}\end{array}\right]\right\}$$
(2.5-3)

この関数を利用すると，(2.4-17) 式の s 平面と u 平面との次の関係

$$s=\omega_1+\omega_3+i\frac{\omega_1}{\pi}\log u, \quad u=e^{-i\pi\left(\frac{s}{\omega_1}-1-\tau\right)} \quad (2.5\text{-}4)$$

に注意すると，(2.4-46) 式から $dz/ds=f(u)$ が次のように得られる。

$$f(s)=\frac{D}{\pi}\cdot\{A(s-\nu)-A(s+\nu)\}$$
$$=\frac{2D}{\omega_1}\cdot e^{i\left(\frac{\pi}{2}+\delta\right)}\sum_{n=1}^{\infty}\frac{i(-1)^{n+1}h^n\sin\dfrac{n\pi\nu}{\omega_1}}{1-2h^{2n}\cos 2\left(\frac{\pi}{2}+\delta\right)+h^{4n}}$$
$$\times\{u^n(e^{i\delta}+h^{2n}e^{-i\delta})-u^{-n}(e^{-i\delta}+h^{2n}e^{i\delta})\}$$

（この式の変形は付録 B.16 参照）　(2.5-5)

次に，次の関係式

$$dz=\frac{dz}{ds}\cdot\frac{ds}{du}du=f(u)\cdot i\frac{\omega_1}{\pi u}du \quad (2.5\text{-}6)$$

に (2.5-5) 式を代入して積分を実行すると

$$z = i\frac{\omega_1}{\pi}\int \frac{f(u)}{u}du$$

$$= -\frac{2D}{\pi} \cdot e^{i\left(\frac{\pi}{2}+\delta\right)} \sum_{n=1}^{\infty} \frac{(-1)^{n+1} h^n \sin\frac{n\pi\nu}{\omega_1}}{n\left\{1 - 2h^{2n}\cos 2\left(\frac{\pi}{2}+\delta\right) + h^{4n}\right\}} \quad (2.5\text{-}7)$$

$$\times \{u^n(e^{i\delta} + h^{2n}e^{-i\delta}) + u^{-n}(e^{-i\delta} + h^{2n}e^{i\delta})\} + C_0$$

ここで，C_0 は積分定数である．

平板翼の前縁 A は $u = e^{i\theta_3}$，後縁 A' は $u = e^{i\theta_4}$ に対応する．従って，(2.5-7) 式から

$$z_A - z_{A'} = \frac{8D}{\pi} \cdot e^{i(\pi-\alpha)} \sum_{n=1}^{\infty} \frac{h^n \sin n\theta_2 \sin\frac{n(\theta_3-\theta_4)}{2}}{n\left(1 - 2h^{2n}\cos 2\alpha + h^{4n}\right)} \quad (2.5\text{-}8)$$

$$\times \{\cos(n-1)\alpha - h^{2n}\cos(n+1)\alpha\}$$

（この式の導出は付録 B.17 参照）

(2.5-8) 式は，平板翼の後縁から前縁へのベクトルを表しているので

$$z_A - z_{A'} = 2a \cdot e^{i(\pi-\alpha)} \quad (2.5\text{-}9)$$

$$\therefore 2a = \frac{8D}{\pi} \cdot \sum_{n=1}^{\infty} \frac{h^n \sin n\theta_2 \sin\frac{n(\theta_3-\theta_4)}{2}}{n\left(1 - 2h^{2n}\cos 2\alpha + h^{4n}\right)} \quad (2.5\text{-}10)$$

$$\times \{\cos(n-1)\alpha - h^{2n}\cos(n+1)\alpha\}$$

次に，平板翼の前縁と後縁の中心の点を z_m とすると

$$z_m = \frac{z_A + z_{A'}}{2} = -\frac{4D}{\pi} \cdot e^{-i\alpha} \sum_{n=1}^{\infty} \frac{h^n \sin n\theta_2 \cos\frac{n(\theta_3-\theta_4)}{2}}{n\left(1 - 2h^{2n}\cos 2\alpha + h^{4n}\right)}$$

$$\times \{\sin(n-1)\alpha - h^{2n}\sin(n+1)\alpha\} + C_0$$

$$(2.5\text{-}11)$$

（この式の導出は付録 B.18 参照）

いま，この平板翼の中心を原点（$z_m = 0$）におくと C_0 が次のように決まる．

【疑問 2.5】風洞内に置かれた平板翼の揚力（2）－揚力の算出

$$C_0 = \frac{4D}{\pi} \cdot e^{-i\alpha} \sum_{n=1}^{\infty} \frac{h^n \sin n\theta_2 \cos \frac{n(\theta_3 - \theta_4)}{2}}{n(1 - 2h^{2n}\cos 2\alpha + h^{4n})} \qquad (2.5\text{-}12)$$
$$\times \{\sin(n-1)\alpha - h^{2n}\sin(n+1)\alpha\}$$

（2）z 平面の風洞壁の形状

上記（1）にて，z 平面の平板翼について s 平面との関係を表す $dz/ds = f(s)$ を構成する関数 $A(s)$ を u の級数に展開した後，それを積分して平板翼の形状を求めた。ここでは，風洞壁の場合について考える。

（2.5-1）式に示した関数 $A(s)$ は，風洞壁については次のように変形する。

$$A(s) = -\frac{\sigma\left(s - \frac{2\omega_1}{\pi}(\pi - \alpha)\right)}{\sigma(s)\sigma\left(\frac{2\omega_1}{\pi}(\pi - \alpha)\right)} \cdot e^{\frac{2\eta_1}{\pi}(\pi - \alpha)s} = \frac{1}{2\omega_1} \cdot \frac{\vartheta_1'(0)\,\vartheta_1\left(\frac{s}{2\omega_1} + \frac{\alpha}{\pi}\right)}{\vartheta_1\left(\frac{s}{2\omega_1}\right)\vartheta_1\left(\frac{\alpha}{\pi}\right)}$$

［風洞壁］（2.5-13）

付録 A.5 から，次の関数の級数展開式がある。

$$\frac{\vartheta_1'(0)\,\vartheta_1(v+w)}{\vartheta_1(v)\,\vartheta_1(w)}$$
$$= \pi\cot\pi v + \pi\cot\pi w + 4\pi\sum_{n=1}^{\infty} h^{2n} \cdot \frac{\sin 2\pi(nv+w) - h^{2n}\sin 2n\pi v}{1 - 2h^{2n}\cos 2\pi w + h^{4n}}$$

［風洞壁］（2.5-14）

この式を利用すると，（2.5-13）式の関数 $A(s)$ は次のように表される。

$$A(s) = \frac{2\pi}{\omega_1}\left\{\frac{1}{4}\cot\frac{\pi s}{2\omega_1} + \frac{1}{4}\cot\alpha + \sum_{n=1}^{\infty} h^{2n}\right.$$
$$\left.\times \frac{\sin 2\pi\left(\frac{ns}{2\omega_1} + \frac{\alpha}{\pi}\right) - h^{2n}\sin\frac{n\pi s}{\omega_1}}{1 - 2h^{2n}\cos 2\alpha + h^{4n}}\right\}$$

［風洞壁］（2.5-15）

この関数を利用すると，風洞壁は u 平面の内円（半径 $h = e^{i\pi\tau}$）であるから

$$s = \omega_1 + i\frac{\omega_1}{\pi}\log\frac{u}{h} = \omega_1 - \frac{\omega_1}{\pi}\theta, \quad \frac{u}{h} = e^{-i\frac{\pi s}{\omega_1} + i\pi}, \quad \nu = \omega_1 - \frac{\omega_1}{\pi}\theta_2$$
(2.5-16)

に注意して，(2.5-15) 式から $\{A(s-\nu) - A(s+\nu)\}$ をつくると

$$f(s) = \frac{D}{\pi}\cdot\{A(s-\nu) - A(s+\nu)\} = \frac{D}{2\omega_1}\left\{\cot\frac{\pi(s-\nu)}{2\omega_1} - \cot\frac{\pi(s+\nu)}{2\omega_1}\right\}$$

$$+ \frac{2D}{\omega_1}\sum_{n=1}^{\infty}\frac{h^{2n}\sin n\theta_2\left\{\left(\frac{u}{h}\right)^n(e^{-i2\alpha} - h^{2n}) + \left(\frac{u}{h}\right)^{-n}(e^{i2\alpha} - h^{2n})\right\}}{1 - 2h^{2n}\cos 2\alpha + h^{4n}}$$
(2.5-17)

ここで，この式の cot の項の積分は次のようになる．

$$\int\cot\frac{\pi(s-\nu)}{2\omega_1}ds - \int\cot\frac{\pi(s+\nu)}{2\omega_1}ds = \frac{2\omega_1}{\pi}\log\frac{\sin\frac{\theta_2 - \theta}{2}}{\sin\frac{\theta_2 + \theta}{2}} \quad (2.5\text{-}18)$$

従って，(2.5-6) 式に注意して (2.5-18) 式を積分し，$u = he^{i\theta}$ とおくと

$$z = C'_0 + \frac{D}{\pi}\log\frac{\sin\frac{\theta_2 - \theta}{2}}{\sin\frac{\theta_2 + \theta}{2}}$$

$$- \frac{4D}{\pi}\sum_{n=1}^{\infty}\frac{h^{2n}\sin n\theta_2\{\sin(n\theta - 2\alpha) - h^{2n}\sin n\theta\}}{n(1 - 2h^{2n}\cos 2\alpha + h^{4n})}$$

ここで，C'_0 は積分定数である．　　　　　　［風洞壁］(2.5-19)

いま，点 G ($\theta=0$ に対応) は，風洞壁の下側であるから，$z = -iD/2$ および $\alpha = 0$ とおくと，C'_0 は次のようになる．

$$C'_0 = -i\frac{D}{2} \tag{2.5-20}$$

(3) 揚力の算出

いよいよ風洞内に置かれた平板翼に働く揚力を計算しよう．【疑問 2.4】にて導出した (2.4-12) 式および (2.4-40) 式より，複素速度ポテンシャル w が次式で表される．

【疑問2.5】風洞内に置かれた平板翼の揚力（2）－揚力の算出　131

$$w = \frac{VD}{\pi} \cdot \left\{ \frac{2\eta_1 \nu}{\omega_1}(s-\mu) - \log \frac{\sigma(s+\nu)\sigma(\mu-\nu)}{\sigma(s-\nu)\sigma(\mu+\nu)} \right\}$$

$$= \frac{VD}{\pi} \cdot \log \frac{\vartheta_1\left(\frac{s-\nu}{2\omega_1}\right) \vartheta_1\left(\frac{\mu+\nu}{2\omega_1}\right)}{\vartheta_1\left(\frac{s+\nu}{2\omega_1}\right) \vartheta_1\left(\frac{\mu-\nu}{2\omega_1}\right)} \tag{2.5-21}$$

次に，翼のまわりの循環 Γ の流れを加える。この流れは，平板翼下面のよどみ点から前縁 A，上面のよどみ点 B' の方向に流れるので，図2.4 (f) の環状領域の外円を反時計まわりの流れであり，これを加えた複素速度ポテンシャルは次のように表される。

$$w = \frac{VD}{\pi} \cdot \log \frac{\vartheta_1\left(\frac{s-\nu}{2\omega_1}\right) \vartheta_1\left(\frac{\mu+\nu}{2\omega_1}\right)}{\vartheta_1\left(\frac{s+\nu}{2\omega_1}\right) \vartheta_1\left(\frac{\mu-\nu}{2\omega_1}\right)} - i\frac{\Gamma}{2\pi}\log u \tag{2.5-22}$$

ここで，(2.5-4) 式から次の関係式

$$\frac{ds}{du} = i\frac{\omega_1}{\pi u}, \quad \therefore \frac{1}{u} \cdot \frac{du}{ds} = \frac{\pi}{i\omega_1} \tag{2.5-23}$$

に注意すると s 平面における複素速度は

$$\frac{dw}{ds} = \frac{VD}{2\omega_1 \pi} \cdot \left\{ \frac{\vartheta_1'\left(\frac{s-\nu}{2\omega_1}\right)}{\vartheta_1\left(\frac{s-\nu}{2\omega_1}\right)} - \frac{\vartheta_1'\left(\frac{s+\nu}{2\omega_1}\right)}{\vartheta_1\left(\frac{s+\nu}{2\omega_1}\right)} \right\} - \frac{\Gamma}{2\omega_1} \tag{2.5-24}$$

さて，z 平面における複素速度は次のように表される。

$$\frac{dw}{dz} = \frac{dw}{ds} \cdot \frac{ds}{dz} = \frac{dw}{ds} \cdot \frac{1}{f(s)} \tag{2.5-25}$$

ここで，関数 $f(s)$ は，(2.4-28) 式からわかるように，平板翼の前縁 A ($s=s_3$, $u=e^{i\theta_3}$) および後縁 A' ($s=s_4$, $u=e^{i\theta_4}$) において1位の零点をもつので，対応する平板翼の速度は無限大となる。そこで，後縁 A' においては流れが滑らかに流れ去るとしたクッタ・ジュコフスキーの条件を用いると。次のようになる。

$$\left(\frac{dw}{ds}\right)_{s=s_4} = \frac{VD}{2\omega_1\pi} \cdot \left\{\frac{\vartheta_1'\left(\frac{s_4-\nu}{2\omega_1}\right)}{\vartheta_1\left(\frac{s_4-\nu}{2\omega_1}\right)} - \frac{\vartheta_1'\left(\frac{s_4+\nu}{2\omega_1}\right)}{\vartheta_1\left(\frac{s_4+\nu}{2\omega_1}\right)}\right\} - \frac{\Gamma}{2\omega_1} = 0$$

(2.5-26)

$$\therefore \Gamma = \frac{VD}{\pi} \cdot \left\{\frac{\vartheta_1'\left(\frac{s_4-\nu}{2\omega_1}\right)}{\vartheta_1\left(\frac{s_4-\nu}{2\omega_1}\right)} - \frac{\vartheta_1'\left(\frac{s_4+\nu}{2\omega_1}\right)}{\vartheta_1\left(\frac{s_4+\nu}{2\omega_1}\right)}\right\}$$

(2.5-27)

$$= \frac{VD}{\pi} \cdot \left\{\frac{\vartheta_4'\left(\frac{\theta_4+\theta_2}{2\pi}\right)}{\vartheta_4\left(\frac{\theta_4+\theta_2}{2\pi}\right)} - \frac{\vartheta_4'\left(\frac{\theta_4-\theta_2}{2\pi}\right)}{\vartheta_4\left(\frac{\theta_4-\theta_2}{2\pi}\right)}\right\}$$

平板翼に働く力は，ブラジウスの第1公式から次のように表される．

$$F_x - iF_y = i\frac{\rho}{2}\oint_c\left(\frac{dw}{dz}\right)^2 dz = i\frac{\rho}{2}\oint_c\left(\frac{dw}{ds}\right)^2 \frac{ds}{dz}\frac{ds}{du}du$$

$$= -\frac{\rho\omega_1}{2\pi}\oint_c\left(\frac{dw}{ds}\right)^2 \frac{1}{f(s)}\cdot\frac{1}{u}du$$

(2.5-28)

ここで，$(dw/ds)^2$ は (2.4-41) 式から，$s=\nu$ および $-\nu$ において 2 位の極を有する．また，$1/f(s)$ は (2.4-28) 式から，$s=\nu$ および $-\nu$ において 1 位の零点，$s=s_3$ および s_4 において 1 位の極を有する．従って，関数 $G(s)$ を

$$G(s) = \left(\frac{dw}{ds}\right)^2 \frac{1}{f(s)}$$

(2.5-29)

とおくと，この関数は $s=\nu$, $-\nu$, s_3, s_4 の4点において1位の極を有することがわかる．また，(2.4-30) 式および (2.4-41) 式から $G(s)$ は次の周期性を有する．

$$G(s+2\omega_1)$$
$$= K \cdot \left\{\frac{\sigma(s+2\omega_1+\mu)\,\sigma(s+2\omega_1-\mu)}{\sigma(s+2\omega_1+\nu)\,\sigma(s+2\omega_1-\nu)}\right\}^2 \cdot \frac{1}{f(s+2\omega_1)} = G(s)$$

(2.5-30)

【疑問 2.5】風洞内に置かれた平板翼の揚力（2）—揚力の算出

$$G(s+2\omega_3)$$
$$=K\cdot\left\{\frac{\sigma(s+2\omega_3+\mu)\,\sigma(s+2\omega_3-\mu)}{\sigma(s+2\omega_3+\nu)\,\sigma(s+2\omega_3-\nu)}\right\}^2\cdot\frac{1}{f(s+2\omega_3)}=e^{-i2(\pi-\alpha)}G(s)$$
(2.5-31)

これから，関数 $G(s)$ は第 2 種楕円関数であることがわかる．一方，関数 $f(s)$ を作る際に用いた関数 $A(s)$ は，$f(s)$ と同じ周期性をもち，$s=0$ において 1 位の極を有する第 2 種楕円関数であったが，今回の周期性は (2.5-31) 式に示すように指数関数にマイナスがついている．そこで今回は，$-A(-s)$ を新たな関数 $B(s)$ とする．

$$B(s)=-A(-s)=\frac{\sigma\!\left(s+\dfrac{2\omega_1}{\pi}(\pi-\alpha)\right)}{\sigma(s)\,\sigma\!\left(\dfrac{2\omega_1}{\pi}(\pi-\alpha)\right)}\cdot e^{-\frac{2\eta_1}{\pi}(\pi-\alpha)s} \qquad (2.5\text{-}32)$$

この関数は，(2.5-31) 式と同じ周期性をもち，$s=0$ において 1 位の極を有する第 2 種楕円関数である．従って，この関数 $B(s)$ を用いて，関数 $G(s)$ は次のように表される．

$$G(s)=R_\nu\cdot B(s-\nu)+R_{-\nu}\cdot B(s+\nu)+R_{s_3}\cdot B(s-s_3)+R_{s_4}\cdot B(s-s_4)$$
(2.5-33)

ここで，右辺の各係数は，次のように留数計算によって求められる．

$$R_\nu=\lim_{s\to\nu}(s-\nu)G(s)\;=\frac{V^2 D}{\pi} \qquad (2.5\text{-}34\text{a})$$

$$R_{-\nu}=\lim_{s\to-\nu}(s+\nu)G(s)\;=-\frac{V^2 D}{\pi} \qquad (2.5\text{-}34\text{b})$$

$$R_{s_3}=\frac{\pi\,(\Gamma-\Gamma')^2}{D}\cdot\frac{\vartheta_4\!\left(\dfrac{\theta_3+\theta_2}{2\pi}\right)\vartheta_4\!\left(\dfrac{\theta_4-\theta_2}{2\pi}\right)\left\{\vartheta_3\!\left(\dfrac{\theta_3-\theta_2}{2\pi}\right)\right\}^2}{\{\vartheta_1'(0)\}^2\,\vartheta_1\!\left(\dfrac{\theta_2}{\pi}\right)\vartheta_1\!\left(\dfrac{\theta_3-\theta_4}{2\pi}\right)}e^{i\alpha}$$
(2.5-34c)

$$R_{s_4}=0 \qquad (2.5\text{-}34\text{d})$$

ただし，Γ' は便宜上導入した変数で次式である．

$$\varGamma' = \frac{VD}{\pi} \cdot \left\{ \frac{\vartheta_4'\left(\frac{\theta_3+\theta_2}{2\pi}\right)}{\vartheta_4\left(\frac{\theta_3+\theta_2}{2\pi}\right)} - \frac{\vartheta_4'\left(\frac{\theta_3-\theta_2}{2\pi}\right)}{\vartheta_4\left(\frac{\theta_3-\theta_2}{2\pi}\right)} \right\} \tag{2.5-34e}$$

(これら (2.5-34a) 式〜 (2.5-34e) 式の導出は付録 B.19 参照)

この結果，(2.5-33) 式は次の 3 つの項で表されることがわかる。

$$G(s) = R_\nu \cdot B(s-\nu) + R_{-\nu} \cdot B(s+\nu) + R_{s_3} \cdot B(s-s_3) \tag{2.5-35}$$

さて，平板翼に働く力は，(2.5-28) 式の積分によって計算できる。この積分は，【疑問 1.2】に示したコーシーの公式より，関数 $G(u)$ の u に関する級数展開の定数項のみが関係する。そこで，(2.5-35) 式の関数 $B(s-\nu)$, $B(s+\nu)$ および $B(s-s_3)$ を，環状領域の u 平面における級数に展開すると次のようになる。

$$B(s-\nu) = -\frac{2\pi}{\omega_1} \cdot e^{i\alpha} \cdot \left\{ \frac{1}{4\sin\alpha} - i\frac{1}{2}\sum_{n=1}^{\infty} \frac{h^n}{1-2h^{2n}\cos 2\alpha + h^{4n}} \right. \\ \left. \times \begin{bmatrix} u^n\left(e^{-i(n\theta_2-\alpha)} - h^{2n}e^{-i(n\theta_2+\alpha)}\right) \\ -u^{-n}\left(e^{i(n\theta_2-\alpha)} - h^{2n}e^{i(n\theta_2+\alpha)}\right) \end{bmatrix} \right\} \tag{2.5-36}$$

$$B(s+\nu) = -\frac{2\pi}{\omega_1} \cdot e^{i\alpha} \cdot \left\{ \frac{1}{4\sin\alpha} - i\frac{1}{2}\sum_{n=1}^{\infty} \frac{h^n}{1-2h^{2n}\cos 2\alpha + h^{4n}} \right. \\ \left. \times \begin{bmatrix} u^n\left(e^{i(n\theta_2+\alpha)} - h^{2n}e^{i(n\theta_2-\alpha)}\right) \\ -u^{-n}\left(e^{-i(n\theta_2+\alpha)} - h^{2n}e^{-i(n\theta_2-\alpha)}\right) \end{bmatrix} \right\} \tag{2.5-37}$$

$$B(s-s_3) = -\frac{2\pi}{\omega_1} \cdot e^{-i\alpha} \cdot \left\{ \frac{1}{4\sin\alpha} - i\frac{1}{2}\sum_{n=1}^{\infty} \frac{h^n}{1-2h^{2n}\cos 2\alpha + h^{4n}} \right. \\ \left. \times \begin{bmatrix} u^n\left(h^{-n}e^{-i(n\theta_3-\alpha)} - h^n e^{-i(n\theta_3+\alpha)}\right) \\ -u^{-n}\left(h^n e^{i(n\theta_3-\alpha)} - h^{3n} e^{i(n\theta_3+\alpha)}\right) \end{bmatrix} \right\} \tag{2.5-38}$$

(これら (2.5-36) 式〜 (2.5-38) 式の導出は付録 B.20 参照)

【疑問 2.5】風洞内に置かれた平板翼の揚力（2）－揚力の算出

従って，(2.5-35) 式の関数 $G(s)$ の定数項は

$$\{G(u)\}_{\text{定数項}} = -\frac{\pi}{2\omega_1 \sin\alpha}\left\{(R_\nu + R_{-\nu})\cdot e^{i\alpha} + R_{s_3}\cdot e^{-i\alpha}\right\}$$

$$= -\frac{\pi}{2\omega_1 \sin\alpha} R_{s_3}\cdot e^{-i\alpha}$$

$$= -\frac{\pi^2(\Gamma-\Gamma')^2}{2\omega_1 D\sin\alpha}\cdot\frac{\vartheta_4\left(\frac{\theta_3+\theta_2}{2\pi}\right)\vartheta_4\left(\frac{\theta_4-\theta_2}{2\pi}\right)\left\{\vartheta_4\left(\frac{\theta_3-\theta_2}{2\pi}\right)\right\}^2}{\{\vartheta_1'(0)\}^2\,\vartheta_1\left(\frac{\theta_2}{\pi}\right)\vartheta_1\left(\frac{\theta_3-\theta_4}{2\pi}\right)}$$

(2.5-39)

この結果を (2.5-28) 式に代入すると，平板翼に働く力が次のように得られる．このとき，積分の閉曲線は平板翼を左にみて一周した場合であるので，いま，u 平面の半径 R の円を閉曲線とすると，次のようになる．

$$F_x - iF_y = -\frac{\rho\omega_1}{2\pi}\oint_c G(u)\cdot\frac{1}{u}du$$

$$= -\frac{\rho\omega_1}{2\pi}\cdot\{G(u)\}_{\text{定数項}}\int_{2\pi}^0 \frac{1}{Re^{i\theta}}iRe^{i\theta}\,d\theta$$

$$= i\rho\omega_1\cdot\{G(u)\}_{\text{定数項}}$$

$$= -i\frac{\rho\pi^2(\Gamma-\Gamma')^2}{2D\sin\alpha}\cdot\frac{\vartheta_4\left(\frac{\theta_3+\theta_2}{2\pi}\right)\vartheta_4\left(\frac{\theta_4-\theta_2}{2\pi}\right)\left\{\vartheta_4\left(\frac{\theta_3-\theta_2}{2\pi}\right)\right\}^2}{\{\vartheta_1'(0)\}^2\,\vartheta_1\left(\frac{\theta_2}{\pi}\right)\vartheta_1\left(\frac{\theta_3-\theta_4}{2\pi}\right)}$$

(2.5-40)

この値は純虚数であるので平板翼に働く力は抗力は 0 で，次式の揚力 L のみ働くことがわかる．

$$L = \frac{\rho\pi^2(\Gamma-\Gamma')^2}{2D\sin\alpha}\cdot\frac{\vartheta_4\left(\frac{\theta_3+\theta_2}{2\pi}\right)\vartheta_4\left(\frac{\theta_4-\theta_2}{2\pi}\right)\left\{\vartheta_4\left(\frac{\theta_3-\theta_2}{2\pi}\right)\right\}^2}{\{\vartheta_1'(0)\}^2\,\vartheta_1\left(\frac{\theta_2}{\pi}\right)\vartheta_1\left(\frac{\theta_3-\theta_4}{2\pi}\right)}$$

(2.5-41)

なお，平板翼（翼弦長 $2a$）単独での揚力 L_0 は次式である．

$$L_0 = \frac{1}{2}\rho V^2\cdot(2a)\times 2\pi\sin\alpha = 2\pi a\rho V^2\sin\alpha \qquad (2.5\text{-}42)$$

従って，風洞内の平板翼の揚力と翼単独の揚力との比は次のようになる。

$$\frac{L}{L_0} = \frac{\pi(\Gamma-\Gamma')^2}{4aDV^2\sin^2\alpha} \cdot \frac{\vartheta_4\left(\frac{\theta_3+\theta_2}{2\pi}\right)\vartheta_4\left(\frac{\theta_4-\theta_2}{2\pi}\right)\left\{\vartheta_4\left(\frac{\theta_3-\theta_2}{2\pi}\right)\right\}^2}{\{\vartheta_1'(0)\}^2\vartheta_1\left(\frac{\theta_2}{\pi}\right)\vartheta_1\left(\frac{\theta_3-\theta_4}{2\pi}\right)}$$

(2.5-43)

（4）平板翼が風洞内の中央にある場合の揚力

上記の結果は，平板翼が風洞内の上下任意の場所に置かれた場合の揚力であるが，ここでは図 2.5（b）のように，風洞内の中央に平板翼がある場合について検討しよう。

平板翼が風洞内の中央にある場合は，風洞壁に相当する流れ関数は

$$\psi_1 = \psi_2,$$

$$\therefore \nu = \frac{\psi_2}{\psi_1+\psi_2}\omega_1 = \frac{\omega_1}{2} \tag{2.5-44}$$

従って，(2.4-9) 式から

$$\zeta\left(\mu+\frac{\omega_1}{2}\right) - \zeta\left(\mu-\frac{\omega_1}{2}\right) = \eta_1$$

(2.5-45)

ここで，次の関係式

$$\begin{cases}\eta_1+\eta_2+\eta_3=0,\\ \omega_1+\omega_2+\omega_3=0\end{cases} \quad (2.5\text{-}46)$$

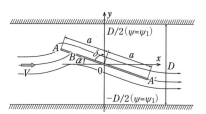

図 2.5（b） 翼が風洞内の中央

に注意すると

$$\zeta\left(\mu+\frac{\omega_1}{2}\right) - \zeta\left(\mu-\frac{\omega_1}{2}\right) = \zeta(\omega_1+\omega_3) - \zeta(\omega_3) \tag{2.5-47}$$

この式が成り立つのは次の場合である。

$$\mu = \frac{\omega_1}{2} + \omega_3 \tag{2.5-48}$$

このとき，(2.4-19a) 式から

$$\mu = \omega_1+\omega_3 - \frac{\omega_1}{\pi}\theta_1 = \frac{\omega_1}{2}+\omega_3, \quad \therefore \theta_1 = \frac{\pi}{2} \tag{2.5-49}$$

また，(2.4-19a) 式および (2.5-44) 式から

$$\nu = \omega_1 - \frac{\omega_1}{\pi}\theta_2 = \frac{\omega_1}{2}, \quad \therefore \theta_2 = \frac{\pi}{2} \tag{2.5-50}$$

これから (2.4-44) 式は

$$\vartheta_4\left(\frac{\theta_3}{2\pi} - \frac{1}{4}\right)\vartheta_4\left(\frac{\theta_4}{2\pi} - \frac{1}{4}\right) = \vartheta_4\left(\frac{\theta_3}{2\pi} + \frac{1}{4}\right)\vartheta_4\left(\frac{\theta_4}{2\pi} + \frac{1}{4}\right) \tag{2.5-51}$$

ここで，この式の左辺の ϑ_4 関数内の数字の $-1/4$ が，右辺の数字 $+1/4$ と等しくなるためには，θ_3 と θ_4 との差が π あればよい。すなわち

$$\theta_3 - \theta_4 = \pi, \quad \theta_3 + \theta_4 = 2\alpha, \quad \theta_3 = \frac{\pi}{2} + \alpha, \quad \theta_4 = -\frac{\pi}{2} + \alpha \tag{2.5-52}$$

これらの条件を (2.5-27) 式および (2.5-34e) 式から

$$\Gamma = \frac{VD}{\pi} \cdot \left\{ \frac{\vartheta_4'\left(\frac{\alpha}{2\pi}\right)}{\vartheta_4\left(\frac{\alpha}{2\pi}\right)} - \frac{\vartheta_3'\left(\frac{\alpha}{2\pi}\right)}{\vartheta_3\left(\frac{\alpha}{2\pi}\right)} \right\} = -\Gamma' \tag{2.5-53}$$

翼弦長 $2a$ と風洞壁の幅 D との比は，(2.5-10) 式より

$$\frac{2a}{D} = \frac{8}{\pi} \cdot \sum_{n=1}^{\infty} \frac{1-(-1)^n}{2n} \cdot \frac{h^n\{\cos(n-1)\alpha - h^{2n}\cos(n+1)\alpha\}}{1 - 2h^{2n}\cos 2\alpha + h^{4n}} \tag{2.5-54}$$

ここで，$\frac{1-(-1)^n}{2}$ の値は n の値が奇数のとき 1，偶数のとき 0 となる。

揚力の式は，(2.5-41) 式から

$$L = \frac{2\rho V^2 D}{\sin \alpha} \cdot \left\{ \frac{\vartheta_4'\left(\frac{\alpha}{2\pi}\right)\vartheta_3\left(\frac{\alpha}{2\pi}\right) - \vartheta_3'\left(\frac{\alpha}{2\pi}\right)\vartheta_4\left(\frac{\alpha}{2\pi}\right)}{\vartheta_1'(0)\vartheta_2(0)} \right\}^2 \tag{2.5-55}$$

風洞内の平板翼の揚力と翼単独の揚力との比は

$$\frac{L}{L_0} = \frac{D}{\pi a \sin^2 \alpha} \cdot \left\{ \frac{\vartheta_4'\left(\frac{\alpha}{2\pi}\right)\vartheta_3\left(\frac{\alpha}{2\pi}\right) - \vartheta_3'\left(\frac{\alpha}{2\pi}\right)\vartheta_4\left(\frac{\alpha}{2\pi}\right)}{\vartheta_1'(0)\vartheta_2(0)} \right\}^2 \tag{2.5-56}$$

(5) 風洞内の平板翼の流速

平板翼では次の関係式

第2章 2次元翼の諸問題

$$s = \omega_1 + \omega_3 - \frac{\omega_1}{\pi}\theta, \quad \nu = \omega_1 - \frac{\omega_1}{\pi}\theta_2 = \frac{\omega_1}{2}, \quad \theta_4 = -\frac{\pi}{2} + \alpha \quad (2.5\text{-}57)$$

に注意すると，(2.5-24) 式および (2.5-53) 式から

$$\frac{dw}{ds} = \frac{VD}{2\omega_1\pi}\left\{\frac{\vartheta_4'\!\left(\frac{\theta+\pi/2}{2\pi}\right)}{\vartheta_4\!\left(\frac{\theta+\pi/2}{2\pi}\right)} - \frac{\vartheta_4'\!\left(\frac{\theta-\pi/2}{2\pi}\right)}{\vartheta_4\!\left(\frac{\theta-\pi/2}{2\pi}\right)} - \frac{\vartheta_4'\!\left(\frac{\alpha}{2\pi}\right)}{\vartheta_4\!\left(\frac{\alpha}{2\pi}\right)} + \frac{\vartheta_3'\!\left(\frac{\alpha}{2\pi}\right)}{\vartheta_3\!\left(\frac{\alpha}{2\pi}\right)}\right\}$$

$$(2.5\text{-}58)$$

この式で，$\theta = \theta_4$（後縁）とおけば，$\theta_4 + \pi/2 = \alpha$, $\theta_4 - \pi/2 = -\pi + \alpha$ であるから，$dw/ds = 0$（クッタ・ジュコフスキーの条件）となることが確認できる。

次に，(2.5-1) 式の関数 $A(s)$ に $\nu = \omega_1/2$, $\delta = \pi/2 - \alpha$ とおくと

$$f(s) = \frac{D}{\pi}\cdot\{A(s-\nu) - A(s+\nu)\}$$

$$= \frac{D}{2\omega_1\pi}\cdot\frac{\vartheta_1'(0)}{\vartheta_1\!\left(\frac{\alpha}{\pi}\right)}\left\{\frac{\vartheta_4\!\left(\frac{\theta-\pi/2-2\alpha}{2\pi}\right)}{\vartheta_4\!\left(\frac{\theta-\pi/2}{2\pi}\right)} - \frac{\vartheta_4\!\left(\frac{\theta+\pi/2-2\alpha}{2\pi}\right)}{\vartheta_4\!\left(\frac{\theta+\pi/2}{2\pi}\right)}\right\}\cdot e^{-i\alpha}$$

$$(2.5\text{-}59)$$

よって，平板翼の複素速度は，(2.5-58) 式および (2.5-59) 式から

$$\frac{q}{V} = \frac{1}{V}\cdot\frac{dw}{ds}\cdot\frac{e^{i\alpha}}{f(s)}$$

$$= \frac{\vartheta_1\!\left(\frac{\alpha}{\pi}\right)}{\vartheta_1'(0)}\cdot\frac{\dfrac{\vartheta_4'\!\left(\frac{\theta+\pi/2}{2\pi}\right)}{\vartheta_4\!\left(\frac{\theta+\pi/2}{2\pi}\right)} - \dfrac{\vartheta_4'\!\left(\frac{\theta-\pi/2}{2\pi}\right)}{\vartheta_4\!\left(\frac{\theta-\pi/2}{2\pi}\right)} - \dfrac{\vartheta_4'\!\left(\frac{\alpha}{2\pi}\right)}{\vartheta_4\!\left(\frac{\alpha}{2\pi}\right)} + \dfrac{\vartheta_3'\!\left(\frac{\alpha}{2\pi}\right)}{\vartheta_3\!\left(\frac{\alpha}{2\pi}\right)}}{\dfrac{\vartheta_4\!\left(\frac{\theta-\pi/2-2\alpha}{2\pi}\right)}{\vartheta_4\!\left(\frac{\theta-\pi/2}{2\pi}\right)} - \dfrac{\vartheta_4\!\left(\frac{\theta+\pi/2-2\alpha}{2\pi}\right)}{\vartheta_4\!\left(\frac{\theta+\pi/2}{2\pi}\right)}}$$

$$(2.5\text{-}60)$$

【疑問 2.5】風洞内に置かれた平板翼の揚力（2）－揚力の算出

ここで，$D\to\infty$ のとき，すなわち，風洞壁がない場合を検証してみる。

$$\begin{cases} h\to 0, \quad \dfrac{2a}{D}\to\dfrac{8}{\pi}, \quad \vartheta_1'(0)\to 2\pi\, h^{1/4}, \quad \vartheta_1'\left(\dfrac{\alpha}{\pi}\right)\to 2h^{1/4}\sin\alpha \\[4pt] \vartheta_4(v)\to 1-2h\cos 2\pi v, \quad \dfrac{\vartheta_4'(v)}{\vartheta_4(v)}\to 4\pi h\sin 2\pi v, \quad \dfrac{\vartheta_3'(v)}{\vartheta_3(v)}\to -4\pi h\sin 2\pi v \end{cases}$$

(2.5-61)

を (2.5-58) 式に代入すると，

$$\dfrac{dw}{ds}\to\dfrac{VD}{2\omega_1\pi}\cdot\{4\pi h\sin(\theta+\pi/2)-4\pi h\sin(\theta-\pi/2)-8\pi h\sin\alpha\}$$

$$=\dfrac{4VDh}{\omega_1}\cdot(\cos\theta-\sin\alpha)$$

(2.5-62)

一方，(2.5-59) 式は

$$f(s)\to\dfrac{D}{2\omega_1}\cdot\dfrac{1}{\sin\alpha}\left\{\dfrac{1-2h\sin(\theta-2\alpha)}{1-2h\sin\theta}-\dfrac{1+2h\sin(\theta-2\alpha)}{1+2h\sin\theta}\right\}\cdot e^{-i\alpha}$$

$$\to\dfrac{2Dh}{\omega_1}\cdot\dfrac{1}{\sin\alpha}\{\sin\theta-\sin(\theta-2\alpha)\}\cdot e^{-i\alpha}$$

(2.5-63)

従って，複素速度は

$$\dfrac{dw}{dz}=\dfrac{dw}{ds}\cdot\dfrac{1}{f(s)}\to 2V\sin\alpha\cdot\dfrac{\cos\theta-\sin\alpha}{\sin\theta-\sin(\theta-2\alpha)}\cdot e^{i\alpha} \quad (2.5\text{-}64)$$

ここで，平板翼の後縁 $A'\to$ 翼上面 $B'\to$ 前縁 A と移動する場合，図 2.4 (f) に示すように，u 平面の角度 θ は外円（半径 1）を後縁 $A'(\theta_4)$ から時計まわりとなる。これに対して，翼単独の場合には単位円上の角度を θ' とすると，0° から反時計まわりとして，次の関係となる。

$$-\theta'=\theta-\theta_4=\theta-\alpha+\dfrac{\pi}{2}, \quad \therefore\ \theta=-\theta'+\alpha-\dfrac{\pi}{2} \quad (2.5\text{-}65)$$

この関係式を (2.5-64) 式に代入すると

$$\dfrac{dw}{dz}\to V\cdot\dfrac{\sin(\theta'-\alpha)-\sin\alpha}{\sin\theta'}\cdot e^{i\alpha} \quad (2.5\text{-}66)$$

この結果，$D\to\infty$ においては，次式の平板翼単独の流速に一致することがわかる。

$$\frac{q}{V} = \frac{\sin(\theta-\alpha)+\sin\alpha}{\sin\theta} \quad (\text{平板翼単独}) \qquad (2.5\text{-}67\text{a})$$

$$\begin{cases} x = 0.5\cos\theta\cos\alpha \\ y = -0.5\cos\theta\sin\alpha \end{cases} (\text{座標}) \qquad (2.5\text{-}67\text{b})$$

平板翼および風洞壁の形状は，(2.5-7) 式および (2.5-19) 式において求めたが，平板翼が風洞内の中央にある場合は $\theta_2=\pi/2$, $\theta_3=\pi/2+\alpha$, $\theta_4=-\pi/2+\alpha$, $\nu=\omega_1/2$ となるので，(2.5-12) 式の定数 C_0 は 0 となる．従って，平板翼の形状は次式で表される．

$$\left(\frac{z}{2a}\right)_{\text{平板翼}} = \frac{4}{\pi} \cdot \frac{D}{2a} \cdot e^{-i\alpha} \sum_{n=1}^{\infty} \frac{(-1)^n h^n \sin\frac{n\pi}{2}\{\sin(n\theta-\alpha)-h^{2n}\sin(n\theta+\alpha)\}}{n\{1-2h^{2n}\cos 2\alpha + h^{4n}\}}$$
$$(2.5\text{-}68)$$

風洞壁の形状は，(2.5-19) 式において，$\theta_2=\pi/2$ を代入すると

$$\left(\frac{z}{2a}\right)_{\text{風洞壁}} = -i\frac{1}{2}\cdot\frac{D}{2a} + \frac{1}{\pi}\cdot\frac{D}{2a}\log\frac{\sin\frac{\pi/2-\theta}{2}}{\sin\frac{\pi/2+\theta}{2}}$$
$$- \frac{4}{\pi}\cdot\frac{D}{2a}\sum_{n=1}^{\infty} \frac{h^{2n}\sin\frac{n\pi}{2}\{\sin(n\theta-2\alpha)-h^{2n}\sin n\theta\}}{n(1-2h^{2n}\cos 2\alpha + h^{4n})}$$
$$(2.5\text{-}69)$$

(6) 風洞内に置かれた平板翼の計算例

平板翼が風洞内の中央にある場合の計算例を以下に示す．計算の手順としては，まず迎角 α を設定し，次に u 平面の 2 重同心円の内円の半径 h (外円の半径は 1 である) を小さな値から増加させながら，(2.5-54) 式の翼弦長と風洞壁の幅との比 $2a/D$ および (2.5-56) 式の風洞内の平板翼の揚力と翼単独の揚力との比 L/L_0 を計算する．

【疑問 2.5】風洞内に置かれた平板翼の揚力（2）－揚力の算出　141

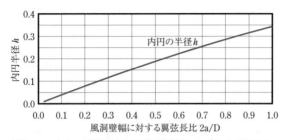

図 2.5（c）　翼弦長と風洞壁幅比 $2a/D$ と半径 h

　図 2.5（c）は，横軸を $2a/D$，縦軸を半径 h としたのがである。この横軸は右にいく程，風洞壁幅が小さくなり，左端の 0 は風洞壁幅が無限大に対応する。すなわち，風洞壁幅が小さくなると内円半径は大きくなる。

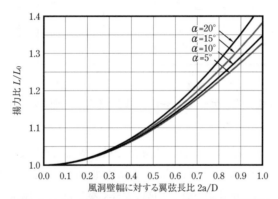

**図 2.5（d）　風洞内に置かれた平板翼と単独翼
　　　　　　との揚力比**

　図 2.5（d）は，横軸を $2a/D$，縦軸を揚力比 L/L_0 としたものである。風洞壁が小さく（横軸右側）なると単独の翼よりも揚力が増加し，迎角が大きくなると揚力の増加量も増える傾向がわかる。さらに現象を解明するため，平板翼上の流速を詳しくみてみる。

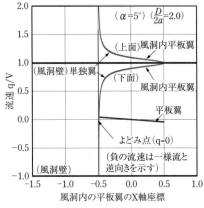
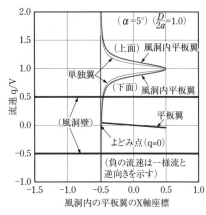

図 2.5（e） 流速分布（ケース 2.5-1）　　図 2.5（f） 流速分布（ケース 2.5-2）

　ケース 2.5-1 の図 2.5（e）は，迎角 5°で風洞壁幅の翼弦長比 2.0 の場合である．翼単独と比較すると，上下面ともに流速の差はほとんどみられない．しかし，揚力は単独翼の約 1.1 倍に大きくなるので，風洞壁が翼弦長の 2 倍であっても影響は無視ではないことがわかる．

　ケース 2.5-2 の図 2.5（f）は，迎角 5°で風洞壁幅の翼弦長比を 1 倍に狭めた場合である．翼単独と比較すると，上面の流速は速くなり，下面の流速は遅くなっている．その結果，揚力は単独翼の約 1.3 倍に大きくでている．ここで，揚力の大きさは翼の上下面の圧力に関係するので，上下面の流速と圧力分布との関係について整理しておく．翼上面の圧力を p_U，流速を q_U，また翼下面の圧力を p_L，流速を q_L，空気密度を ρ とおくと，上下面の圧力差は次のようになる．

【疑問 2.5】風洞内に置かれた平板翼の揚力（2）－揚力の算出　143

$$p_U - p_L = -\frac{1}{2}\rho\left(q_U{}^2 - q_L{}^2\right) = -\rho\frac{q_U + q_L}{2}\cdot(q_U - q_L) \quad (2.5\text{-}70)$$

すなわち，上下面の圧力差である揚力の大きさは，上下面の流速の平均値と流速の差をかけたもので表される．図2.5 (f) の流速分布をみてみるとわかるように，上下面の流速の平均値は概ね後縁における流速に値に近いものとなる．これから，後縁における流速の大小が揚力の大小に比例するパラメータとなっていることがわかる．これに，上下面の流速の差の大小も揚力の大小に比例するパラメータとして加わる．

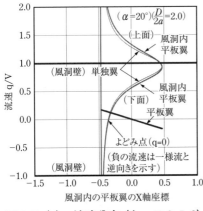
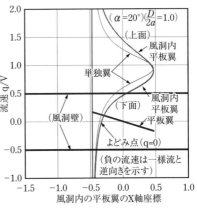

図2.5 (g)　流速分布（ケース 2.5-3）　　図2.5 (h)　流速分布（ケース 2.5-4）

ケース2.5-3の図2.5 (g) は，迎角20°で風洞壁幅の翼弦長比が2倍の場合である．ケース2.5-1の迎角5°との比較で，迎角が大きくなると翼単独の流速よりも上面で速く，下面で遅くなることがはっきりとわかる．ところが，揚力は翼単独の約1.1倍で，迎角5°の場合とあまり変わらない．これは，も

ともと迎角 20° における上下面の流速の差が大きいために，翼単独との差が比率的に大きくならないためである．

　ケース 2.5-4 の図 2.5 (h) は，迎角 20° で風洞壁幅の翼弦長比を 1 倍に狭めた場合である．翼単独と比較すると，上面の流速はかなり速くなり，下面の流速も相当遅くなっている．その結果，揚力は単独翼の 1.4 倍以上大きくでている．しかし，ケース 2.5-2 に示した迎角 5° の場合も揚力増は約 1.3 倍であったので，図 2.5 (d) に示したように，迎角による影響よりも風洞壁の幅の方が大きく影響することがわかる．

2.6 地面効果のある平板翼の流れ

図2.6 (a) に示すように，地面近くに置かれた平板翼に作用する揚力は，翼単独の場合と比較してどのように変化するのだろうか。

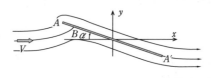

図2.6 (a)　地面効果のある平板翼の流れ

友近[13]は地面効果のある平板翼の流れの問題を，風洞内に置かれた平板翼の流れの解析と同様な方法で解けることを詳しく紹介している。ここでは，この文献を基に地面効果のある平板翼の流れ解析してみよう。

(1) 物理面のz平面をs平面の矩形領域に写像する

図2.6 (b) は，物理面であるz平面における地面効果のある平板翼である。一様流は水平で，平板翼は水平から迎角αだけ傾きを持っている。ここでは，物理面のz平面と写像される面との関係を求めるので，平板翼の循環はないと仮定する。平板翼に対応する点$BAB'A'$およびHBおよび$B'H'$は1つの流線であり，流れ関数は$\psi=0$とする。ここで，HおよびH'は無限遠点である。また，平板翼の中点をz平面の原点とする。この問題は，【疑問2.4】および【疑問2.5】で検討した風洞内の平板翼の流れと同様な方法で解析できる。ただし，細部の条件等は異なるので，同様な方法であるが，細かく検討していこう。

図2.6 (c) は，複素速度ポテンシャルを表すw平面である。平板翼は$\psi=0$，地面は$\psi=-\psi_0$とする。w平面は，平板翼の下面に対応する点BとA'(後縁)との間の点CC'から点GG'に沿って切断を作り，点$H, G, C, B, B', C', G', H'$と一周する領域を$t$平面の上半面にSchwarz-Christoffel

変換により写像する。

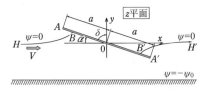

図 2.6（b） 地面効果（循環なし）

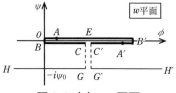

図 2.6（c） w 平面

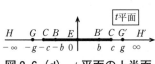

図 2.6（d） t 平面の上半面

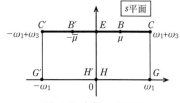

図 2.6（e） s 平面

$$\frac{dw}{dt} = M \frac{t^2 - b^2}{\sqrt{(t^2 - c^2)(t^2 - g^2)}} \tag{2.6-1}$$

ここで，$t = -g, -c, -b$ はそれぞれ点 G, C, B に対応し，$t = b, c, g$ はそれぞれ点 B', C', G' に対応する。また，M は定数である。

次に，付録 A.2 の $\wp$（ペー）関数を用いて，t 平面の上半面を s 平面に次式で写像する。

図 2.6（f） u 平面

$$t^2 = \wp(s) - e_3 \quad \text{((2.4-2) 式と同じ)} \tag{2.6-2}$$

この式を s で微分すると，次式を得る。

$$\frac{ds}{dt} = \frac{1}{\sqrt{(t^2 - c^2)(t^2 - g^2)}} \quad \text{((2.4-3) 式と同じ)} \tag{2.6-3}$$

ここで，t 平面の $t = -g, -c, -b$ はそれぞれ $s = \omega_1, \omega_1 + \omega_3, \mu$ に対応し，$t = b, c, g$ はそれぞれ $s = -\bar{\mu}, -\omega_1 + \omega_3, -\omega_1$ に対応する。なお，風洞内

【疑問 2.6】地面効果のある平板翼の流れ　147

平板翼の場合の点 H, H' は $s=\nu$, $-\nu$ であったが，本問題では $\nu=0$ に相当している。

（2）複素速度ポテンシャル w を s 平面の関数として求める

さて，s 平面における流れの速度 dw/ds は，(2.6-1) 式，(2.6-2) 式および (2.6-3) 式から次式が得られる。

$$\frac{dw}{ds}=\frac{dw}{dt}\cdot\frac{dt}{ds}=M(t^2-b^2)=M\{\wp(s)-\wp(\mu)\} \tag{2.6-4}$$

ここで，付録 A.6 から (2.6-4) 式は容易に積分でき積分定数を省略すると

$$w=-M\{\zeta(s)+\wp(\mu)s\} \tag{2.6-5}$$

この関数 $w(s)$ は $2\omega_1$ の周期をもつので，次の関係式を得る。

$$\{\zeta(s+2\omega_1)+\wp(\mu)(s+2\omega_1)\}-\{\zeta(s)+\wp(\mu)s\}=2\eta_1+2\omega_1\wp(\mu)=0$$

$$\therefore \wp(\mu)=-\frac{\eta_1}{\omega_1} \tag{2.6-6}$$

いま，平板翼上の点 E $(s=\omega_3)$ と点 G $(s=\omega_1)$ との w の差は $i\psi_0$ であるので，$\eta_1\omega_3-\eta_3\omega_1=i\pi/2$ の関係に注意すると次式を得る。

$$w_E-w_G=i\psi_0=-M\left\{\zeta(\omega_3)-\frac{\eta_1\omega_3}{\omega_1}-\zeta(\omega_1)+\frac{\eta_1\omega_1}{\omega_1}\right\}$$

$$=-M\left(\eta_3-\frac{\eta_1\omega_3}{\omega_1}\right)=-M\left(-i\frac{\pi}{2\omega_1}\right)$$

$$\therefore M=\frac{2\psi_0\omega_1}{\pi} \tag{2.6-7}$$

こうして，複素速度ポテンシャル w が次のように得られる。

$$w=-\frac{2\psi_0\omega_1}{\pi}\{\zeta(s)+\wp(\mu)s\} \tag{2.6-8}$$

$$\therefore \frac{dw}{ds}=\frac{2\psi_0\omega_1}{\pi}\{\wp(s)-\wp(\mu)\}\ =-\frac{2\psi_0\omega_1}{\pi}\cdot\frac{\sigma(s+\mu)\sigma(s-\mu)}{\sigma(s)^2\sigma(\mu)^2} \tag{2.6-9}$$

（3）z 平面の流れの速度を u 平面を利用して求める

図 2.6 (e) の s 平面の矩形の内部を，図 2.6 (f) に示す u 平面の 2 重同心円の環状領域の内部に写像する関数は次式である。

$$s = \omega_1 + \omega_3 + i\frac{\omega_1}{\pi}\log u, \quad u = e^{-i\pi\left(\frac{s}{\omega_1} - 1 - \tau\right)} \tag{2.6-10}$$

外側の円は平板翼に対応し，半径は1とする．また，内側の円は地面に対応し，半径はhとする．ここで，内側の半径hは，次のように表される．

$$h = e^{i\tau\pi}, \quad \tau = \frac{\omega_3}{\omega_1} \tag{2.6-11}$$

s平面とu平面の各点の対応は次のようになる．

$$\begin{cases} 点 B : s = \mu = \omega_1 + \omega_3 - \frac{\omega_1}{\pi}\theta_1, \quad 点 H : s = 0 = \omega_1 - \frac{\omega_1}{\pi}\pi, \\ 点 A : s = s_3 = \omega_1 + \omega_3 - \frac{\omega_1}{\pi}\theta_3, \quad 点 A' : s = s_4 = \omega_1 + \omega_3 - \frac{\omega_1}{\pi}\theta_4 \end{cases} \tag{2.6-12}$$

なお，μは複素数である．

さて，z平面の平板翼の流れの速度を，次式のΩを用いて表す．

$$\frac{dw}{dz} = q\,e^{-i\lambda} = e^{-i\Omega}, \quad (\Omega = \lambda + i\log q) \tag{2.6-13}$$

ここで，qは流速，λは流れの方向を表す．z平面における平板翼および地面の流れの方向は分かっているので，図2.6 (f) のu平面の外円（平板翼）上および内円（地面）上において，Ωの実数部が既知である．このとき，Villatの公式によりΩを求めることができ，結果は次のようになる．

$$\frac{dw}{dz} = e^{-i\Omega} = \frac{1}{C_1}e^{-\left\{\frac{2}{\pi}\cdot(\pi-\alpha)\eta_1 + 2\eta_3\right\}s} \cdot \frac{\sigma(s+\mu)\,\sigma(s-\mu)}{\sigma(s-s_3)\,\sigma(s-s_4)} \tag{2.6-14}$$

なお，次の関係式は風洞内の平板翼の場合と同じである．

$$\theta_3 + \theta_4 = 2\alpha, \quad \delta = \frac{\pi}{2} - \alpha \tag{2.6-15}$$

（4）z平面とs平面の対応関係式

図2.6 (b) に示したz平面の地面効果のある平板翼と，図2.6 (e) のs平面の矩形領域の翼上の値sとの関係式を求めよう．次の関数$f(s)$を定義する．

$$f(s) = \frac{dz}{ds} = \frac{dz}{dw} \cdot \frac{dw}{ds} = e^{i\Omega} \cdot \frac{dw}{ds} \tag{2.6-16}$$

ここで，(2.6-9) 式および (2.6-14) 式を (2.6-16) 式に代入すると

$$f(s) = e^{i\Omega} \cdot \frac{dw}{ds} = -C_1 \frac{2\psi_0 \omega_1}{\pi \sigma(\mu)^2} e^{\left\{\frac{2}{\pi}\cdot(\pi-\alpha)\eta_1 + 2\eta_3\right\}s} \cdot \frac{\sigma(s-s_3)\sigma(s-s_4)}{\sigma(s)^2}$$

(2.6-17)

次に，この定数 C_1 を決定する。平面の地面における流れの角度は0であるから，$s=0$ に対応する無限遠点 H および H' における速度は

$$\left(\frac{dw}{dz}\right)_H = V, \quad \left(\frac{dw}{dz}\right)_{H'} = V \qquad (2.6\text{-}18)$$

$$\therefore \left(\frac{dw}{dz}\right)_H = V = -\frac{1}{C_1} \cdot \frac{\sigma(\mu)^2}{\sigma(s_3)\sigma(s_4)}, \quad \therefore C_1 = -\frac{1}{V} \cdot \frac{\sigma(\mu)^2}{\sigma(s_3)\sigma(s_4)}$$

(2.6-19)

この係数を (2.6-17) 式に代入すると，関数 $f(s)$ が決定される。

$$f(s) = \frac{2\psi_0 \omega_1}{\pi V} \cdot \frac{1}{\sigma(s_3)\sigma(s_4)} e^{\left\{\frac{2}{\pi}\cdot(\pi-\alpha)\eta_1 + 2\eta_3\right\}s} \cdot \frac{\sigma(s-s_3)\sigma(s-s_4)}{\sigma(s)^2}$$

(2.6-20)

この関数 $f(s)$ は，次の周期性をもつ。

$$f(s+2\omega_1) = f(s), \quad f(s+2\omega_3) = e^{i2(\pi-\alpha)} f(s) \qquad (2.6\text{-}21)$$

従って，関数 $f(s)$ は，$s=0$ において2位の極を有する第2種の楕円関数である。そこで，(2.4-31) 式と同じ関数 $A(s)$ を用いて $f(s)$ を分解する。

$$A(s) = -\frac{\sigma\left(s - \frac{2\omega_1}{\pi}(\pi-\alpha)\right)}{\sigma(s)\,\sigma\left(\frac{2\omega_1}{\pi}(\pi-\alpha)\right)} \cdot e^{\frac{2\eta_1}{\pi}(\pi-\alpha)s} \qquad ((2.4\text{-}31)\text{ 式と同じ})$$

(2.6-22)

この関数 $A(s)$ は，$s=0$ において1位の極を有する関数であるので，$s=0$ において2位の極を有する $f(s)$ を分解するには，$A(s)$ を微分した $A'(s)$ も用いて次のように表す。

$$f(s) = a_1 A(s) + a_2 A'(s) \qquad (2.6\text{-}23)$$

この式の右辺の係数 a_1 および a_2 は

$$\begin{cases} a_1 = \dfrac{2\psi_0\,\omega_1}{\pi V}\cdot\left\{\dfrac{2}{\pi}(\pi-\alpha)\,\eta_1+2\eta_3-\zeta(s_3)-\zeta(s_4)\right\} \\[2mm] =\dfrac{\psi_0}{\pi V}\cdot\left\{\dfrac{\vartheta_3'\!\left(\dfrac{\theta_3}{2\pi}\right)}{\vartheta_3\!\left(\dfrac{\theta_3}{2\pi}\right)}+\dfrac{\vartheta_4'\!\left(\dfrac{\theta_4}{2\pi}\right)}{\vartheta_4\!\left(\dfrac{\theta_4}{2\pi}\right)}\right\} \\[2mm] a_2 = -\dfrac{2\psi_0\,\omega_1}{\pi V} \end{cases} \qquad (2.6\text{-}24)$$

(この式の導出は付録 B.21 参照)

さて，実際に z 平面の翼と s 平面の翼との対応関係を求めるには，$dz/ds=f(s)$ を級数展開して積分する．そこで，$f(s)$ の構成要素である (2.6-22) 式の関数 $A(s)$ を級数に展開すると

$$\begin{aligned}
A(s) &= \frac{2\pi}{\omega_1}\cdot e^{i\left(\frac{\pi}{2}+\delta\right)} \\
&\quad\times\left\{-\frac{1}{4\sin\!\left(\dfrac{\pi}{2}+\delta\right)}+\sum_{n=1}^{\infty}\frac{(-1)^n h^n}{1-2h^{2n}\cos 2\!\left(\dfrac{\pi}{2}+\delta\right)+h^{4n}}\right.\\
&\qquad\left.\times\left[\begin{array}{l}\sin\pi\!\left\{2n\!\left(\dfrac{s}{2\omega_1}-\dfrac{1+\tau}{2}\right)-\dfrac{1}{\pi}\!\left(\dfrac{\pi}{2}+\delta\right)\right\}\\[1mm] -h^{2n}\sin\pi\!\left\{2n\!\left(\dfrac{s}{2\omega_1}-\dfrac{1+\tau}{2}\right)+\dfrac{1}{\pi}\!\left(\dfrac{\pi}{2}+\delta\right)\right\}\end{array}\right]\right\} \\
&= \frac{\pi}{\omega_1}\cdot e^{i\left(\frac{\pi}{2}+\delta\right)} \\
&\quad\times\left[-\frac{1}{2\cos\delta}+\sum_{n=1}^{\infty}\frac{(-1)^{n+1}h^n}{1-2h^{2n}\cos 2\!\left(\dfrac{\pi}{2}+\delta\right)+h^{4n}}\right.\\
&\qquad\left.\times\{u^n(e^{i\delta}+h^{2n}e^{-i\delta})+u^{-n}(e^{-i\delta}+h^{2n}e^{i\delta})\}\right]
\end{aligned}$$
$$(2.6\text{-}25)$$

ここで，$du/ds=\pi u/(i\omega_1)$ に注意して (2.6-25) 式を微分すると

【疑問2.6】地面効果のある平板翼の流れ　151

$$A'(s) = -i\frac{\pi^2}{\omega_1^2} \cdot e^{i\left(\frac{\pi}{2}+\delta\right)}$$
$$\times \left[\sum_{n=1}^{\infty} \frac{(-1)^{n+1} n\, h^n}{1 - 2h^{2n}\cos 2\left(\frac{\pi}{2}+\delta\right) + h^{4n}} \right. $$
$$\left. \times \{ u^n (e^{i\delta} + h^{2n}e^{-i\delta}) - u^{-n}(e^{-i\delta} + h^{2n}e^{i\delta}) \} \right]$$
(2.6-26)

これらの (2.6-25) 式および (2.6-26) 式の級数展開式を (2.6-23) 式に代入すると，$dz/ds = f(s)$ が u のべき乗展開式として得られる。この関数 $f(s)$ を積分すると，z 平面の形状が得られる。

$$z = \int dz = \int \frac{dz}{ds}\cdot\frac{ds}{du} du = i\frac{\omega_1}{\pi}\int \frac{f(s)}{u} du = i\frac{\omega_1}{\pi}\int \left(a_1 \frac{A(s)}{u} + a_2 \frac{A'(s)}{u}\right) du$$
(2.6-27)

ここで，平板翼上の点を考えると，u は2重同心円の外円（半径1）に相当する。従って，外円を一周して積分すると平板翼の元の点に戻る必要がある。すなわち，(2.6-27) 式の積分が0になる必要がある。この条件は，関数 $A(s)$ および $A'(s)$ が定数項をもたないことが必要である。(2.6-25) 式の $A(s)$ は定数項をもつが，(2.6-26) 式の $A'(s)$ には定数項はない。従って，(2.6-27) 式の積分が0になるためには，次の条件が必要となる。

$$a_1 = \frac{\psi_0}{\pi V}\cdot \left\{ \frac{\vartheta_3'\left(\frac{\theta_3}{2\pi}\right)}{\vartheta_3\left(\frac{\theta_3}{2\pi}\right)} + \frac{\vartheta_4'\left(\frac{\theta_4}{2\pi}\right)}{\vartheta_4\left(\frac{\theta_4}{2\pi}\right)} \right\} = 0$$
(2.6-28)

この式と，(2.6-15) 式の $\theta_3 + \theta_4 = 2\alpha$ の関係式とから，θ_3 および θ_4 が決定される。このとき，z の値は次式で求められる。

$$z = \int f(s)\, ds = a_2 \int A'(s)\, ds = -\frac{2\psi_0 \omega_1}{\pi V} A(s) + C_0$$
(2.6-29)

ここで，C_0 は積分定数である。

(2.6-22) 式の関数 $A(s)$ は，(2.5-1) 式と同じ式で表される。このとき，$s = \omega_1 + \omega_3 - (\omega_1/\pi)\theta$，$\pi/2 + \delta = \pi - \alpha$ および $\theta_3 + \theta_4 = 2\alpha$ に注意すると

152 第2章 2次元翼の諸問題

$$\{A(s)\}_{平板翼} = \frac{1}{2\omega_1} \cdot \frac{\vartheta_1'(0)}{\vartheta_1\left(\frac{\alpha}{\pi}\right)} \cdot \frac{\vartheta_3\left(\frac{\theta-2\alpha}{2\pi}\right)}{\vartheta_3\left(\frac{\theta}{2\pi}\right)} \cdot e^{-i\alpha} \tag{2.6-30}$$

さらに,地面においては,$s = \omega_1 - (\omega_1/\pi)\theta$ に注意すると

$$\{A(s)\}_{地面} = \frac{1}{2\omega_1} \cdot \frac{\vartheta_1'(0)}{\vartheta_1\left(\frac{\alpha}{\pi}\right)} \cdot \frac{\vartheta_2\left(\frac{\theta-2\alpha}{2\pi}\right)}{\vartheta_2\left(\frac{\theta}{2\pi}\right)} \tag{2.6-31}$$

平板翼の翼弦長を $2a$ とすると,(2.6-29) 式から

$$z_A - z_{A'} = 2ae^{i(\pi-\alpha)} = -2ae^{-i\alpha} = -\frac{2\psi_0 \omega_1}{\pi V}\{A(s_3) - A(s_4)\} \tag{2.6-32}$$

従って,(2.6-30) 式を用いると,翼弦長が次のように得られる。

$$2a = \frac{\psi_0}{\pi V} \cdot \frac{\vartheta_1'(0)}{\vartheta_1\left(\frac{\alpha}{\pi}\right)} \left\{ \frac{\vartheta_3\left(\frac{\theta_4}{2\pi}\right)}{\vartheta_3\left(\frac{\theta_3}{2\pi}\right)} - \frac{\vartheta_3\left(\frac{\theta_3}{2\pi}\right)}{\vartheta_3\left(\frac{\theta_4}{2\pi}\right)} \right\}$$

$$\therefore \frac{\psi_0}{2a} = \pi V \frac{\vartheta_1\left(\frac{\alpha}{\pi}\right)}{\vartheta_1'(0)} \cdot \frac{\vartheta_3\left(\frac{\theta_3}{2\pi}\right)\vartheta_3\left(\frac{\theta_4}{2\pi}\right)}{\vartheta_3\left(\frac{\theta_4}{2\pi}\right)^2 - \vartheta_3\left(\frac{\theta_3}{2\pi}\right)^2} \tag{2.6-33}$$

平板翼の中点を z_m とすると,(2.6-32) 式と同様に次のように得られる。

$$z_m = \frac{z_A + z_{A'}}{2} = -\frac{\psi_0}{2\pi V} e^{-i\alpha} \cdot \frac{\vartheta_1'(0)}{\vartheta_1\left(\frac{\alpha}{\pi}\right)} \left\{ \frac{\vartheta_3\left(\frac{\theta_4}{2\pi}\right)}{\vartheta_3\left(\frac{\theta_3}{2\pi}\right)} + \frac{\vartheta_3\left(\frac{\theta_3}{2\pi}\right)}{\vartheta_3\left(\frac{\theta_4}{2\pi}\right)} \right\} + C_0 \tag{2.6-34}$$

ここで,平板翼の中点を原点とすると,$z_m = 0$ として

$$C_0 = \frac{\psi_0}{2\pi V} e^{-i\alpha} \cdot \frac{\vartheta_1'(0)}{\vartheta_1\left(\frac{\alpha}{\pi}\right)} \cdot \left\{ \frac{\vartheta_3\left(\frac{\theta_4}{2\pi}\right)}{\vartheta_3\left(\frac{\theta_3}{2\pi}\right)} + \frac{\vartheta_3\left(\frac{\theta_3}{2\pi}\right)}{\vartheta_3\left(\frac{\theta_4}{2\pi}\right)} \right\} \tag{2.6-35}$$

この値を (2.6-29) 式に代入すると，平板翼および地面の z 座標が次のように得られる。

$$\{z\}_{平板翼} = \frac{\psi_0}{2a} \cdot \frac{2a}{\pi V} \cdot \frac{\vartheta_1'(0)}{\vartheta_1\left(\frac{\alpha}{\pi}\right)}$$
$$\times \left[\frac{1}{2} \left\{ \frac{\vartheta_3\left(\frac{\theta_4}{2\pi}\right)}{\vartheta_3\left(\frac{\theta_3}{2\pi}\right)} + \frac{\vartheta_3\left(\frac{\theta_3}{2\pi}\right)}{\vartheta_3\left(\frac{\theta_4}{2\pi}\right)} \right\} - \frac{\vartheta_3\left(\frac{\theta-2\alpha}{2\pi}\right)}{\vartheta_3\left(\frac{\theta}{2\pi}\right)} \right] e^{-i\alpha} \quad (2.6\text{-}36)$$

$$\{z\}_{地面} = \frac{\psi_0}{2a} \cdot \frac{2a}{\pi V} \cdot \frac{\vartheta_1'(0)}{\vartheta_1\left(\frac{\alpha}{\pi}\right)}$$
$$\times \left[\frac{1}{2} \left\{ \frac{\vartheta_3\left(\frac{\theta_4}{2\pi}\right)}{\vartheta_3\left(\frac{\theta_3}{2\pi}\right)} + \frac{\vartheta_3\left(\frac{\theta_3}{2\pi}\right)}{\vartheta_3\left(\frac{\theta_4}{2\pi}\right)} \right\} e^{-i\alpha} - \frac{\vartheta_2\left(\frac{\theta-2\alpha}{2\pi}\right)}{\vartheta_2\left(\frac{\theta}{2\pi}\right)} \right] \quad (2.6\text{-}37)$$

なお，$\psi_0/(2a)$ は (2.6-33) 式である。

平板翼の中点の地面からの高さを D とすると，(2.6-37) 式において虚数部の値の符号を反対にして次のように得られる。

$$D = \frac{\psi_0}{2a} \cdot \frac{2a}{\pi V} \cdot \frac{\vartheta_1'(0)}{\vartheta_1\left(\frac{\alpha}{\pi}\right)} \cdot \frac{1}{2} \left\{ \frac{\vartheta_3\left(\frac{\theta_4}{2\pi}\right)}{\vartheta_3\left(\frac{\theta_3}{2\pi}\right)} + \frac{\vartheta_3\left(\frac{\theta_3}{2\pi}\right)}{\vartheta_3\left(\frac{\theta_4}{2\pi}\right)} \right\} \sin\alpha \quad (2.6\text{-}38)$$

この式と (2.6-33) 式から，$2a/D$ が次式のように得られる。

$$\frac{2a}{D} = \frac{2}{\sin\alpha} \cdot \frac{\left\{\vartheta_3\left(\frac{\theta_4}{2\pi}\right)\right\}^2 - \left\{\vartheta_3\left(\frac{\theta_3}{2\pi}\right)\right\}^2}{\left\{\vartheta_3\left(\frac{\theta_4}{2\pi}\right)\right\}^2 + \left\{\vartheta_3\left(\frac{\theta_3}{2\pi}\right)\right\}^2} \quad (2.6\text{-}39)$$

(5) 揚力の計算式

次に，翼のまわりの循環 Γ の流れを加えることにより，地面効果のある平板翼に働く揚力を計算しよう。平板翼の流れは，下面のよどみ点 B から前縁

A の方向に流れるので，図 2.6
(f) の環状領域の外円を反時計ま
わりの流れであり，(2.6-8) 式に
循環を加えると

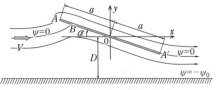

図 2.6 (g)　平板翼の揚力

$$w = -\frac{2\psi_0\omega_1}{\pi}\{\zeta(s) + \wp(\mu)s\} - i\frac{\Gamma}{2\pi}\log u \tag{2.6-40}$$

これから，(2.6-9) 式をおよび (2.6-10) 式に注意すると

$$\frac{dw}{ds} = \frac{2\psi_0\omega_1}{\pi}\{\wp(s) - \wp(\mu)\} - \frac{\Gamma}{2\omega_1}$$

$$= -\frac{2\psi_0\omega_1}{\pi}\cdot\frac{\sigma(s+\mu)\,\sigma(s-\mu)}{\sigma(s)^2\,\sigma(\mu)^2} - \frac{\Gamma}{2\omega_1} \tag{2.6-41}$$

さて，z 平面における複素速度 dw/dz は，次のように表される。

$$\frac{dw}{dz} = \frac{dw}{ds}\cdot\frac{ds}{dz} = \frac{dw}{ds}\cdot\frac{1}{f(s)} \tag{2.6-42}$$

ここで，関数 $f(s)$ は (2.6-20) 式から，平板翼の前縁 A ($s=s_3$, $u=e^{i\theta_3}$) および後縁 A' ($s=s_4$, $u=e^{i\theta_4}$) において 1 位の零点をもつので，対応する平板翼の速度は無限大となる。そこで，後縁 A' においては流れが滑らかに流れ去るとしたクッタ・ジュコフスキーの条件を用いると

$$\left(\frac{dw}{ds}\right)_{s=s_4} = \frac{2\psi_0\omega_1}{\pi}\{\wp(s_4) - \wp(\mu)\} - \frac{\Gamma}{2\omega_1} = 0,$$

$$\therefore \Gamma = \frac{4\psi_0\omega_1^2}{\pi}\{\wp(s_4) - \wp(\mu)\} \tag{2.6-43}$$

この値を (2.6-41) 式に代入すると，s 平面における複素速度は

$$\frac{dw}{ds} = \frac{2\psi_0\omega_1}{\pi}\{\wp(s) - \wp(s_4)\} = -\frac{2\psi_0\omega_1}{\pi}\cdot\frac{\sigma(s+s_4)\,\sigma(s-s_4)}{\sigma(s)^2\,\sigma(s_4)^2} \tag{2.6-44}$$

平板翼に働く力は，ブラジウスの第 1 公式から

$$F_x - iF_y = i\frac{\rho}{2}\oint_c\left(\frac{dw}{dz}\right)^2 dz = -\frac{\rho\omega_1}{2\pi}\oint_c\left(\frac{dw}{ds}\right)^2\frac{1}{f(s)}\cdot\frac{1}{u}du \tag{2.6-45}$$

ここで，関数 $G(s)$ を

$$G(s) = \left(\frac{dw}{ds}\right)^2 \frac{1}{f(s)}$$

$$= \frac{2\psi_0\omega_1 V}{\pi} \cdot \frac{\sigma(s_3)}{\sigma(s_4)^3} e^{-\left\{\frac{2}{\pi}\cdot(\pi-\alpha)\eta_1 + 2\eta_3\right\}s} \cdot \frac{\sigma(s+s_4)^2 \sigma(s-s_4)}{\sigma(s)^2 \sigma(s-s_3)}$$

(2.6-46)

とおくと，この関数は $s=0$ において2位の極，$s=s_3$ において1位の極，$s=s_4$ において1位の零点を有することがわかる．また，(2.6-21) 式および (2.6-44) 式から $G(s)$ は次の周期性を有する．

$$G(s+2\omega_1) = K\cdot\left\{\frac{\sigma(s+2\omega_1+s_4)\,\sigma(s+2\omega_1-s_4)}{\sigma(s+2\omega_1)^2}\right\}^2 \cdot \frac{1}{f(s+2\omega_1)} = G(s)$$

(2.6-47)

$$G(s+2\omega_3) = K\cdot\left\{\frac{\sigma(s+2\omega_3+s_4)\,\sigma(s+2\omega_3-s_4)}{\sigma(s+2\omega_3)^2}\right\}^2 \cdot \frac{1}{f(s+2\omega_3)}$$

$$= e^{-i2(\pi-\alpha)} G(s)$$

(2.6-48)

これから，関数 $G(s)$ は第2種楕円関数である．この関数 $G(s)$ を分解するため，同様な周期性をもつ次式の関数 $B(s)$ を用いる．

$$B(s) = \frac{\sigma\left(s + \frac{2\omega_1}{\pi}(\pi-\alpha)\right)}{\sigma(s)\,\sigma\left(\frac{2\omega_1}{\pi}(\pi-\alpha)\right)} \cdot e^{-\frac{2\eta_1}{\pi}(\pi-\alpha)s} \quad ((2.5\text{-}32)\text{ 式と同じ})$$

(2.6-49)

この関数は，$s=0$ において1位の極を有する第2種楕円関数である．この関数 $B(s)$ を用いて，関数は次のように表される．

$$G(s) = b_1 \cdot B(s) + b_2 \cdot B'(s) + b_3 \cdot B(s-s_3) \quad (2.6\text{-}50)$$

この式の係数 b_1，b_2 および b_3 は，次のようになる．

$$\begin{cases} b_1 = -V^2 a_1 = 0, \quad b_2 = -\dfrac{2\psi_0 \omega_1 V}{\pi} \\ b_3 = \dfrac{\psi_0 V}{\pi} \cdot e^{i\alpha} \cdot \dfrac{\vartheta'_1(0)\, \vartheta_1\!\left(\dfrac{\alpha}{\pi}\right)^2 \vartheta_1\!\left(\dfrac{\theta_3-\theta_4}{2\pi}\right)}{\vartheta_3\!\left(\dfrac{\theta_3}{2\pi}\right) \vartheta_3\!\left(\dfrac{\theta_4}{2\pi}\right)^3} \end{cases} \quad (2.6\text{-}51)$$

（この式の導出は付録 B.22 参照）

さて，平板翼に働く力は，(2.6-45) 式に示したように関数 $G(u)$ の u に関する級数展開の定数項のみが関係する。そこで，(2.6-50) 式の関数 $G(s)$ を構成する関数の内，係数 b_1 は 0 であるので関数 $B(s)$ は除き，関数 $B'(s)$ および $B(s-s_3)$ について u 平面における級数に展開して，その定数項を求める。その結果，これらの関数で定数項があるのは，$B(s)$ および $B(s-s_3)$ であるが，$B(s)$ の方は係数 b_1 が 0 であるので，平板翼に働く力に関係するのは $B(s-s_3)$ のみとなる。従って，関数 $G(s)$ の定数項は次のようになる。

$$\{G(u)\}_{\text{定数項}} = -\dfrac{\psi_0 V}{2\omega_1 \sin\alpha} \cdot \dfrac{\vartheta'_1(0)\, \vartheta_1\!\left(\dfrac{\alpha}{\pi}\right)^2 \vartheta_1\!\left(\dfrac{\theta_3-\theta_4}{2\pi}\right)}{\vartheta_3\!\left(\dfrac{\theta_3}{2\pi}\right) \vartheta_3\!\left(\dfrac{\theta_4}{2\pi}\right)^3} \quad (2.6\text{-}52)$$

（この式の導出は付録 B.23 参照）

この結果を (2.6-53) 式に代入すると，平板翼に働く力が次のように得られる。

$$\begin{aligned} F_x - iF_y &= -\dfrac{\rho\omega_1}{2\pi} \oint_c G(u) \cdot \dfrac{1}{u} du = i\rho\omega_1 \cdot \{G(u)\}_{\text{定数項}} \\ &= -i\dfrac{\psi_0 \rho V}{2\sin\alpha} \cdot \dfrac{\vartheta'_1(0)\, \vartheta_1\!\left(\dfrac{\alpha}{\pi}\right)^2 \vartheta_1\!\left(\dfrac{\theta_3-\theta_4}{2\pi}\right)}{\vartheta_3\!\left(\dfrac{\theta_3}{2\pi}\right) \vartheta_3\!\left(\dfrac{\theta_4}{2\pi}\right)^3} \end{aligned} \quad (2.6\text{-}53)$$

この値は純虚数であるので平板翼に働く力は抗力は 0 で，次式の揚力 L のみ働くことがわかる。

【疑問 2.6】地面効果のある平板翼の流れ　157

$$\frac{L}{2a} = \frac{\psi_0 \rho V}{4a \sin \alpha} \cdot \frac{\vartheta'_1(0) \, \vartheta_1 \left(\frac{\alpha}{\pi}\right)^2 \vartheta_1 \left(\frac{\theta_3 - \theta_4}{2\pi}\right)}{\vartheta_3 \left(\frac{\theta_3}{2\pi}\right) \vartheta_3 \left(\frac{\theta_4}{2\pi}\right)^3} \quad (2.6\text{-}54)$$

ここで，(2.6-33) の $\psi_0/(2a)$ を代入すると，次のように変形できる．

$$\frac{L}{2a} = \frac{1}{2} \rho V^2 \cdot \frac{\pi}{\sin \alpha} \cdot \frac{\vartheta_1 \left(\frac{\alpha}{\pi}\right)^3 \vartheta_1 \left(\frac{\theta_3 - \theta_4}{2\pi}\right)}{\vartheta_3 \left(\frac{\theta_4}{2\pi}\right)^2 \left\{ \vartheta_3 \left(\frac{\theta_4}{2\pi}\right)^2 - \vartheta_3 \left(\frac{\theta_3}{2\pi}\right)^2 \right\}} \quad (2.6\text{-}55)$$

一方，平板翼単独での揚力 L_0 は次式である．

$$\frac{L_0}{2a} = \frac{1}{2} \rho V^2 \times 2\pi \sin \alpha \quad (2.6\text{-}56)$$

この式を用いると，地面効果のある平板翼の揚力と翼単独の揚力との比は，次式で表される．

$$\frac{L}{L_0} = \frac{1}{2 \sin^2 \alpha} \cdot \frac{\vartheta_1 \left(\frac{\alpha}{\pi}\right)^3 \vartheta_1 \left(\frac{\theta_3 - \theta_4}{2\pi}\right)}{\vartheta_3 \left(\frac{\theta_4}{2\pi}\right)^2 \left\{ \vartheta_3 \left(\frac{\theta_4}{2\pi}\right)^2 - \vartheta_3 \left(\frac{\theta_3}{2\pi}\right)^2 \right\}} \quad (2.6\text{-}57)$$

（6）地面効果のある平板翼の流速

地面効果のある平板翼の複素速度は，(2.6-44) 式の dw/ds および (2.6-20) 式の $f(s)$ を代入すると

$$\frac{dw}{dz} = q e^{-i\lambda} = \frac{dw}{ds} \cdot \frac{1}{f(s)} = -V \frac{\sigma(s_3)}{\sigma(s_4)} \cdot \frac{\sigma(s+s_4)}{\sigma(s-s_3)} e^{-\left\{\frac{2}{\pi} \cdot (\pi - \alpha) \eta_1 + 2\eta_3\right\} s}$$

$$(2.6\text{-}58)$$

ここで，付録 A.6 の関係式を用いて，ϑ（テータ）関数に変換すると

$$\frac{q}{V} = \frac{\vartheta_3 \left(\frac{\theta_3}{2\pi}\right) \vartheta_1 \left(\frac{\theta + \theta_4}{2\pi}\right)}{\vartheta_3 \left(\frac{\theta_4}{2\pi}\right) \vartheta_1 \left(\frac{\theta - \theta_3}{2\pi}\right)} \quad (2.6\text{-}59)$$

（この式の導出は付録 B.24 参照）

また，後縁における流速は，$\theta=\theta_4$ とおいて，次のようになる．

$$\left(\frac{q}{V}\right)_{TE} = \frac{\vartheta_3\left(\frac{\theta_3}{2\pi}\right)\vartheta_1\left(\frac{2\theta_4}{2\pi}\right)}{\vartheta_3\left(\frac{\theta_4}{2\pi}\right)\vartheta_1\left(\frac{\theta_4-\theta_3}{2\pi}\right)} \tag{2.6-60}$$

一方，比較のために，平板翼単独の流速についてまとめると

$$\frac{q}{V} = \frac{\sin(\theta-\alpha)+\sin\alpha}{\sin\theta} \text{（平板翼単独）} \tag{2.6-61a}$$

$$\begin{cases} x = 0.5\cos\theta\cos\alpha \\ y = -0.5\cos\theta\sin\alpha \end{cases} \text{（座標）} \tag{2.6-61b}$$

（7）地面効果のある平板翼の計算例

地面効果のある平板翼の計算例を以下に示す．計算の手順としては，まず迎角 α を設定し，次に u 平面の2重同心円の内円の半径 h（外円の半径は1である）を小さな値から増加させながら，(2.6-15) 式と (2.6-28) 式の2つの式から θ_3 と θ_4 の値を決定する．その結果を基に，(2.6-39) 式の翼弦長と平板翼の地面からの高さの比 $2a/D$ および (2.6-57) 式の平板翼単独に対する揚力比 L/L_0 が計算できる．

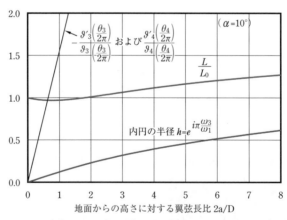

図 2.6（h） 地面高さ弦長比と半径 h，揚力比 L/L_0

【疑問 2.6】地面効果のある平板翼の流れ 159

図 2.6 (h) は，$2a/D$ に対する内円半径 h および揚力比 L/L_0 の関係を示したものである。横軸は右にいく程，地面からの高さが低くなり，左端の 0 は地面からの高さが無限大に対応する。迎角 α を決めると，地面からの高さは，内円の半径 h に対応することがわかる。

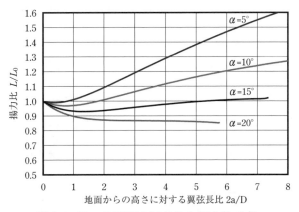

図 2.6 (i)　地面高さ弦長比と揚力比 L/L_0

図 2.6 (i) は，地面からの高さを低く（横軸右側に）していった場合に，平板翼単独に対する揚力比 L/L_0 について，迎角の影響を示したものである。迎角 α が小さいときは地面効果で揚力が大きくなるが，迎角が大きくなると逆の傾向を示す。地面効果は複雑な現象を示すことがわかる。

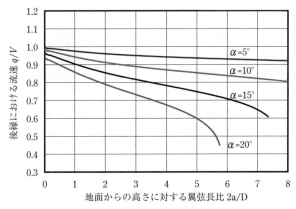

図 2.6 (j)　地面高さ弦長比と後縁の流速 q/V

図 2.6 (j) は,地面効果の流れの複雑な現象を解明する一環として,翼の後縁における流速を調べたものである.平板翼単独での後縁の流速は,$q/V=\cos\alpha$ で表されるが,これに対して地面効果によって,高さが低く(横軸右に)なる程,また迎角が大きくなる程,後縁の流速が小さくなることがわかる.さらに現象を解明するため,地面効果のある平板翼上の流速を詳しくみてみる.

【ケース2.6-1】
地面高さ $D/(2a)=0.5$
迎角 $=5°$
揚力比 $L/L_0=1.093$
外円の半径 $=1$
内円の半径 $h=0.228$
前縁角度 $\theta_3=$ 119.513
後縁角度 $\theta_4=-109.513$

【ケース2.6-2】
地面高さ $D/(2a)=0.2$
迎角 $=5°$
揚力比 $L/L_0=1.384$
外円の半径 $=1$
内円の半径 $h=0.444$
前縁角度 $\theta_3=$ 138.796
後縁角度 $\theta_4=-128.796$

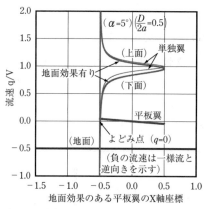

図 2.6 (k)　流速分布(ケース2.6-1)

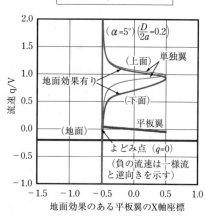

図 2.6 (ℓ)　流速分布(ケース2.6-2)

ケース2.6-1の図2.6 (k) は,地面高さの翼弦長比0.5,迎角5°である.翼単独と比較すると,上面の流速はさほど差はないが,下面の流速は地面効果翼では少し低くなっていることがわかる.また,後縁の流速も地面効果翼は若干低くなっている.このケース2.6-1の地面効果翼の揚力は単独翼の約1.1倍となっているのは,地面の存在により翼下面の流速が低くなったためである.(流速と揚力の関係は (2.5-70) 式参照)

【疑問2.6】地面効果のある平板翼の流れ

ケース2.6-2の図2.6（ℓ）は，地面高さの翼弦長比がかなり低く0.2で迎角は上記ケースと同じ5°である．翼単独と比較すると，上面の流速はさほど差はないものの，下面の流速は地面効果翼はかなり低くなっていることがわかる．なお，地面効果翼の後縁の流速は若干低くなっている程度で大きな差はない．このケース2.6-2の地面効果翼の揚力が単独翼の約1.4倍と大きくなっているのは，下面の流速が遅くなっていることと，後縁の流速がさほど低くなっていないことによる．

【ケース2.6-3】
地面高さ $D/(2a)=1.0$
迎角 $=20°$
揚力比 $L/L_0=0.897$
外円の半径 $=1$
内円の半径 $h=0.123$
前縁角度 $\theta_3=$ 122.932
後縁角度 $\theta_4=-82.932$

【ケース2.6-4】
地面高さ $D/(2a)=0.174$
迎角 $=20°$
揚力比 $L/L_0=0.852$
外円の半径 $=1$
内円の半径 $h=0.700$
前縁角度 $\theta_3=$ 166.519
後縁角度 $\theta_4=-126.519$

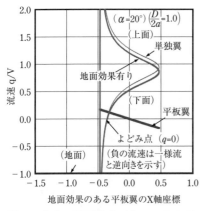

図2.6（m） 流速分布（ケース2.6-3）

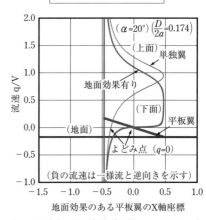

図2.6（n） 流速分布（ケース2.6-4）

ケース2.6-3の図2.6（m）は，地面高さの翼弦長比が1.0で迎角は20°と大きい場合である．地面がまだ比較的高く，翼下面の流速はそれほど低くなっていないので，上下面の差は翼単独と大差ない．しかし，地面効果のある翼後縁の流速は翼単独よりも小さくなっているので，翼単独と比較した揚力は0.9倍に小さくなっている．

ケース 2.6-4 の図 2.6（n）は，地面高さの翼弦長比が 0.174 と低く，迎角は 20°と大きい場合である。後縁が地面に非常に接近した状態であるため，下面の流速はほぼ 0 に近い状態になっている。そのため，後縁の流速は 0.5 程度まで低くなっている。下面の流速が 0 に近いため，上下面の流速差はかなり大きくなっているが，上下面の平均値が大きく下がっているため，翼単独と比較した揚力は 0.85 倍と小さくなっている。

以上のように，地面効果のある平板翼の流れは複雑であるが，その現象の解明には，ここで示したポテンシャル流の厳密解による解析が威力を発揮することがわかる。

付録A
楕円関数

2重周期を有する関数は楕円関数といわれる。楕円関数およびそれに関連する関数の基本的な性質を以下にまとめておく。

A.1 楕円関数の分類

・第1種楕円関数（完全な2重周期性をもつ）（$\wp$（ペー）関数など）

$$f(u+2\omega_1)=f(u), \quad f(u+2\omega_3)=f(u) \tag{A.1-1}$$

・第2種楕円関数（乗数 μ_1, μ_3 は u に無関係）（下記例など）

$$f(u+2\omega_1)=\mu_1 f(u), \quad f(u+2\omega_3)=\mu_3 f(u) \tag{A.1-2}$$

＜第2種楕円関数の例＞

$$F(u)=e^{cu}\frac{\sigma(u+u_0)}{\sigma(u)} \tag{A.1-3}$$

このとき，次のような周期性をもつ

$$F(u+2\omega_1)=e^{2c\omega_1+2u_0\eta_1}\cdot F(u), \quad F(u+2\omega_3)=e^{2c\omega_3+2u_0\eta_3}\cdot F(u) \tag{A.1-4}$$

ただし，$\eta_j=\zeta(\omega_j)$ （η_1 は実数，η_3 は純虚数） (A.1-5)

なお，ζ は A.3 に示すツェータ関数である。

$$\eta_1=\frac{\pi^2}{\omega_1}\cdot\left(\frac{1}{12}-2\sum_{n=1}^{\infty}\frac{n h^{2n}}{1-h^{2n}}\right), \quad \left(h=e^{i\tau\pi}, \quad \tau=\frac{\omega_3}{\omega_1}\right) \tag{A.1-6}$$

$$\eta_1\omega_3-\eta_3\omega_1=i\frac{\pi}{2}, \quad \eta_1+\eta_2+\eta_3=0, \quad \omega_1+\omega_2+\omega_3=0 \tag{A.1-7}$$

これから，$\eta_3=\eta_1\dfrac{\omega_3}{\omega_1}-i\dfrac{\pi}{2\omega_1}$ (A.1-8)

・第3種楕円関数（乗数に u を含むもの）（σ（シグマ）関数など）

$$f(u+2\omega_1)=e^{a_1 u+b_1}f(u), \quad f(u+2\omega_3)=e^{a_2 u+b_2}f(u) \tag{A.1-7}$$

（なお，第2種および第3種は通常の楕円関数ではない）

A.2 ワイエルシュトラウスの $\wp$（ペー）関数

（完全な2重周期性をもつ通常の楕円関数）

$$\wp(u+2k\omega_1+2k'\omega_3)=\wp(u) \text{（完全な2重周期関数）} \tag{A.2-1}$$

$$\wp(u)=\frac{1}{u^2}+\frac{g_2}{20}u^2+\frac{g_3}{28}u^4+\frac{g_2^2}{1200}u^6+\cdots \tag{A.2-2}$$

$$g_2=\left(\frac{\pi}{\omega_1}\right)^4\cdot\left(\frac{1}{12}+20\sum_{n=1}^{\infty}\frac{n^3h^{2n}}{1-h^{2n}}\right),\quad g_3=\left(\frac{\pi}{\omega_1}\right)^6\cdot\left(\frac{1}{216}-\frac{7}{3}\sum_{n=1}^{\infty}\frac{n^5h^{2n}}{1-h^{2n}}\right)$$
(A.2-3)

$$\wp(u)=-\frac{\eta_1}{\omega_1}+\frac{\pi^2}{4\omega_1^2}\cdot\frac{1}{\sin^2\frac{\pi u}{2\omega_1}}-\frac{2\pi^2}{\omega_1^2}\sum_{n=1}^{\infty}\frac{n\,h^{2n}}{1-h^{2n}}\cos\frac{n\pi u}{\omega_1}$$
(A.2-4)

$$\wp'(u)=-\frac{\pi^3}{4\omega_1^3}\cdot\frac{\cos\frac{\pi u}{2\omega_1}}{\sin^3\frac{\pi u}{2\omega_1}}+\frac{2\pi^3}{\omega_1^3}\sum_{n=1}^{\infty}\frac{n^2\,h^{2n}}{1-h^{2n}}\sin\frac{n\pi u}{\omega_1}$$
(A.2-5)

$$\wp(-u)=\wp(u)\text{（偶関数）},\quad \wp'(-u)=-\wp'(u)\text{（奇関数）}$$
(A.2-6)

・楕円積分との関係を以下に示す。いま，次の関係がある。

$$\wp'(u)^2=4\wp(u)^3-g_2\wp(u)-g_3$$
$$=4\{\wp(u)-e_1\}\cdot\{\wp(u)-e_2\}\cdot\{\wp(u)-e_3\}$$
(A.2-7)

ただし，$e_j=\wp(\omega_j)$　$(e_1,\ e_2,\ e_3$ は実数$)$　(A.2-8)

$e_1+e_2+e_3=0,\quad e_1>e_2>e_3,\quad (e_1>0,\ e_3<0)$　(A.2-9)

ここで，$x=\wp(u)$ とおけば，

$$u=\int_x^{\infty}\frac{du}{dx}dx=\int_x^{\infty}\frac{1}{2\sqrt{(x-e_1)(x-e_2)(x-e_3)}}dx$$
(A.2-10)

さらに，$x=\wp(u)=e_3+\dfrac{e_1-e_3}{t^2}$ とおけば次の第1種楕円積分

$$u=\frac{1}{\sqrt{e_1-e_3}}\int_0^t\frac{dt}{\sqrt{(1-t^2)(1-k^2t^2)}}=\frac{1}{\sqrt{e_1-e_3}}\operatorname{sn}^{-1}(t,k)$$
(A.2-11)

$$\Rightarrow t=\operatorname{sn}(\sqrt{e_1-e_3}\cdot u)$$
(A.2-12)

ここで，母数：$k=\sqrt{\dfrac{e_2-e_3}{e_1-e_3}}$ ，$(0<k<1)$ (A.2-13a)

補母数：$k'=\sqrt{1-k^2}=\sqrt{\dfrac{e_1-e_2}{e_1-e_3}}$ (A.2-13b)

$K=\displaystyle\int_0^1 \dfrac{dt}{\sqrt{(1-t^2)(1-k^2t^2)}}=\mathrm{sn}^{-1}(1,k)$, $\dfrac{K}{\sqrt{e_1-e_3}}=\omega_1$ (A.2-14a)

$K'=\displaystyle\int_0^1 \dfrac{dt}{\sqrt{(1-t^2)(1-k'^2t^2)}}=\mathrm{sn}^{-1}(1,k')$, $\dfrac{iK'}{\sqrt{e_1-e_3}}=\omega_3$

(A.2-14b)

・加法定理

$$\dfrac{\wp'(u)}{\wp(u)-\wp(v)}=\zeta(u-v)+\zeta(u+v)-2\zeta(u) \quad \text{(A.2-15a)}$$

$$\dfrac{-\wp'(v)}{\wp(u)-\wp(v)}=-\zeta(u-v)+\zeta(u+v)-2\zeta(v) \quad \text{(A.2-15b)}$$

$$\dfrac{\wp'(u)-\wp'(v)}{\wp(u)-\wp(v)}=2\zeta(u+v)-2\zeta(u)-2\zeta(v) \quad \text{(A.2-15c)}$$

A.3 ワイエルシュトラウスの ζ（ツェータ）関数（ゼータともいう）
（通常の楕円関数ではない）（リーマンの ζ 関数とは別のもの）

$\zeta(u+2k\omega_1+2k'\omega_3)=\zeta(u)+2k\eta_1+2k'\eta_3$ (k,k' は整数) (A.3-1)

$\zeta(u)=\dfrac{1}{u}-\dfrac{g_2}{60}u^3-\dfrac{g_3}{140}u^5-\dfrac{g_2^2}{8400}u^7-\cdots$ (A.3-2)

$\zeta(u)=\dfrac{\eta_1 u}{\omega_1}+\dfrac{\pi}{2\omega_1}\cdot\cot\dfrac{\pi u}{2\omega_1}+\dfrac{2\pi}{\omega_1}\displaystyle\sum_{n=1}^{\infty}\dfrac{h^{2n}}{1-h^{2n}}\sin\dfrac{n\pi u}{\omega_1}$ (A.3-3)

$\zeta(-u)=-\zeta(u)$ （奇関数） (A.3-4)

$\zeta_\alpha(u\pm 2\omega_\alpha)=\zeta_\alpha(u)\pm\eta_\alpha$, $(\alpha=1,2,3)$ (A.3-5)

$\zeta_\alpha(u\pm 2\omega_\beta)=\zeta_\alpha(u)\pm\eta_\beta$, $(\alpha,\beta=1,2,3;\ \alpha\neq\beta)$ (A.3-6)

$\zeta_\alpha(u\pm\omega_\alpha)=\zeta(u)\pm\eta_\alpha$, $(\alpha=1,2,3)$ (A.3-7)

A.4　ワイエルシュトラウスの σ（シグマ）関数

（通常の楕円関数ではないが，第3種楕円関数といわれる）

$$\sigma(u+2k\omega_1+2k'\omega_3)=(-1)^{k+k'+kk'}\cdot e^{2(k\eta_1+k'\eta_3)\cdot(u+k\omega_1+k'\omega_3)}\cdot\sigma(u) \tag{A.4-1}$$

$$\sigma(u+2\omega_j)=-e^{2\eta_j(u+\omega_j)}\cdot\sigma(u),\quad (j=1,\ 2,\ 3) \tag{A.4-2}$$

$$\sigma(u+\omega_j)=-e^{2\eta_j u}\cdot\sigma(u-\omega_j),\quad (j=1,\ 2,\ 3) \tag{A.4-3}$$

$$\sigma(u)=u-\frac{g_2}{240}u^5-\frac{g_3}{840}u^7-\frac{g_2^2}{161280}u^9-\cdots \tag{A.4-4}$$

$$\sigma(-u)=-\sigma(u)\ (奇関数) \tag{A.4-5}$$

A.5　ϑ（テータ）関数

（通常の楕円関数ではない）（下記展開式は収束が速い）

$$v=\frac{u}{2\omega_1},\quad \tau=\frac{\omega_3}{\omega_1},\quad h=e^{i\tau\pi} \tag{A.5-1}$$

$$\begin{aligned}\vartheta_1(v)&=2h^{1/4}\sum_{n=1}^{\infty}(-1)^{n-1}h^{n(n-1)}\sin(2n-1)\pi v\\ &=2h^{1/4}(\sin\pi v-h^2\sin 3\pi v+h^6\sin 5\pi v-\cdots)\end{aligned} \tag{A.5-2}$$

$$\begin{aligned}\vartheta_2(v)&=2h^{1/4}\sum_{n=1}^{\infty}h^{n(n-1)}\cos(2n-1)\pi v\\ &=2h^{1/4}(\cos\pi v+h^2\cos 3\pi v+h^6\cos 5\pi v+\cdots)\end{aligned} \tag{A.5-3}$$

$$\begin{aligned}\vartheta_3(v)&=1+2\sum_{n=1}^{\infty}h^{n^2}\cdot\cos 2n\pi v\\ &=1+2h\cos 2\pi v+2h^4\cos 4\pi v+2h^9\cos 6\pi v+\cdots\end{aligned} \tag{A.5-4}$$

$$\begin{aligned}\vartheta_4(v)&=1+2\sum_{n=1}^{\infty}(-1)^n h^{n^2}\cos 2n\pi v\\ &=1-2h\cos 2\pi v+2h^4\cos 4\pi v-2h^9\cos 6\pi v+\cdots\end{aligned} \tag{A.5-5}$$

$$\begin{aligned}\vartheta_1'(v)&=2\pi h^{1/4}\sum_{n=1}^{\infty}(-1)^{n-1}(2n-1)h^{n(n-1)}\cos(2n-1)\pi v\\ &=2\pi h^{1/4}(\cos\pi v-3h^2\cos 3\pi v+5h^6\cos 5\pi v-\cdots)\end{aligned} \tag{A.5-6}$$

$$\vartheta_2'(v) = -2\pi\, h^{1/4} \sum_{n=1}^{\infty} (2n-1)\, h^{n(n-1)} \sin(2n-1)\pi v \qquad \text{(A.5-7)}$$
$$= -2\pi\, h^{1/4}(\sin \pi v + 3h^2 \sin 3\pi v + 5h^6 \sin 5\pi v + \cdots)$$

$$\vartheta_3'(v) = -2\pi \sum_{n=1}^{\infty} 2n h^{n^2} \cdot \sin 2n\pi v \qquad \text{(A.5-8)}$$
$$= -2\pi(2h \sin 2\pi v + 4h^4 \sin 4\pi v + 6h^9 \sin 6\pi v + \cdots)$$

$$\vartheta_4'(v) = 2\pi \sum_{n=1}^{\infty} (-1)^{n-1} 2n h^{n^2} \sin 2n\pi v \qquad \text{(A.5-9)}$$
$$= 2\pi(2h \sin 2\pi v - 4h^4 \sin 4\pi v + 6h^9 \sin 6\pi v - \cdots)$$

$$\vartheta_1'(0) = 2\pi\, h^{1/4}(1 - 3h^2 + 5h^6 - \cdots) \qquad \text{(A.5-10)}$$

$-\Re\left(\dfrac{\tau}{i}\right) < 2\Re\left(\dfrac{v}{i}\right) < \Re\left(\dfrac{\tau}{i}\right)$ のとき,

$$\begin{cases}
\dfrac{\vartheta_1'(0)\vartheta_3(v+w)}{4\pi\, \vartheta_3(v)\vartheta_1(w)} \\
= \dfrac{1}{4\sin \pi w} + \sum_{n=1}^{\infty} (-1)^n h^n \cdot \dfrac{\sin \pi(2nv+w) - h^{2n}\sin \pi(2nv-w)}{1 - 2h^{2n}\cos 2\pi w + h^{4n}}
\end{cases}$$
$$\text{(A.5-11)}$$

$$\dfrac{\vartheta_1'(0)\vartheta_4(v)}{4\pi\, \vartheta_2(0)\vartheta_3(v)} = \dfrac{1}{4} + \sum_{n=1}^{\infty} (-1)^n \dfrac{h^n}{1+h^{2n}}\cos 2n\pi v \qquad \text{(A.5-12)}$$

$-\Re\left(\dfrac{\tau}{i}\right) < \Re\left(\dfrac{v}{i}\right) < \Re\left(\dfrac{\tau}{i}\right)$ のとき,

$$\dfrac{\vartheta_1'(0)\vartheta_1(v+w)}{4\pi\, \vartheta_1(v)\vartheta_1(w)}$$
$$= \dfrac{1}{4}\cot \pi v + \dfrac{1}{4}\cot \pi w + \sum_{n=1}^{\infty} h^{2n} \cdot \dfrac{\sin 2\pi(nv+w) - h^{2n}\sin 2n\pi v}{1 - 2h^{2n}\cos 2\pi w + h^{4n}}$$
$$\text{(A.5-13)}$$

$$\vartheta_1(0) = \vartheta_2'(0) = \vartheta_3'(0) = \vartheta_4'(0) = 0 \qquad \text{(A.5-14)}$$

$$\vartheta_1(-v) = -\vartheta_1(v),\quad \vartheta_2(-v) = \vartheta_2(v),\quad \vartheta_3(-v) = \vartheta_3(v),\quad \vartheta_4(-v) = \vartheta_4(v)$$
$$\text{(A.5-15)}$$

$$\vartheta_1'(-v) = \vartheta_1'(v),\quad \vartheta_2'(-v) = -\vartheta_2'(v),\quad \vartheta_3'(-v) = -\vartheta_3'(v),$$
$$\vartheta_4'(-v) = -\vartheta_4'(v) \qquad \text{(A.5-16)}$$

$$\vartheta_1\left(v\pm\frac{1}{2}\right)=\pm\vartheta_2(v), \quad \vartheta_2\left(v\pm\frac{1}{2}\right)=\mp\vartheta_1(v) \tag{A.5-17}$$

$$\vartheta_3\left(v\pm\frac{1}{2}\right)=\vartheta_4(v), \quad \vartheta_4\left(v\pm\frac{1}{2}\right)=\vartheta_3(v) \tag{A.5-18}$$

$$\vartheta_1(v\pm 1)=-\vartheta_1(v), \quad \vartheta_2(v\pm 1)=-\vartheta_2(v) \tag{A.5-19}$$

$$\vartheta_3(v\pm 1)=\vartheta_3(v), \quad \vartheta_4(v\pm 1)=\vartheta_4(v) \tag{A.5-20}$$

$$\vartheta_1\left(v\pm\frac{\tau}{2}\right)=\pm i\,h^{-1/4}e^{\mp i\pi v}\vartheta_4(v), \quad \vartheta_2\left(v\pm\frac{\tau}{2}\right)=h^{-1/4}e^{\mp i\pi v}\vartheta_3(v) \tag{A.5-21}$$

$$\vartheta_3\left(v\pm\frac{\tau}{2}\right)=h^{-1/4}e^{\mp i\pi v}\vartheta_2(v), \quad \vartheta_4\left(v\pm\frac{\tau}{2}\right)=\pm i\,h^{-1/4}e^{\mp i\pi v}\vartheta_1(v) \tag{A.5-22}$$

$$\vartheta_1(v\pm\tau)=-h^{-1}e^{\mp i2\pi v}\vartheta_1(v), \quad \vartheta_2(v\pm\tau)=h^{-1}e^{\mp i2\pi v}\vartheta_2(v) \tag{A.5-23}$$

$$\vartheta_3(v\pm\tau)=h^{-1}e^{\mp i2\pi v}\vartheta_3(v), \quad \vartheta_4(v\pm\tau)=-h^{-1}e^{\mp i2\pi v}\vartheta_4(v) \tag{A.5-24}$$

対数をとって微分すると次式が得られる。

$$\vartheta_1\left(v+\frac{\tau}{2}\right)=i\,h^{-1/4}e^{-i\pi v}\vartheta_4(v) \Rightarrow \frac{\vartheta_1'\left(v\pm\frac{\tau}{2}\right)}{\vartheta_1\left(v\pm\frac{\tau}{2}\right)}=\mp\,i\,\pi+\frac{\vartheta_4'(v)}{\vartheta_4(v)} \tag{A.5-25}$$

A.6　その他の関係式

$$\wp(u)-\wp(v)=-\frac{\sigma(u+v)\,\sigma(u-v)}{\sigma(u)^2\,\sigma(v)^2} \tag{A.6-1}$$

$$\wp'(u)=-\frac{\sigma(2u)}{\sigma(u)^4} \tag{A.6-2}$$

$$\zeta'(u)=-\wp(u) \tag{A.6-3}$$

$$\sigma(u)=2\omega_1\cdot e^{\frac{\eta_1 u^2}{2\omega_1}}\cdot\frac{\vartheta_1\left(\dfrac{u}{2\omega_1}\right)}{\vartheta_1'(0)} \tag{A.6-4}$$

$$\{\log\sigma(u)\}' = \frac{\sigma'(u)}{\sigma(u)} = \zeta(u) = \frac{\eta_1 u}{\omega_1} + \frac{1}{2\omega_1}\cdot\frac{\vartheta_1'\left(\dfrac{u}{2\omega_1}\right)}{\vartheta_1\left(\dfrac{u}{2\omega_1}\right)} \qquad (\mathrm{A}.6\text{-}5)$$

$$\{\log\sigma_\alpha(u)\}' = \frac{\sigma_\alpha'(u)}{\sigma_\alpha(u)} = \zeta_\alpha(u) = \frac{\eta_1 u}{\omega_1} + \frac{1}{2\omega_1}\cdot\frac{\vartheta_{\alpha+1}'\left(\dfrac{u}{2\omega_1}\right)}{\vartheta_{\alpha+1}\left(\dfrac{u}{2\omega_1}\right)},\quad (\alpha=1,2,3)$$
$$(\mathrm{A}.6\text{-}6)$$

付録B
式の導出過程

第2章の【疑問2.2】〜【疑問2.6】における解析には楕円関数が用いられる。楕円関数を用いた解析式でやや複雑であると思われる部分の導出過程を以下にまとめておく。

B.1 (2.2-45) 式の導出

【疑問2.2】の隙間フラップ付き平板翼の流れにおいて，翼Ⅰ（フラップ）の z 平面と s 平面の矩形領域との関係式の導出過程を以下に示す。

(2.2-44) 式を次に示す。

$$A(s)e^{i\delta} = \frac{1}{2\sin\delta} + 2\sum_{n=1}^{\infty}(-1)^n h^n \cdot \frac{\sin(ns-n\pi\tau-n\pi+\delta)-h^{2n}\sin(ns-n\pi\tau-n\pi-\delta)}{1-2h^{2n}\cos 2\delta + h^{4n}} \tag{B.1-1}$$

この式を用いて，次式を級数展開で表す。

$$(z)_{\mathrm{I}} e^{i\delta} = 2\{A(s)e^{i\delta}e^{-i\tau} + A(s+i2b)e^{i\delta}e^{i\tau}\} \tag{B.1-2}$$

いま，次の関係がある。

$$s = -\theta + ia, \quad \tau = \frac{\omega_3}{\omega_1} = \frac{i(a+b)}{\pi} \tag{B.1-3}$$

このとき，まず (B.1-1) 式の次の部分を考える。

$$\begin{aligned}
&\sin(ns-n\pi\tau-n\pi+\delta)-h^{2n}\sin(ns-n\pi\tau-n\pi-\delta) \\
&= \frac{(-1)^n}{i2}\{e^{nb}\cdot e^{-i(n\theta-\delta)} - e^{-nb}\cdot e^{i(n\theta-\delta)}\} \\
&\quad - \frac{(-1)^n h^{2n}}{i2}\{e^{nb}\cdot e^{-i(n\theta+\delta)} - e^{-nb}\cdot e^{i(n\theta+\delta)}\}
\end{aligned} \tag{B.1-4}$$

次に，$A(s+i2b)e^{i\delta}$ の同様な部分を考える。いま，(B.1-4) 式において $s \to s+i2b$ とすると，$-\theta+ia \to -\theta+i(a+2b)$ であるから，$A(s+i2b)e^{i\delta}$ の同様な部分は次のようになる。

$$\begin{aligned}
&\sin\{n(s+i2b)-n\pi\tau-n\pi+\delta\}-h^{2n}\sin\{n(s+i2b)-n\pi\tau-n\pi-\delta\} \\
&= \frac{(-1)^n}{i2}\{e^{-nb}\cdot e^{-i(n\theta-\delta)} - e^{nb}\cdot e^{i(n\theta-\delta)}\} \\
&\quad - \frac{(-1)^n h^{2n}}{i2}\{e^{-nb}\cdot e^{-i(n\theta+\delta)} - e^{nb}\cdot e^{i(n\theta+\delta)}\}
\end{aligned} \tag{B.1-5}$$

(B.1-4) 式に $e^{-i\tau}$ をかけたものを，(B.1-5) 式に $e^{i\tau}$ をかけたものに加えると，次のようになる。

$$\{\sin(ns-n\pi\tau-n\pi+\delta)-h^{2n}\sin(ns-n\pi\tau-n\pi-\delta)\}e^{-i\gamma}$$
$$+[\sin\{n(s+i2b)-n\pi\tau-n\pi+\delta\}-h^{2n}\sin\{n(s+i2b)-n\pi\tau-n\pi-\delta)\}]e^{i\gamma}$$
$$=\frac{(-1)^n}{i2}\{e^{nb}\cdot e^{-i(n\theta-\delta+\gamma)}-e^{-nb}\cdot e^{i(n\theta-\delta-\gamma)}\}$$
$$-\frac{(-1)^n h^{2n}}{i2}\{e^{nb}\cdot e^{-i(n\theta+\delta+\gamma)}-e^{-nb}\cdot e^{i(n\theta+\delta-\gamma)}\}$$
$$+\frac{(-1)^n}{i2}\{e^{-nb}\cdot e^{-i(n\theta-\delta-\gamma)}-e^{nb}\cdot e^{i(n\theta-\delta+\gamma)}\}$$
$$-\frac{(-1)^n h^{2n}}{i2}\{e^{-nb}\cdot e^{-i(n\theta+\delta-\gamma)}-e^{nb}\cdot e^{i(n\theta+\delta+\gamma)}\}$$
$$=-(-1)^n\{e^{nb}\cdot\sin(n\theta-\delta+\gamma)+e^{-nb}\cdot\sin(n\theta-\delta-\gamma)\}$$
$$+(-1)^n h^{2n}\{e^{nb}\cdot\sin(n\theta+\delta+\gamma)+e^{-nb}\cdot\sin(n\theta+\delta-\gamma)\} \quad \text{(B.1-6)}$$

次に，(B.1-1) 式の右辺第 1 項については，s に無関係であるので次のようになる．

$$A(s)e^{i\delta}e^{-i\gamma}+A(s+i2b)e^{i\delta}e^{i\gamma} \text{ の第 1 項}$$
$$=\frac{e^{-i\gamma}}{2\sin\delta}+\frac{e^{i\gamma}}{2\sin\delta}=\frac{\cos\gamma}{\sin\delta} \quad \text{(B.1-7)}$$

従って，(B.1-6) 式および (B.1-7) 式を (B.1-2) 式に代入すると

$$(z)_I e^{i\delta}=2\{A(s)e^{i\delta}e^{-i\gamma}+A(s+i2b)e^{i\delta}e^{i\gamma}\}$$
$$=2\frac{\cos\gamma}{\sin\delta}-4\sum_{n=1}^{\infty}\frac{h^n}{1-2h^{2n}\cos 2\delta+h^{4n}}$$
$$\times\begin{Bmatrix}e^{nb}\cdot\sin(n\theta-\delta+\gamma)+e^{-nb}\cdot\sin(n\theta-\delta-\gamma)\\ -h^{2n}e^{nb}\cdot\sin(n\theta+\delta+\gamma)-h^{2n}e^{-nb}\cdot\sin(n\theta+\delta-\gamma)\end{Bmatrix}$$

この式が (2.2-45) 式である． (B.1-8)

B.2 (2.2-47) 式の導出

【疑問 2.2】の隙間フラップ付き平板翼の流れにおいて，翼 II（主翼）の z 平面と s 平面の矩形領域との関係式の導出過程を以下に示す．

(2.2-46) 式を次に示す．

付録B　式の導出過程

$$A(s) = \frac{1}{2}\cot\frac{s}{2} + \frac{1}{2}\cot\delta + 2\sum_{n=1}^{\infty} h^{2n} \cdot \frac{\sin(ns+2\delta) - h^{2n}\sin ns}{1 - 2h^{2n}\cos 2\delta + h^{4n}}$$
(B.2-1)

この式を用いて，次式を級数展開で表す。

$$(z)_{II} = 2\{A(s)e^{-i\gamma} + A(s+i2b)e^{i\gamma}\}$$
(B.2-2)

いま，　$s = -\theta - ib$
(B.2-3)

このとき，まず (B.2-1) 式の次の部分を考える。

$$\sin(ns+2\delta) - h^{2n}\sin(ns)$$
$$= \frac{1}{i2}\{e^{nb}\cdot e^{-i(n\theta-2\delta)} - e^{-nb}\cdot e^{i(n\theta-2\delta)}\} - \frac{h^{2n}}{i2}\{e^{nb}\cdot e^{-in\theta} - e^{-nb}\cdot e^{in\theta}\}$$
(B.2-4)

次に，$A(s+i2b)$ の同様な部分を考える。いま，$s \to s+i2b$ とすると，$-\theta-ib \to -\theta+ib$ であるから，$A(s+i2b)$ の同様な部分は次のようになる。

$$\sin\{n(s+i2b)+2\delta\} - h^{2n}\sin\{n(s+i2b)\}$$
$$= \frac{1}{i2}\{e^{-nb}\cdot e^{-i(n\theta-2\delta)} - e^{nb}\cdot e^{i(n\theta-2\delta)}\} - \frac{h^{2n}}{i2}\{e^{-nb}\cdot e^{-in\theta} - e^{nb}\cdot e^{in\theta}\}$$
(B.2-5)

(B.2-4) 式に $e^{-i\gamma}$ をかけたものを，(B.2-5) 式に $e^{i\gamma}$ をかけたものに加えると，次のようになる。

$$\{\sin(ns+2\delta) - q^{2n}\sin(ns)\}e^{-i\gamma}$$
$$+ [\sin\{n(s+i2b)+2\delta\} - h^{2n}\sin\{n(s+i2b)\}]e^{i\gamma}$$
$$= \frac{1}{i2}\{e^{nb}\cdot e^{-i(n\theta-2\delta)} - e^{-nb}\cdot e^{i(n\theta-2\delta)}\}e^{-i\gamma}$$
$$- \frac{h^{2n}}{i2}\{e^{nb}\cdot e^{-in\theta} - e^{-nb}\cdot e^{in\theta}\}e^{-i\gamma}$$
$$+ \frac{1}{i2}\{e^{-nb}\cdot e^{-i(n\theta-2\delta)} - e^{nb}\cdot e^{i(n\theta-2\delta)}\}e^{i\gamma}$$
$$- \frac{h^{2n}}{i2}\{e^{-nb}\cdot e^{-in\theta} - e^{nb}\cdot e^{in\theta}\}e^{i\gamma}$$
$$= -e^{nb}\cdot\sin(n\theta-2\delta+\gamma) - e^{-nb}\cdot\sin(n\theta-2\delta-\gamma)$$
$$+ h^{2n}\{e^{nb}\cdot\sin(n\theta+\gamma) + e^{-nb}\cdot\sin(n\theta-\gamma)\}$$
(B.2-6)

次に，(B.2-1) 式の右辺第 1 項および第 2 項については次のようになる。

$A(s)e^{-i\gamma}+A(s+i2b)e^{i\gamma}$ の第 1 項および第 2 項

$$
=\left(\frac{1}{2}\cot\frac{-\theta-ib}{2}+\frac{1}{2}\cot\delta\right)\cdot e^{-i\gamma}+\left(\frac{1}{2}\cot\frac{-\theta+ib}{2}+\frac{1}{2}\cot\delta\right)\cdot e^{i\gamma}
$$

$$
=\left(\frac{i}{2}\cdot\frac{1+e^{i\theta-b}}{1-e^{i\theta-b}}e^{-i\gamma}+\frac{1}{2}\cot\delta\cdot e^{-i\gamma}\right)+\left(\frac{i}{2}\cdot\frac{1+e^{i\theta+b}}{1-e^{i\theta+b}}e^{i\gamma}+\frac{1}{2}\cot\delta\cdot e^{i\gamma}\right)
$$

$$
=\frac{\sinh b\cdot\sin\gamma-\sin\theta\cos\gamma}{\cosh b-\cos\theta}+\cos\gamma\cdot\cot\delta \qquad (B.2\text{-}7)
$$

従って，(B.2-6) 式および (B.2-7) 式を (B.2-2) 式に代入すると次式が得られる。

$$
\begin{aligned}
(z)_{\mathrm{II}} &= 2\{A(s)e^{-i\gamma}+A(s+i2b)e^{i\gamma}\} \\
&= 2\cos\gamma\cdot\cot\delta+2\frac{\sinh b\cdot\sin\gamma-\sin\theta\cos\gamma}{\cosh b-\cos\theta} \\
&\quad -4\sum_{n=1}^{\infty}\frac{h^{2n}}{1-2h^{2n}\cos2\delta+h^{4n}} \\
&\quad \times\left\{\begin{matrix}e^{nb}\cdot\sin(n\theta-2\delta+\gamma)+e^{-nb}\cdot\sin(n\theta-2\delta-\gamma)\\ -h^{2n}e^{nb}\cdot\sin(n\theta+\gamma)-h^{2n}e^{-nb}\cdot\sin(n\theta-\gamma)\end{matrix}\right\}
\end{aligned} \qquad (B.2\text{-}8)
$$

この式が (2.2-47) 式である。

B.3 (2.2-52) 式の導出

【疑問 2.2】の隙間フラップ付き平板翼の流れにおいて，翼における流れの速度 dw/ds の関係式 $R_1(\theta,a)$ の導出過程を以下に示す。

翼 I（フラップ）は $s=-\theta+ia$ と表されるから，流れの速度 dw/ds の右辺第 2 項の要素が (2.2-51) 式となるが，再録すると次式である。

$$
i\{\zeta(s)-\zeta(s+i2b)\}-\frac{2b\eta_1}{\pi}+\frac{1}{2}=i\{\zeta(-\theta+ia)-\zeta(-\theta-ia)\}+\frac{2a\eta_1}{\pi}-\frac{1}{2}
$$
(B.3-1)

この式を級数展開する。$\omega_1=\pi$ とおくと ζ（ツェータ）関数は付録 A.3 から

$$
\zeta(s)=\frac{\eta_1 s}{\pi}+\frac{1}{2}\cdot\cot\frac{s}{2}+2\sum_{n=1}^{\infty}\frac{h^{2n}}{1-h^{2n}}\sin ns \qquad (B.3\text{-}2)
$$

ここで，$s=-\theta+ia$ とおくと，次のようになる。

$$\zeta(-\theta+ia) = \frac{\eta_1(-\theta+ia)}{\pi} + \frac{i}{2} \cdot \frac{1+e^{a+i\theta}}{1-e^{a+i\theta}}$$
$$+ i \sum_{n=1}^{\infty} \frac{h^{2n}}{1-h^{2n}}(e^{na+in\theta} - e^{-na-in\theta}) \quad \text{(B.3-3)}$$

この式で,$a \to -a$ とおくと,次式が得られる。

$$\zeta(-\theta-ia) = \frac{\eta_1(-\theta-ia)}{\pi} + \frac{i}{2} \cdot \frac{1+e^{-a+i\theta}}{1-e^{-a+i\theta}}$$
$$+ i \sum_{n=1}^{\infty} \frac{h^{2n}}{1-h^{2n}}(e^{-na+in\theta} - e^{na-in\theta}) \quad \text{(B.3-4)}$$

ここで,(B.3-1) 式を $R_1(\theta,a)$ とおくと,(B.3-3) 式および (B.3-4) 式を用いると次式が得られる。

$$\begin{aligned}
R_1(\theta,a) &= i\{\zeta(-\theta+ia) - \zeta(-\theta-ia)\} + \frac{2a\eta_1}{\pi} - \frac{1}{2} \\
&= i\frac{\eta_1(-\theta+ia)}{\pi} - \frac{1}{2} \cdot \frac{1+e^{a+i\theta}}{1-e^{a+i\theta}} \\
&\quad - \sum_{n=1}^{\infty} \frac{h^{2n}}{1-h^{2n}}(e^{na+in\theta} - e^{-na-in\theta}) \\
&\quad - i\frac{\eta_1(-\theta-ia)}{\pi} + \frac{1}{2} \cdot \frac{1+e^{-a+i\theta}}{1-e^{-a+i\theta}} \\
&\quad + \sum_{n=1}^{\infty} \frac{h^{2n}}{1-h^{2n}}(e^{-na+in\theta} - e^{na-in\theta}) + \frac{2a\eta_1}{\pi} - \frac{1}{2} \\
&= -\frac{1}{2} + \frac{\sinh a}{\cosh a - \cos \theta} - 4\sum_{n=1}^{\infty} \frac{h^{2n}}{1-h^{2n}} \sinh na \cdot \cos n\theta
\end{aligned}$$
$$\text{(B.3-5)}$$

この式が (2.2-52) 式である。

B.4 (2.2-55) 式の導出

【疑問2.2】の隙間フラップ付き平板翼の流れにおいて,翼における流れの速度 dw/ds の関係式 $R_2(\theta,a)$ の導出過程を以下に示す。

翼 I (フラップ) は $s = -\theta + ia$ と表されるから,流れの速度 dw/ds の右辺第3項の要素が (2.2-54) 式となるが,再録すると次式である。

$$\wp(s) + \wp(s+i2b) + \frac{2\eta_1}{\pi} = \wp(-\theta+ia) + \wp(-\theta-ia) + \frac{2\eta_1}{\pi} \quad \text{(B.4-1)}$$

この式を級数展開する。$\omega_1 = \pi$ とおくと $\wp$（ペー）関数は付録 A.2 から

$$\wp(s) = -\frac{\eta_1}{\pi} + \frac{1}{4\sin^2\frac{s}{2}} - 2\sum_{n=1}^{\infty} \frac{n\,h^{2n}}{1-h^{2n}}\cos ns \quad \text{(B.4-2)}$$

ここで，$s = -\theta + ia$ とおくと，次のようになる。

$$\wp(-\theta+ia) = -\frac{\eta_1}{\pi} + \frac{1}{4\sin^2\frac{-\theta+ia}{2}} - 2\sum_{n=1}^{\infty} \frac{n\,h^{2n}}{1-h^{2n}}\cos n(-\theta+ia)$$

$$= -\frac{\eta_1}{\pi} - \frac{e^{a+i\theta}}{(1-e^{a+i\theta})^2} - \sum_{n=1}^{\infty} \frac{n\,h^{2n}}{1-h^{2n}}(e^{na+in\theta} + e^{-na-in\theta})$$

$$\quad \text{(B.4-3)}$$

この式で，$a \to -a$ とおくと，次式が得られる。

$$\wp(-\theta-ia) = -\frac{\eta_1}{\pi} - \frac{e^{-a+i\theta}}{(1-e^{-a+i\theta})^2} - \sum_{n=1}^{\infty} \frac{n\,h^{2n}}{1-h^{2n}}(e^{-na+in\theta} + e^{na-in\theta})$$

$$\quad \text{(B.4-4)}$$

ここで，(B.4-1) 式を $R_2(\theta,a)$ とおくと，(B.4-3) 式および (B.4-4) 式から

$$R_2(\theta,a) = \wp(-\theta+ia) + \wp(-\theta-ia) + \frac{2\eta_1}{\pi}$$

$$= -\frac{\eta_1}{\pi} - \frac{e^{a+i\theta}}{(1-e^{a+i\theta})^2} - \sum_{n=1}^{\infty} \frac{n\,h^{2n}}{1-h^{2n}}(e^{na+in\theta} + e^{-na-in\theta})$$

$$\quad -\frac{\eta_1}{\pi} - \frac{e^{-a+i\theta}}{(1-e^{-a+i\theta})^2} - \sum_{n=1}^{\infty} \frac{n\,h^{2n}}{1-h^{2n}}(e^{-na+in\theta} + e^{na-in\theta}) + \frac{2\eta_1}{\pi}$$

$$= -\frac{e^{a-i\theta} - 2 + e^{-a+i\theta} + e^{-a-i\theta} - 2 + e^{a+i\theta}}{(-2\cosh a + 2\cos\theta)^2}$$

$$\quad - \sum_{n=1}^{\infty} \frac{n\,h^{2n}}{1-h^{2n}}(2e^{na}\cos n\theta + 2e^{-na}\cos n\theta)$$

$$= \frac{1-\cosh a \cdot \cos\theta}{(\cosh a - \cos\theta)^2} - 4\sum_{n=1}^{\infty} \frac{n\,h^{2n}}{1-q^{2n}}\cosh na \cdot \cos n\theta$$

$$\quad \text{(B.4-5)}$$

この式が (2.2-55) 式である。

B.5 (2.2-58)式の導出

【疑問2.2】の隙間フラップ付き平板翼の流れにおいて，翼における流れの速度 dw/ds の関係式 $R_3(\theta,a)$ の導出過程を以下に示す。

翼Ⅰ（フラップ）は $s=-\theta+ia$ と表されるから，流れの速度 dw/ds の右辺第4項の要素が（2.2-57）式となるが，再録すると次式である。

$$i\{\wp(s)-\wp(s+i2b)\}=i\{\wp(-\theta+ia)-\wp(-\theta-ia)\} \quad \text{(B.5-1)}$$

この式を級数展開する。(B.5-1) 式を $R_3(\theta,a)$ とおくと，(B.4-3) 式および (B.4-4) 式を用いると次式が得られる。

$$\begin{aligned}
R_3(\theta,a) &= i\{\wp(-\theta+ia)-\wp(-\theta-ia)\} \\
&= -i\cdot\frac{e^{a-i\theta}-2+e^{-a+i\theta}-e^{-a-i\theta}+2-e^{a+i\theta}}{(e^{-i\theta}-e^{-a}-e^{a}+e^{i\theta})^2} \\
&\quad -i\sum_{n=1}^{\infty}\frac{n\,h^{2n}}{1-h^{2n}}(i4\sinh na\cdot\sin n\theta) \\
&= -\frac{\sinh a\cdot\sin\theta}{(\cosh a-\cos\theta)^2}+4\sum_{n=1}^{\infty}\frac{n\,h^{2n}}{1-h^{2n}}\sinh na\cdot\sin n\theta
\end{aligned}$$
$$\text{(B.5-2)}$$

この式が (2.2-58) 式である。

B.6 (2.2-62)式〜(2.2-64e)式の導出

【疑問2.2】の隙間フラップ付き平板翼の流れにおいて，翼における流れの速度 dw/ds にクッタ・ジュコフスキーの条件から揚力を求める導出過程を以下に示す。

翼Ⅰ（フラップ）および翼Ⅱ（主翼）の後縁に相当する θ を θ_1 および θ_2 とすると，クッタ・ジュコフスキーの条件は (2.2-61a) 式および (2.2-61b) 式であり，次の2つの式が得られる。

$$\begin{cases}
-\dfrac{\Gamma'}{4\pi}-\dfrac{\Gamma}{2\pi}\cdot R_1(\theta_1,a)+2\cos\alpha'\cdot R_2(\theta_1,a)-2\sin\alpha'\cdot R_3(\theta_1,a)=0 \\
-\dfrac{\Gamma'}{4\pi}+\dfrac{\Gamma}{2\pi}\cdot R_1(\theta_2,b)+2\cos\alpha'\cdot R_2(\theta_2,b)+2\sin\alpha'\cdot R_3(\theta_2,b)=0
\end{cases}$$
$$\text{(B.6-1)}$$

この2番目の式から1番目の式を引くと，次のようになる．

$$\frac{\Gamma}{2\pi} \cdot \{R_1(\theta_1,a)+R_1(\theta_2,b)\} - 2\cos\alpha' \cdot \{R_2(\theta_1,a)-R_2(\theta_2,b)\}$$
$$+ 2\sin\alpha' \cdot \{R_3(\theta_1,a)+R_3(\theta_2,b)\} = 0 \quad \text{(B.6-2)}$$

ここで，次のようおく．

$$E_1 = \frac{R_3(\theta_1,a)+R_3(\theta_2,b)}{R_1(\theta_1,a)+R_1(\theta_2,b)}, \quad E_2 = \frac{R_2(\theta_1,a)-R_2(\theta_2,b)}{R_1(\theta_1,a)+R_1(\theta_2,b)} \quad \text{(B.6-3)}$$

$$\frac{E_2}{E_1} = \frac{R_2(\theta_1,a)-R_2(\theta_2,b)}{R_3(\theta_1,a)+R_3(\theta_2,b)} = -\tan\phi \quad \text{(B.6-4)}$$

このとき，循環 Γ が次のように得られる．

$$\Gamma = -4\pi\sin\alpha' \cdot E_1 + 4\pi\cos\alpha' \cdot E_2 = -\frac{4\pi E_1}{\cos\phi}\sin(\alpha'+\phi) \quad \text{(B.6-5)}$$

ここで，(2.2-9) 式から $\alpha' = \alpha+\pi+\gamma$ に注意すると，(B.6-5) 式は

$$\Gamma = -\frac{4\pi E_1}{\cos\phi}\sin(\alpha+\pi+\gamma+\phi) \quad \text{(B.6-6)}$$

これが (2.2-62) 式である．

次に，循環 Γ' は，(B.6-1) 式の第1式に，(B.6-5) 式の Γ を代入すると次のようになる．

$$-\frac{\Gamma'}{4\pi} - \frac{\Gamma}{2\pi} \cdot R_1(\theta_1,a) + 2\cos\alpha' \cdot R_2(\theta_1,a) - 2\sin\alpha' \cdot R_3(\theta_1,a) = 0$$
$$\Gamma' = 8\pi\cos\alpha' \cdot R_2(\theta_1,a) - 8\pi\sin\alpha' \cdot R_3(\theta_1,a) - 2\Gamma \cdot R_1(\theta_1,a)$$
$$\therefore \quad = -8\pi\sin\alpha' \cdot \{R_3(\theta_1,a) - E_1 \cdot R_1(\theta_1,a)\}$$
$$+ 8\pi\cos\alpha' \cdot \{R_2(\theta_1,a) - E_2 \cdot R_1(\theta_1,a)\}$$

$$\text{(B.6-7)}$$

ここで，(B.6-7) 式の右辺の次の関数を次のように定義して変形する．

$$E_3 = R_3(\theta_1,a) - E_1 \cdot R_1(\theta_1,a) = \frac{R_3(\theta_1,a)R_1(\theta_2,b) - R_1(\theta_1,a)R_3(\theta_2,b)}{R_1(\theta_1,a) + R_1(\theta_2,b)}$$

$$\text{(B.6-8)}$$

$$E_4 = R_2(\theta_1,a) - E_2 \cdot R_1(\theta_1,a) = \frac{R_2(\theta_1,a)R_1(\theta_2,b) + R_1(\theta_1,a)R_2(\theta_2,b)}{R_1(\theta_1,a) + R_1(\theta_2,b)}$$

(B.6-9)

また,次式で ϕ' を定義する。

$$\frac{E_4}{E_3} = \frac{R_2(\theta_1,a)R_1(\theta_2,b) + R_1(\theta_1,a)R_2(\theta_2,b)}{R_3(\theta_1,a)R_1(\theta_2,b) - R_1(\theta_1,a)R_3(\theta_2,b)} = -\tan\phi' \quad \text{(B.6-10)}$$

(B.6-8) 式～(B.6-10) 式の関数を用いると (B.6-7) 式は次のように書ける。

$$\Gamma' = -8\pi\sin\alpha' \cdot E_3 + 8\pi\cos\alpha' \cdot E_4 = -8\pi \cdot E_3 \cdot \left(\sin\alpha' - \cos\alpha' \cdot \frac{E_4}{E_3}\right)$$

$$= -\frac{8\pi \cdot E_3}{\cos\phi'}\sin(\alpha' + \phi') \quad \text{(B.6-10)}$$

ここで,$\alpha' = \alpha + \pi + \gamma$ に注意すると (B.6-10) 式は次のように変形できる。

$$\Gamma' = -\frac{8\pi \cdot E_3}{\cos\phi'}\sin(\alpha + \pi + \gamma + \phi') \quad \text{(B.6-11)}$$

この式が (2.2-63) 式である。また,(B.6-3) 式,(B.6-4) 式,(B.6-8) 式 ～ (B.6-10) 式が (2.2-64a) 式～ (2.2-64e) 式である。

B.7 (2.2-69) 式の第1項の導出

【疑問2.2】の隙間フラップ付き平板翼の流れにおいて,翼Ⅱ (主翼) における流速を求める際に,$(z)_{\text{II}}$ の右辺第2項を θ による微分が複雑であるので,その導出過程を以下に示す。

(2.2-47) 式の $(z)_{\text{II}}$ の右辺第2項は,次式である。

$$2\frac{\sinh b \cdot \sin\gamma - \sin\theta\cos\gamma}{\cosh b - \cos\theta} \quad \text{(B.7-1)}$$

この式は,分数であるので,次の関係式を用いる。

$$\left(\frac{V}{U}\right)' = \frac{V'}{U} - \frac{VU'}{U^2} = \frac{V'U - VU'}{U^2} \quad \text{(B.7-2)}$$

この関係式を用いて,(B.7-1) 式を θ で微分する。

$$\frac{d}{d\theta}\left[2\frac{\sinh b \cdot \sin\gamma - \sin\theta\cos\gamma}{\cosh b - \cos\theta}\right]$$
$$=\frac{-e^b(\cos\theta\cos\gamma+\sin\theta\sin\gamma)-e^{-b}(\cos\theta\cos\gamma-\sin\theta\sin\gamma)+2\cos\gamma}{(\cosh b-\cos\theta)^2}$$
$$=-\frac{e^{-b}\cos(\theta+\gamma)+e^b\cos(\theta-\gamma)-2\cos\gamma}{(\cosh b-\cos\theta)^2} \tag{B.7-3}$$

この式が (2.2-69) 式の第1項である。

B.8 (2.3-27) 式の導出

【疑問 2.3】の複葉翼の流れにおいて，翼 I（上側）の z 平面と s 平面の矩形領域との関係式の導出過程を以下に示す。

(2.3-26) 式および (2.3-23) 式を次に示す。

$$z=-2\{Z_1(s)e^{i\gamma}+Z_1(s+i2b)e^{-i\gamma}\}-ie^{-i\gamma} \tag{B.8-1}$$

$$Z_1(s)=\zeta(s)-\frac{\eta_1}{\omega_1}s \tag{B.8-2}$$

$\omega_1=\pi$ とおくと ζ（ツェータ）関数は付録 A.3 から

$$\zeta(s)=\frac{\eta_1 s}{\pi}+\frac{1}{2}\cdot\cot\frac{s}{2}+2\sum_{n=1}^{\infty}\frac{h^{2n}}{1-h^{2n}}\sin ns \tag{B.8-3}$$

ここで，翼 I では $s=-\theta+ia$, とおくと

$$Z_1(-\theta+ia)=\zeta(-\theta+ia)-\frac{\eta_1}{\pi}\cdot(-\theta+ia)$$
$$=\frac{\eta_1(-\theta+ia)}{\pi}+\frac{1}{2}\cdot\cot\frac{-\theta+ia}{2}$$
$$\quad+2\sum_{n=1}^{\infty}\frac{h^{2n}}{1-h^{2n}}\sin n(-\theta+ia)-\frac{\eta_1}{\pi}\cdot(-\theta+ia)$$
$$=\frac{i}{2}\cdot\frac{1+e^{a+i\theta}}{1-e^{a+i\theta}}+i\sum_{n=1}^{\infty}\frac{h^{2n}}{1-h^{2n}}(e^{na+in\theta}-e^{-na-in\theta})$$
$$\tag{B.8-4}$$

$$Z_1(s+i2b) = Z_1(-\theta+ia+i2b) = Z_1(-\theta-ia+2\omega_3)$$
$$= \zeta(-\theta-ia+2\omega_3) - \frac{\eta_1}{\pi} \cdot (-\theta-ia+2\omega_3)$$
$$= \frac{\eta_1(-\theta-ia)}{\pi} + \frac{1}{2} \cdot \cot\frac{-\theta-ia}{2}$$
$$+ 2\sum_{n=1}^{\infty} \frac{h^{2n}}{1-h^{2n}} \sin n(-\theta-ia) + 2\eta_3 - \frac{\eta_1}{\pi} \cdot (-\theta-ia+2\omega_3)$$
$$= -i + \frac{i}{2} \cdot \frac{1+e^{-a+i\theta}}{1-e^{-a+i\theta}} + i\sum_{n=1}^{\infty} \frac{h^{2n}}{1-h^{2n}}(e^{-na+in\theta} - e^{na-in\theta})$$
$$\tag{B.8-5}$$

(B.8-4) 式に $e^{i\gamma}$ をかけたものを (B.8-5) 式に $e^{-i\gamma}$ をかけたものに加えると

$$Z_1(s)e^{i\gamma} + Z_1(s+i2b)e^{-i\gamma}$$
$$= -ie^{-i\gamma} + \frac{\sinh a \sin\gamma - \sin\theta\cos\gamma}{\cosh a - \cos\theta}$$
$$- 2\sum_{n=1}^{\infty} \frac{h^{2n}}{1-h^{2n}} \{e^{na}\sin(n\theta+\gamma) + e^{-na}\sin(n\theta-\gamma)\}$$
$$\tag{B.8-6}$$

この式を (B.8-1) 式に代入すると

$$(\dot{z})_{\mathrm{I}} = -2\{Z_1(s)e^{i\gamma} + Z_1(s+i2b)e^{-i\gamma}\} - ie^{-i\gamma}$$
$$= i\cos\gamma + \sin\gamma - 2\frac{\sinh a \sin\gamma - \sin\theta\cos\gamma}{\cosh a - \cos\theta}$$
$$+ 4\sum_{n=1}^{\infty} \frac{h^{2n}}{1-h^{2n}} \{e^{na}\sin(n\theta+\gamma) + e^{-na}\sin(n\theta-\gamma)\} \tag{B.8-7}$$

この式が (2.3-27) 式である。

B.9 (2.3-28) 式の導出

【疑問2.3】の複葉翼の流れにおいて，翼Ⅱ（下側）の z 平面と s 平面の矩形領域との関係式の導出過程を以下に示す。

ここで，翼Ⅱでは $s=-\theta-ib$ とおくと，(B.8-2) 式から

$$Z_1(-\theta-ib) = \zeta(-\theta-ib) - \frac{\eta_1}{\pi} \cdot (-\theta-ib)$$
$$= \frac{i}{2} \cdot \frac{1+e^{-b+i\theta}}{1-e^{-b+i\theta}} + i \sum_{n=1}^{\infty} \frac{h^{2n}}{1-h^{2n}} (e^{-nb+in\theta} - e^{nb-in\theta}) \quad \text{(B.9-1)}$$

$$Z_1(s+i2b) = Z_1(-\theta-ib+i2b)$$
$$= Z_1(-\theta+ib) = \zeta(-\theta+ib) - \frac{\eta_1}{\pi} \cdot (-\theta+ib)$$
$$= \frac{i}{2} \cdot \frac{1+e^{b+i\theta}}{1-e^{b+i\theta}} + i \sum_{n=1}^{\infty} \frac{h^{2n}}{1-h^{2n}} (e^{nb+in\theta} - e^{-nb-in\theta}) \quad \text{(B.9-2)}$$

(B.9-1) 式に $e^{i\gamma}$ をかけたものを (B.9-2) 式に $e^{-i\gamma}$ をかけたものに加えると

$$Z_1(s)e^{i\gamma} + Z_1(s+i2b)e^{-i\gamma}$$
$$= -\frac{\sinh b \sin \gamma + \sin \theta \cos \gamma}{\cosh b - \cos \theta} \quad \text{(B.9-3)}$$
$$-2 \sum_{n=1}^{\infty} \frac{h^{2n}}{1-h^{2n}} \{ e^{-nb} \sin(n\theta+\gamma) + e^{nb} \sin(n\theta-\gamma) \}$$

これは，(B.8-6) 式の右辺第1項を消去し，$a \to -b$ としたものに等しい。

(B.9-3) 式を (B.8-1) 式に代入すると，翼 II の z 平面の位置が次のように得られる。

$$(z)_{\text{II}} = -2\{Z_1(s)e^{i\gamma} + Z_1(s+i2b)e^{-i\gamma}\} - ie^{-i\gamma}$$
$$= -i\cos\gamma - \sin\gamma + 2\frac{\sinh b \sin \gamma + \sin \theta \cos \gamma}{\cosh b - \cos \theta} \quad \text{(B.9-7)}$$
$$+ 4\sum_{n=1}^{\infty} \frac{h^{2n}}{1-h^{2n}} \{ e^{-nb} \sin(n\theta+\gamma) + e^{nb} \sin(n\theta-\gamma) \}$$

この式が (2.3-28) 式である。

B.10 (2.4-6) 式の導出

【疑問 2.4】の風洞内に置かれた平板翼の揚力（1）において，流れの複素速度ポテンシャル dw/ds の式の導出過程を以下に示す。

(2.4-5) 式を次に示す。

$$\frac{dw}{ds} = M \frac{\wp(s) - \wp(\mu)}{\wp(s) - \wp(\nu)} \quad \text{(B.10-1)}$$

この式を変形するため，付録 A.2 の加法定理（次式）を用いる。

$$-\frac{\wp'(v)}{\wp(u)-\wp(v)}=-\zeta(u-v)+\zeta(u+v)-2\zeta(v) \qquad (\text{B.10-2})$$

ここで，$u=\mu$, $v=\nu$ とおいた式から，$u=s$, $v=\nu$ とおいた式を引くと

$$\frac{-\wp'(\nu)}{\wp(\mu)-\wp(\nu)}-\frac{-\wp'(\nu)}{\wp(s)-\wp(\nu)}=\zeta(\mu+\nu)-\zeta(\mu-\nu)-\zeta(s+\nu)+\zeta(s-\nu)$$

$$=-\wp'(\nu)\frac{\wp(s)-\wp(\mu)}{\{\wp(\mu)-\wp(\nu)\}\{\wp(s)-\wp(\nu)\}} \qquad (\text{B.10-3})$$

$$\therefore \frac{\wp(s)-\wp(\mu)}{\wp(s)-\wp(\nu)}=\frac{\wp(\nu)-\wp(\mu)}{\wp'(\nu)}\{\zeta(\mu+\nu)-\zeta(\mu-\nu)-\zeta(s+\nu)+\zeta(s-\nu)\}$$

この式が（2.4-6）式の右辺の定数 M を除いた式である。 $\qquad (\text{B.10-4})$

B.11 （2.4-25）式の導出

【疑問 2.4】の風洞内に置かれた平板翼の揚力（1）において，流れの関数 Ω を求める式の導出過程を以下に示す。

$\lambda_2(\theta)$ は 0 であるから，（2.4-22）式は次のようになる。

$$\Omega(u)=\frac{i\omega_1}{\pi^2}\int_0^{2\pi}\lambda_1(\theta)\cdot\zeta\left(\frac{\omega_1}{i\pi}\log u-\frac{\omega_1}{\pi}\theta\right)d\theta \ +iC \qquad (\text{B.11-1})$$

いま，付録 A.6 の ζ 関数の変数 θ に関する積分公式から

$$\Omega(u)=\frac{i\omega_1}{\pi^2}\int_0^{2\pi}\lambda_1(\theta)\cdot\zeta\left(\frac{\omega_1}{i\pi}\log u-\frac{\omega_1}{\pi}\theta\right)d\theta \ +iC$$

$$=iC+\frac{i\alpha}{\pi}\log\frac{\sigma\left(\frac{\omega_1}{i\pi}\log u-2\omega_1-\frac{\omega_1}{\pi}\theta_4\right)}{\sigma\left(\frac{\omega_1}{i\pi}\log u-\frac{\omega_1}{\pi}\theta_4\right)}$$

$$-i\log\frac{\sigma\left(\frac{\omega_1}{i\pi}\log u-\frac{\omega_1}{\pi}\theta_3\right)\sigma\left(\frac{\omega_1}{i\pi}\log u-2\omega_1-\frac{\omega_1}{\pi}\theta_4\right)}{\sigma\left(\frac{\omega_1}{i\pi}\log u-\frac{\omega_1}{\pi}\theta_1\right)\sigma\left(\frac{\omega_1}{i\pi}\log u-2\omega_1+\frac{\omega_1}{\pi}\theta_1\right)}$$

$\qquad (\text{B.11-2})$

ここで，（2.4-19a）式～（2.4-19c）式の関係式を用いると次のように変形される。

$$\Omega(u) = iC + \frac{i\alpha}{\pi}\log\frac{\sigma(s-s_4+2\omega_1)}{\sigma(s-s_4)} - i\log\frac{\sigma(s-s_3)\sigma(s-s_4+2\omega_1)}{\sigma(s-\mu)\sigma(s+\mu-2\omega_3)}$$

$$= C_0 - \frac{i2}{\pi}(\eta_1 s - \eta_3 \omega_1)\cdot(\pi-\alpha) - i2\eta_3 s - i\log\frac{\sigma(s-s_3)\sigma(s-s_4)}{\sigma(s-\mu)\sigma(s+\mu)}$$

(B.11-3)

ここで，C_0 は定数である．この式が（2.3-25）式である．

B.12 （2.4-30）式の導出

【疑問 2.4】の風洞内に置かれた平板翼の揚力（1）において，関数 $f(s)$ の周期性を表す式の導出過程を以下に示す．

（2.4-28）式から次式をつくると

$$f(s+2\omega_1)$$
$$= -C' e^{\frac{2}{\pi}(\eta_1 s + 2\eta_1\omega_1 - \eta_3\omega_1)\cdot(\pi-\alpha) + 2\eta_3 s + 4\eta_3\omega_1} \cdot \frac{\sigma(s+2\omega_1-s_3)\,\sigma(s+2\omega_1-s_4)}{\sigma(s+2\omega_1+\nu)\,\sigma(s+2\omega_1-\nu)}$$
$$= f(s)\cdot e^{\frac{4\eta_1\omega_1}{\pi}\cdot(\pi-\alpha) + 4\eta_3\omega_1 - 2\eta_1(s_3+s_4)}$$

(B.12-1)

ここで，次の関係式

$$s_3 + s_4 = 2(\omega_1+\omega_3) - \frac{\omega_1}{\pi}(\theta_3+\theta_4) = 2(\omega_1+\omega_3) - \frac{2\omega_1\alpha}{\pi} \quad \text{(B.12-2)}$$

を用いると，（B.12-2）式は次のようになる．

$$f(s+2\omega_1) = f(s)\cdot e^{-i2\pi} = f(s) \quad \text{(B.12-3)}$$

これが，（2.4-30）式の第 1 式である．

次に，第 2 式を導出する．（B.12-1）式から次式を変形する．

$$f(s+2\omega_3)$$
$$= -C' e^{\frac{2}{\pi}(\eta_1 s + 2\eta_1\omega_3 - \eta_3\omega_1)\cdot(\pi-\alpha) + 2\eta_3 s + 4\eta_3\omega_3} \frac{\sigma(s+2\omega_3-s_3)\,\sigma(s+2\omega_3-s_4)}{\sigma(s+2\omega_3+\nu)\,\sigma(s+2\omega_3-\nu)}$$
$$= f(s)\cdot e^{\frac{4\eta_1\omega_3}{\pi}\cdot(\pi-\alpha) - \frac{4\eta_3\omega_1}{\pi}(\pi-\alpha)} = e^{i2(\pi-\alpha)}\cdot f(s)$$

(B.12-4)

この式が（2.4-30）式の第 2 式である．

B.13 (2.4-31) 式の導出

【疑問 2.4】の風洞内に置かれた平板翼の揚力 (1) において，関数 $f(s)$ を計算しやすい要素の関数 $A(s)$ の導出過程を以下に示す．

関数 $f(s)$ は，(2.4-30) 式の周期性をもち，$s=\nu$, $-\nu$ において 1 位の極を有する第 2 種楕円関数であるから，付録 A.1 から，同様な周期性をもち，$s=0$ において 1 位の極を有する次の関数 $F(s)$ を考える．

$$F(s) = e^{cs} \frac{\sigma(s+s_0)}{\sigma(s)} \tag{B.13-1}$$

この関数の周期性は次のようである．

$$F(s+2\omega_1) = e^{2c\omega_1+2s_0\eta_1} \cdot F(s), \quad F(s+2\omega_3) = e^{2c\omega_3+2s_0\eta_3} \cdot F(s) \tag{B.13-2}$$

従って，$F(s)$ が $f(s)$ と同じ周期性をもつには

$$2c\omega_1 + 2s_0\eta_1 = 0, \quad 2c\omega_3 + 2s_0\eta_3 = i2(\pi-\alpha) \tag{B.13-3}$$

この式を満足する c および s_0 を求め，(B.13-1) 式に代入すると

$$F(s) = e^{\frac{2\eta_1}{\pi}(\pi-\alpha)s} \frac{\sigma\left(s - \frac{2\omega_1}{\pi}(\pi-\alpha)\right)}{\sigma(s)} \tag{B.13-4}$$

この関数を計算が簡単な ϑ（テータ）関数で表すと

$$F(s) = e^{\frac{2\eta_1\omega_1}{\pi^2}(\pi-\alpha)^2} \cdot \frac{\vartheta_1\left(\frac{s}{2\omega_1} - \frac{1}{\pi}(\pi-\alpha)\right)}{\vartheta_1\left(\frac{s}{2\omega_1}\right)} \tag{B.13-5}$$

一方，付録 A.6 の σ（シグマ）関数の関係式で $s=(2\omega_1/\pi)(\pi-\alpha)$ とおくと

$$\sigma\left(\frac{2\omega_1}{\pi}(\pi-\alpha)\right) = 2\omega_1 \cdot e^{\frac{2\eta_1\omega_1}{\pi^2}(\pi-\alpha)^2} \cdot \frac{\vartheta_1\left(\frac{1}{\pi}(\pi-\alpha)\right)}{\vartheta_1'(0)} \tag{B.13-6}$$

この式の右辺の指数関数部は，(B.13-5) 式と同じものであるので，(B.13-5) 式を (B.13-6) 式で割ると

$$\frac{F(s)}{\sigma\left(\frac{2\omega_1}{\pi}(\pi-\alpha)\right)} = \frac{1}{2\omega_1} \cdot \frac{\vartheta_1'(0)\, \vartheta_1\left(\frac{s}{2\omega_1} - \frac{1}{\pi}(\pi-\alpha)\right)}{\vartheta_1\left(\frac{s}{2\omega_1}\right) \vartheta_1\left(\frac{1}{\pi}(\pi-\alpha)\right)} \tag{B.13-7}$$

さらに，$\delta=\pi/2-\alpha$ の関係を用い，ϑ（テータ）関数の公式を用いると

$$\frac{F(s)}{\sigma\!\left(\dfrac{2\omega_1}{\pi}(\pi-\alpha)\right)}=-\frac{1}{2\omega_1}\cdot\frac{\vartheta_1'(0)\,\vartheta_2\!\left(\dfrac{s}{2\omega_1}-\dfrac{\delta}{\pi}\right)}{\vartheta_1\!\left(\dfrac{s}{2\omega_1}\right)\vartheta_2\!\left(\dfrac{\delta}{\pi}\right)} \qquad \text{(B.13-8)}$$

いま，この関数に -1 を掛けたものを新たな関数 $A(s)$ として定義する．

$$A(s)=-\frac{\sigma\!\left\{s-\dfrac{2\omega_1}{\pi}(\pi-\alpha)\right\}}{\sigma(s)\,\sigma\!\left\{\dfrac{2\omega_1}{\pi}(\pi-\alpha)\right\}}\cdot e^{\frac{2\eta_1}{\pi}(\pi-\alpha)s}=\frac{1}{2\omega_1}\cdot\frac{\vartheta_1'(0)\,\vartheta_2\!\left(\dfrac{s}{2\omega_1}-\dfrac{\delta}{\pi}\right)}{\vartheta_1\!\left(\dfrac{s}{2\omega_1}\right)\vartheta_2\!\left(\dfrac{\delta}{\pi}\right)}$$

$$\text{(B.13-9)}$$

この式が（2.4-31）式である．

B.14　（2.4-37）式および（2.4-38）式の導出

【疑問 2.4】の風洞内に置かれた平板翼の揚力（1）において，関数 $f(s)$ の係数 C_ν および $C_{-\nu}$ の導出過程を以下に示す．

係数 C_ν は関数 $f(s)$ の $s=\nu$ における留数である．同様に，係数 $C_{-\nu}$ は $s=-\nu$ における留数である．そこで，（2.4-28）式の関数 $f(s)$ を用いて留数を求めて同値してみる．（2.4-28）式を次に示す．

$$f(s)=-C'\,e^{\frac{2}{\pi}(\eta_1 s-\eta_3\omega_1)\cdot(\pi-\alpha)+2\eta_3 s}\cdot\frac{\sigma(s-s_3)\,\sigma(s-s_4)}{\sigma(s+\nu)\,\sigma(s-\nu)} \qquad \text{(B.14-1)}$$

これを用いると，係数 C_ν は次の式により得られる．

$$C_\nu=\lim_{s\to\nu}(s-\nu)f(s)=-C'\,e^{\frac{2}{\pi}(\eta_1\nu-\eta_3\omega_1)\cdot(\pi-\alpha)+2\eta_3\nu}\cdot\frac{\sigma(\nu-s_3)\,\sigma(\nu-s_4)}{\sigma(2\nu)}$$

$$\text{(B.14-2)}$$

ここで，$\tau=\dfrac{\omega_3}{\omega_1}$，$h=e^{i\tau\pi}=e^{i\pi\frac{\omega_3}{\omega_1}}$ であるから，$\log q=i\pi\dfrac{\omega_3}{\omega_1}$ に注意すると

$$\begin{cases} s=\omega_1+\omega_3-\dfrac{\omega_1}{i\pi}\log u,\ \ s_3=\omega_1+\omega_3-\dfrac{\omega_1}{\pi}\theta_3,\ \ s_4=\omega_1+\omega_3-\dfrac{\omega_1}{\pi}\theta_4 \\ \nu=\omega_1-\dfrac{\omega_1}{\pi}\theta_2,\ \ -\nu=\omega_1-\dfrac{\omega_1}{\pi}(2\pi-\theta_2)=-\omega_1+\dfrac{\omega_1}{\pi}\theta_2 \qquad \text{(B.14-3)} \end{cases}$$

これらの式を（B.14-2）式に代入すると

$$C_\nu = -\frac{C'}{\sigma(2\nu)} \cdot \sigma\left(-\omega_3 + \frac{\omega_1}{\pi}(\theta_3 - \theta_2)\right) \sigma\left(-\omega_3 + \frac{\omega_1}{\pi}(\theta_4 - \theta_2)\right)$$
$$\times e^{\frac{2}{\pi}(\eta_1\nu - \eta_3\omega_1)\cdot(\pi-\alpha) + 2\eta_3\nu}$$

(B.14-4)

ここで，付録 A.6 から σ（シグマ）関数を ζ（ツェータ）関数で表すと

$$\sigma\left(-\omega_3 + \frac{\omega_1}{\pi}(\theta_3 - \theta_2)\right)$$

$$= 2\omega_1 \cdot e^{\frac{\eta_1\omega_1}{2\pi^2}(\pi^2\tau^2 - 2\pi\tau(\theta_3-\theta_2)+\theta_3{}^2-2\theta_3\theta_2+\theta_2{}^2)} \cdot \frac{\vartheta_1\left(-\frac{\tau}{2}+\frac{\theta_3-\theta_2}{2\pi}\right)}{\vartheta_1'(0)}$$

$$= -i2\omega_1 \cdot \frac{\vartheta_4\left(\frac{\theta_3-\theta_2}{2\pi}\right)}{\vartheta_1'(0)} \cdot e^{\frac{\eta_1\omega_1}{2\pi^2}(\pi^2\tau^2 - 2\pi\tau(\theta_3-\theta_2)+\theta_3{}^2-2\theta_3\theta_2+\theta_2{}^2) - i\frac{\pi\tau}{4}+i\frac{\theta_3-\theta_2}{2}}$$

(B.14-5)

さらに，次の関係式

$$\frac{1}{\vartheta_1'(0)} = \frac{1}{i2\omega_1} \cdot e^{-\frac{\eta_1\omega_1\tau^2}{2} + i\frac{\tau\pi}{4}} \cdot \frac{\sigma(\omega_3)}{\vartheta_4(0)}$$

(B.14-6)

を (B.14-5) 式に代入すると

$$\sigma\left(-\omega_3 + \frac{\omega_1}{\pi}(\theta_3 - \theta_2)\right)$$

$$= -\frac{\sigma(\omega_3)\,\vartheta_4\left(\frac{\theta_3-\theta_2}{2\pi}\right)}{\vartheta_4(0)} \cdot e^{\frac{\eta_1\omega_1}{2\pi^2}(-2\pi\tau(\theta_3-\theta_2)+\theta_3{}^2-2\theta_3\theta_2+\theta_2{}^2)+i\frac{\theta_3-\theta_2}{2}}$$

(B.14-7)

一方，(B.14-4) 式の右辺のもう1つの要素は，(B.14-11) 式で θ_3 を θ_4 に変更すればよいので，次のようになる。

$$\sigma\left(-\omega_3 + \frac{\omega_1}{\pi}(\theta_4 - \theta_2)\right)$$

$$= -\frac{\sigma(\omega_3)\,\vartheta_4\left(\frac{\theta_4-\theta_2}{2\pi}\right)}{\vartheta_4(0)} \cdot e^{\frac{\eta_1\omega_1}{2\pi^2}(-2\pi\tau(\theta_4-\theta_2)+\theta_4{}^2-2\theta_4\theta_2+\theta_2{}^2)+i\frac{\theta_4-\theta_2}{2}}$$

(B.14-8)

従って，(B.14-11) 式および (B.14-12) 式を (B.14-7) 式に代入すると，次のようになる。

$$C_\nu = -C' \frac{\{\sigma(\omega_3)\}^2}{\{\vartheta_4(0)\}^2 \sigma(2\nu)} \cdot \vartheta_4\left(\frac{\theta_3 - \theta_2}{2\pi}\right) \vartheta_4\left(\frac{\theta_4 - \theta_2}{2\pi}\right) \cdot e^{\frac{\eta_1 \omega_1}{2\pi^2} \cdot B} \quad \text{(B.14-9)}$$

ここで，この式の指数関数の指数部の B は次のようになる。

$$B = \left(\frac{4\pi\nu}{\omega_1} - \frac{4\pi\eta_3}{\eta_1}\right) \cdot (\pi - \alpha) + \frac{4\pi^2 \eta_3 \nu}{\eta_1 \omega_1} - 2\pi\tau(\theta_3 + \theta_4 - 2\theta_2)$$
$$+ \theta_3^2 + \theta_4^2 - 2(\theta_3 + \theta_4)\theta_2 + 2\theta_2^2 + i\frac{\pi^2}{\eta_1 \omega_1}(\theta_3 + \theta_4 - 2\theta_2)$$

$$\text{(B.14-10)}$$

いま，次の関係式 $\theta_3 + \theta_4 = 2\alpha$，$\theta_2 = \pi - \pi\nu/\omega_1$，$\alpha = \pi/2 - \delta$ に注意すると

$$B = \theta_3^2 + \theta_4^2 + 4\pi\delta + \frac{2\pi^2 \nu^2}{\omega_1^2} \quad \text{(B.14-11)}$$

$$\therefore \quad C_\nu = -C' \frac{\{\sigma(\omega_3)\}^2}{\{\vartheta_4(0)\}^2 \sigma(2\nu)}$$
$$\times \vartheta_4\left(\frac{\theta_3 - \theta_2}{2\pi}\right) \vartheta_4\left(\frac{\theta_4 - \theta_2}{2\pi}\right) \cdot e^{\frac{\eta_1 \omega_1}{2\pi^2} \cdot \left\{\theta_3^2 + \theta_4^2 + 4\pi\delta + \frac{2\pi^2 \nu^2}{\omega_1^2}\right\}}$$

$$\text{(B.14-12)}$$

これが，(2.4-37) 式の係数 C_ν である。

さて，係数 $C_{-\nu}$ は $s = -\nu$ における留数であるので，同様に (B.14-4) 式の関数 $f(s)$ を用いて留数を求めて同値する。ここでは，次の関係式を利用する。

$$f(s) = f(s + 2\omega_1) = -C' \frac{\sigma(s + 2\omega_1 - s_3) \sigma(s + 2\omega_1 - s_4)}{\sigma(s + \nu) \sigma(s - \nu)}$$
$$\times e^{\frac{2}{\pi}\{\eta_1(s + 2\omega_1) - \eta_3 \omega_1\} \cdot (\pi - \alpha) + 2\eta_3(s + 2\omega_1) - 2\eta_1(2s + 2\omega_1)}$$

$$\text{(B.14-13)}$$

従って，係数 $C_{-\nu}$ は次のように得られる。

$$C_{-\nu} = \lim_{s \to -\nu}(s+\nu)f(s) = C' \frac{\sigma\left(-\omega_3 + \frac{\omega_1}{\pi}(\theta_3+\theta_2)\right)\sigma\left(-\omega_3 + \frac{\omega_1}{\pi}(\theta_4+\theta_2)\right)}{\sigma(2\nu)}$$
$$\times e^{\frac{2\eta_1\nu\alpha}{\pi} - \frac{4\eta_1\omega_1\alpha}{\pi} + \frac{2\eta_3\omega_1\alpha}{\pi} - 2\eta_3\nu + 2\eta_3\omega_1 + 2\eta_1\nu}$$
(B.14-14)

ここで, (B.14-3) 式の関係式を代入すると, 次のようになる.

$$C_{-\nu} = C' \frac{\sigma\left(-\omega_3 + \frac{\omega_1}{\pi}(\theta_3+\theta_2)\right)\sigma\left(-\omega_3 + \frac{\omega_1}{\pi}(\theta_4+\theta_2)\right)}{\sigma(2\nu)} \quad \text{(B.14-15)}$$
$$\times e^{\frac{2\eta_1\nu\alpha}{\pi} - \frac{4\eta_1\omega_1\alpha}{\pi} + \frac{2\eta_3\omega_1\alpha}{\pi} - 2\eta_3\nu + 2\eta_3\omega_1 + 2\eta_1\nu}$$

この式のσ（シグマ）関数は次のように変形できる.

$$\sigma\left(-\omega_3 + \frac{\omega_1}{\pi}(\theta_3+\theta_2)\right)$$
$$= -\frac{\sigma(\omega_3)\,\vartheta_4\left(\frac{\theta_3+\theta_2}{2\pi}\right)}{\vartheta_4(0)} \cdot e^{\frac{\eta_1\omega_1}{2\pi^2}(-2\pi\tau(\theta_3+\theta_2)+\theta_3^2+2\theta_3\theta_2+\theta_2^2)+i\frac{\theta_3+\theta_2}{2}}$$
(B.14-16)

一方, (B.14-15) 式の右辺のもう1つの要素は, θ_3 を θ_4 に変更して

$$\sigma\left(-\omega_3 + \frac{\omega_1}{\pi}(\theta_4+\theta_2)\right)$$
$$= -\frac{\sigma(\omega_3)\,\vartheta_4\left(\frac{\theta_4+\theta_2}{2\pi}\right)}{\vartheta_4(0)} \cdot e^{\frac{\eta_1\omega_1}{2\pi^2}(-2\pi\tau(\theta_4+\theta_2)+\theta_4^2+2\theta_4\theta_2+\theta_2^2)+i\frac{\theta_4+\theta_2}{2}}$$
(B.14-17)

従って, (B.14-16) 式および (B.14-17) 式を (B.14-15) 式に代入すると, 次のようになる.

$$C_{-\nu} = C' \frac{\{\sigma(\omega_3)\}^2}{\{\vartheta_4(0)\}^2 \sigma(2\nu)} \cdot \vartheta_4\left(\frac{\theta_3+\theta_2}{2\pi}\right)\vartheta_4\left(\frac{\theta_4+\theta_2}{2\pi}\right) \cdot e^{\frac{\eta_1\omega_1}{2\pi^2}\cdot B'} \quad \text{(B.14-18)}$$

ここで, この式の指数関数の指数部の B' は次のようになる.

$$B' = \frac{4\pi\nu\alpha}{\omega_1} - 8\pi\alpha + \frac{4\pi\eta_3\alpha}{\eta_1} - \frac{4\pi^2\eta_3\nu}{\eta_1\omega_1} + \frac{4\pi^2\eta_3}{\eta_1} + \frac{4\pi^2\nu}{\omega_1}$$

$$+ \theta_3{}^2 + \theta_4{}^2 + 2(\theta_3 + \theta_4)\theta_2 + 2\theta_2{}^2 + \left(i\frac{\pi^2}{\eta_1\omega_1} - 2\pi\tau\right)(\theta_3 + \theta_4 + 2\theta_2)$$

$$= \theta_3{}^2 + \theta_4{}^2 + 4\pi\delta + \frac{2\pi^2\nu^2}{\omega_1{}^2}$$

(B.14-19)

これを (B.14-13) 式に代入すると, 係数 $C_{-\nu}$ が次のように得られる.

$$C_{-\nu} = C' \frac{\{\sigma(\omega_3)\}^2}{\{\vartheta_4(0)\}^2 \sigma(2\nu)} \cdot \vartheta_4\left(\frac{\theta_3 + \theta_2}{2\pi}\right) \vartheta_4\left(\frac{\theta_4 + \theta_2}{2\pi}\right) \cdot e^{\frac{\eta_1\omega_1}{2\pi^2}\left\{\theta_3{}^2 + \theta_4{}^2 + 4\pi\delta + \frac{2\pi^2\nu^2}{\omega_1{}^2}\right\}}$$

(B.14-20)

この式が (2.4-38) 式の係数 $C_{-\nu}$ である.

B.15 (2.5-1) 式の導出

【疑問 2.5】の風洞内に置かれた平板翼の揚力（2）において，関数 $A(s)$ の変形式の導出過程を以下に示す.

付録 A.5 から次の関係式

$$\begin{cases} \vartheta_1\left(v \pm \frac{1}{2}\right) = \pm \vartheta_2(v), & \vartheta_1\left(v \pm \frac{\tau}{2}\right) = \pm i\, h^{-1/4} e^{\mp i\pi v}\vartheta_4(v), \\ \vartheta_2\left(v \pm \frac{1}{2}\right) = \mp \vartheta_1(v), & \vartheta_2(v \pm 1) = -\vartheta_2(v), \\ \vartheta_2\left(v \pm \frac{\tau}{2}\right) = h^{-1/4} e^{\mp i\pi v}\vartheta_3(v), & \vartheta_3\left(v \pm \frac{\tau}{2}\right) = h^{-1/4} e^{\mp i\pi v}\vartheta_2(v), \\ \vartheta_3\left(v \pm \frac{1}{2}\right) = \vartheta_4(v) & \end{cases}$$

(B.15-2)

に注意すると, (2.4-31) 式の関数は次のように変形できる.

$$A(s) = \frac{1}{2\omega_1} \cdot \frac{\vartheta_1'(0) \, \vartheta_2\left(\dfrac{s}{2\omega_1} - \dfrac{\delta}{\pi}\right)}{\vartheta_1\left(\dfrac{s}{2\omega_1}\right) \vartheta_2\left(\dfrac{\delta}{\pi}\right)}$$

$$= \frac{1}{2\omega_1} \cdot \frac{\vartheta_1'(0) \, \vartheta_3\left\{\dfrac{s}{2\omega_1} - \dfrac{1+\tau}{2} - \dfrac{1}{\pi}\left(\dfrac{\pi}{2}+\delta\right)\right\}}{\vartheta_3\left(\dfrac{s}{2\omega_1} - \dfrac{1+\tau}{2}\right) \vartheta_1\left\{-\dfrac{1}{\pi}\left(\dfrac{\pi}{2}+\delta\right)\right\}} \cdot e^{i\left(\frac{\pi}{2}+\delta\right)} \quad \text{(B.15-3)}$$

この式が (2.5-1) 式である。

B.16 (2.5-5) 式の導出

【疑問 2.5】の風洞内に置かれた平板翼の揚力 (2) において，関数 $f(s)$ の級数展開式の導出過程を以下に示す。

関数 $A(s)$ の級数展開式は (2.5-3) 式で再録すると次式である。

$$A(s) = \frac{2\pi}{\omega_1} \cdot e^{i\left(\frac{\pi}{2}+\delta\right)}$$
$$\times \left\{ -\frac{1}{4\sin\left(\dfrac{\pi}{2}+\delta\right)} + \sum_{n=1}^{\infty} \frac{(-1)^n h^n}{1 - 2h^{2n}\cos 2\left(\dfrac{\pi}{2}+\delta\right) + h^{4n}} \right.$$
$$\left. \times \left[\begin{array}{l} \sin\pi\left\{2n\left(\dfrac{s}{2\omega_1} - \dfrac{1+\tau}{2}\right) - \dfrac{1}{\pi}\left(\dfrac{\pi}{2}+\delta\right)\right\} \\ -h^{2n}\sin\pi\left\{2n\left(\dfrac{s}{2\omega_1} - \dfrac{1+\tau}{2}\right) + \dfrac{1}{\pi}\left(\dfrac{\pi}{2}+\delta\right)\right\} \end{array} \right] \right\}$$
(B.16-1)

一方，z 平面の風洞壁内に置かれた平板翼と s 平面の矩形領域との関係式 $dz/ds = f(s)$ は (2.4-46) 式で次に示す。

$$f(s) = \frac{D}{\pi} \cdot \{A(s-\nu) - A(s+\nu)\} \quad \text{(B.16-2)}$$

そこで，(B.16-1) 式の関数 $A(s)$ を用いて，$f(s)$ を級数展開する。

(B.16-2) 式の右辺に生じる最初の sin の項は次のようになる。

$$\sin\pi\left\{2n\left(\frac{s-\nu}{2\omega_1}-\frac{1+\tau}{2}\right)-\frac{1}{\pi}\left(\frac{\pi}{2}+\delta\right)\right\}$$
$$-\sin\pi\left\{2n\left(\frac{s+\nu}{2\omega_1}-\frac{1+\tau}{2}\right)-\frac{1}{\pi}\left(\frac{\pi}{2}+\delta\right)\right\} \quad (\text{B}.16\text{-}3)$$
$$=-2\cos\left\{n\pi\left(\frac{s}{\omega_1}-1-\tau\right)-\left(\frac{\pi}{2}+\delta\right)\right\}\cdot\sin\frac{n\pi\nu}{\omega_1}$$
$$=-\left(-i\,e^{in\pi\left(\frac{s}{\omega_1}-1-\tau\right)}\cdot e^{-i\delta}+i\,e^{-in\pi\left(\frac{s}{\omega_1}-1-\tau\right)}\cdot e^{i\delta}\right)\cdot\sin\frac{n\pi\nu}{\omega_1}$$

ここで，(2.4-17) 式の s 平面と u 平面の関係に注意して変形すると

$$\sin\pi\left\{2n\left(\frac{s-\nu}{2\omega_1}-\frac{1+\tau}{2}\right)-\frac{1}{\pi}\left(\frac{\pi}{2}+\delta\right)\right\}$$
$$-\sin\pi\left\{2n\left(\frac{s+\nu}{2\omega_1}-\frac{1+\tau}{2}\right)-\frac{1}{\pi}\left(\frac{\pi}{2}+\delta\right)\right\} \quad (\text{B}.16\text{-}4)$$
$$=-i(u^n\cdot e^{i\delta}-u^{-n}\cdot e^{-i\delta})\cdot\sin\frac{n\pi\nu}{\omega_1}$$

次に，2つ目の sin の項は次のようになる。

$$\sin\pi\left\{2n\left(\frac{s-\nu}{2\omega_1}-\frac{1+\tau}{2}\right)+\frac{1}{\pi}\left(\frac{\pi}{2}+\delta\right)\right\}$$
$$-\sin\pi\left\{2n\left(\frac{s+\nu}{2\omega_1}-\frac{1+\tau}{2}\right)+\frac{1}{\pi}\left(\frac{\pi}{2}+\delta\right)\right\} \quad (\text{B}.16\text{-}5)$$
$$=i(u^n\cdot e^{-i\delta}-u^{-n}\cdot e^{i\delta})\cdot\sin\frac{n\pi\nu}{\omega_1}$$

従って，(B.16-4) 式および (B.16-4) 式を (B.16-2) 式に代入すると

$$f(u)=\frac{2D}{\omega_1}\cdot e^{i\left(\frac{\pi}{2}+\delta\right)}\sum_{n=1}^{\infty}\frac{i\,(-1)^{n+1}h^n\sin\frac{n\pi\nu}{\omega_1}}{1-2h^{2n}\cos 2\left(\frac{\pi}{2}+\delta\right)+h^{4n}}$$
$$\times\{u^n(e^{i\delta}+h^{2n}e^{-i\delta})-u^{-n}(e^{-i\delta}+h^{2n}e^{i\delta})\}$$
$$(\text{B}.16\text{-}6)$$

この式が (2.5-5) 式である。

B.17 (2.5-8) 式の導出

【疑問 2.5】の風洞内に置かれた平板翼の揚力（2）において，平板翼の前

縁と後縁の長さの式の導出過程を以下に示す。

平板翼の前縁 A は $u=e^{i\theta_3}$，後縁 A' は $u=e^{i\theta_4}$ とおくと，(2.5-7) 式から

$$z_A - z_{A'} = -\frac{2D}{\pi} \cdot e^{i\left(\frac{\pi}{2}+\delta\right)} \sum_{n=1}^{\infty} \frac{(-1)^{n+1} h^n \cdot \sin\frac{n\pi\nu}{\omega_1}}{n\left\{1 - 2h^{2n}\cos 2\left(\frac{\pi}{2}+\delta\right) + h^{4n}\right\}}$$

$$\times \begin{Bmatrix} \left(e^{i\delta + i n\theta_3} + e^{-i\delta - i n\theta_3}\right) + h^{2n}\left(e^{-i\delta + i n\theta_3} + e^{i\delta - i n\theta_3}\right) \\ -\left(e^{i\delta + i n\theta_4} + e^{-i\delta - i n\theta_4}\right) - h^{2n}\left(e^{-i\delta + i n\theta_4} + e^{i\delta - i n\theta_4}\right) \end{Bmatrix}$$

$$= -\frac{2D}{\pi} \cdot e^{i\left(\frac{\pi}{2}+\delta\right)} \sum_{n=1}^{\infty} \frac{(-1)^{n+1} h^n \sin\frac{n\pi\nu}{\omega_1}}{n\left\{1 - 2h^{2n}\cos 2\left(\frac{\pi}{2}+\delta\right) + h^{4n}\right\}}$$

$$\times 4 \begin{Bmatrix} \sin\left(\delta + n\frac{\theta_3+\theta_4}{2}\right) \sin\left(n\frac{\theta_3-\theta_4}{2}\right) \\ -h^{2n} \cdot \sin\left(\delta - n\frac{\theta_3+\theta_4}{2}\right) \sin\left(n\frac{\theta_3-\theta_4}{2}\right) \end{Bmatrix}$$

(B.17-1)

ここで，$\theta_3 + \theta_4 = 2\alpha$, $\delta = \frac{\pi}{2} - \alpha$, $\nu = \omega_1 - \frac{\omega_1}{\pi}\theta_2$, $\sin(n\pi - n\theta_2) = (-1)^{n+1}\sin n\theta_2$ に注意すると

$$z_A - z_{A'} = \frac{8D}{\pi} \cdot e^{i(\pi - \alpha)} \sum_{n=1}^{\infty} \frac{h^n \sin n\theta_2 \sin \frac{n(\theta_3 - \theta_4)}{2}}{n(1 - 2h^{2n}\cos 2\alpha + h^{4n})}$$

$$\times \{\cos(n-1)\alpha - h^{2n}\cos(n+1)\alpha\}$$

(B.17-2)

この式が (2.5-8) 式である。

B.18 (2.5-11) 式の導出

【疑問 2.5】の風洞内に置かれた平板翼の揚力（2）において，平板翼の前縁と後縁の中心の点の式の導出過程を以下に示す。

図 2.4 (f) に示したように，平板翼の前縁 A は $u=e^{i\theta_3}$，後縁 A' は $u=e^{i\theta_4}$ とおくと，中心の点は (2.5-7) 式から次のようになる。

$$z_m = \frac{z_A + z_{A'}}{2} = -\frac{D}{\pi} \cdot e^{i\left(\frac{\pi}{2}+\delta\right)} \sum_{n=1}^{\infty} \frac{(-1)^{n+1} h^n \sin\frac{n\pi\nu}{\omega_1}}{n\left\{1 - 2h^{2n}\cos 2\left(\frac{\pi}{2}+\delta\right) + h^{4n}\right\}}$$

$$\times \left\{ \begin{matrix} \left(e^{i\delta + in\theta_3} + e^{-i\delta - in\theta_3}\right) + h^{2n}\left(e^{-i\delta + in\theta_3} + e^{i\delta - in\theta_3}\right) \\ + \left(e^{i\delta + in\theta_4} + e^{-i\delta - in\theta_4}\right) + h^{2n}\left(e^{-i\delta + in\theta_4} + e^{i\delta - in\theta_4}\right) \end{matrix} \right\} + C_0$$

$$= -\frac{D}{\pi} \cdot e^{i\left(\frac{\pi}{2}+\delta\right)} \sum_{n=1}^{\infty} \frac{(-1)^{n+1} h^n \sin\frac{n\pi\nu}{\omega_1}}{n\left\{1 - 2h^{2n}\cos 2\left(\frac{\pi}{2}+\delta\right) + h^{4n}\right\}}$$

$$\times 4\left\{ \begin{matrix} \cos\left(\delta + n\frac{\theta_3+\theta_4}{2}\right)\cos\left(n\frac{\theta_3-\theta_4}{2}\right) \\ + h^{2n}\cos\left(\delta - n\frac{\theta_3+\theta_4}{2}\right)\cos\left(n\frac{\theta_3-\theta_4}{2}\right) \end{matrix} \right\} + C_0 \quad \text{(B.18-1)}$$

ここで，$\theta_3 + \theta_4 = 2\alpha$, $\delta = \frac{\pi}{2} - \alpha$, $\nu = \omega_1 - \frac{\omega_1}{\pi}\theta_2$, $\sin(n\pi - n\theta_2) = (-1)^{n+1}\sin n\theta_2$ に注意すると

$$z_m = \frac{z_A + z_{A'}}{2} = -\frac{4D}{\pi} \cdot e^{-i\alpha} \sum_{n=1}^{\infty} \frac{h^n \sin n\theta_2 \cos\frac{n(\theta_3-\theta_4)}{2}}{n\left(1 - 2h^{2n}\cos 2\alpha + h^{4n}\right)}$$

$$\times \{\sin(n-1)\alpha - h^{2n}\sin(n+1)\alpha\} + C_0$$

(B.18-2)

この式が (2.5-11) 式である。

B.19 (2.5-34a) 式〜(2.5-34e) 式の導出

【疑問 2.5】の風洞内に置かれた平板翼の揚力（2）において，平板翼に働く力を計算する際に必要な関数 $G(s)$ の係数の導出過程を以下に示す。

関数 $G(s)$ は (2.5-24) 式および (2.5-29) 式から次式である。

付録B 式の導出過程

$$G(s) = \left(\frac{dw}{ds}\right)^2 \frac{1}{f(s)}$$

$$= \left[\frac{VD}{2\omega_1 \pi} \cdot \left\{\frac{\vartheta'_1\left(\frac{s-\nu}{2\omega_1}\right)}{\vartheta_1\left(\frac{s-\nu}{2\omega_1}\right)} - \frac{\vartheta'_1\left(\frac{s+\nu}{2\omega_1}\right)}{\vartheta_1\left(\frac{s+\nu}{2\omega_1}\right)}\right\} - \frac{\Gamma}{2\omega_1}\right]^2 \cdot \frac{1}{f(s)} \quad \text{(B.19-1)}$$

この式を（2.5-33）式のように表すが再録すると次式である。

$$G(s) = R_\nu \cdot B(s-\nu) + R_{-\nu} \cdot B(s+\nu) + R_{s_3} \cdot B(s-s_3) + R_{s_4} \cdot B(s-s_4) \quad \text{(B.19-2)}$$

ここで，付録A.6より次の関係

$$\lim_{s \to 0} s \cdot \frac{\vartheta'_1\left(\frac{s}{2\omega_1}\right)}{\vartheta_1\left(\frac{s}{2\omega_1}\right)} = \lim_{s \to 0} s \cdot \{2\omega_1 \zeta(s) - 2\eta_1 s\} = 2\omega_1 \quad \text{(B.19-3)}$$

および（2.4-43）式より，係数 R_ν および $R_{-\nu}$ は

$$R_\nu = \lim_{s \to \nu}(s-\nu)G(s) = \lim_{s \to \nu}\left\{(s-\nu)\frac{dw}{ds}\right\}^2 \cdot \frac{1}{(s-\nu)f(s)}$$

$$= \left[\frac{VD}{2\omega_1 \pi} \cdot 2\omega_1\right]^2 \cdot \frac{\pi}{D} = \frac{V^2 D}{\pi} \quad \text{(B.19-4)}$$

$$R_{-\nu} = \lim_{s \to -\nu}(s+\nu)G(s) = \lim_{s \to -\nu}\left\{(s+\nu)\frac{dw}{ds}\right\}^2 \cdot \frac{1}{(s+\nu)f(s)}$$

$$= \left[-\frac{VD}{2\omega_1 \pi} \cdot 2\omega_1\right]^2 \cdot \left(-\frac{\pi}{D}\right) = -\frac{V^2 D}{\pi} \quad \text{(B.19-5)}$$

次に，（B.19-2）式の右辺第3項は，（2.4-28）式より

$$\lim_{s \to s_3}\frac{s-s_3}{f(s)} = -\frac{1}{C'}e^{-\frac{2}{\pi}(\eta_1 s_3 - \eta_3 \omega_1)\cdot(\pi-\alpha) - 2\eta_3 s_3} \cdot \frac{\sigma(s_3+\nu)\,\sigma(s_3-\nu)}{\sigma(s_3-s_4)}$$

$$= -\frac{1}{C'}e^{-\frac{2}{\pi}(\eta_1 s_3 - \eta_3 \omega_1)\cdot(\pi-\alpha) - 2\eta_3 s_3 + \frac{\eta_1}{2\omega_1}(s_3^2 + 2\nu^2 + 2s_3 s_4 - s_4^2)}$$

$$\times \frac{2\omega_1}{\vartheta'_1(0)}\frac{\vartheta_1\left(\frac{s_3+\nu}{2\omega_1}\right)\vartheta_1\left(\frac{s_3-\nu}{2\omega_1}\right)}{\vartheta_1\left(\frac{s_3-s_4}{2\omega_1}\right)}$$

$$= \frac{1}{C'} e^{-\frac{2}{\pi}(\eta_1 s_3 - \eta_3 \omega_1)\cdot(\pi-\alpha) - 2\eta_3 s_3 + \frac{\eta_1}{2\omega_1}(s_3{}^2 + 2\nu^2 + 2s_3 s_4 - s_4{}^2) - i\pi\left(\frac{\tau}{2} - \frac{2\theta_3}{2\pi}\right)}$$

$$\times \frac{2\omega_1}{\vartheta_1'(0)} \frac{\vartheta_4\left(\frac{\theta_3+\theta_2}{2\pi}\right)\vartheta_4\left(\frac{\theta_3-\theta_2}{2\pi}\right)}{\vartheta_1\left(\frac{\theta_3-\theta_4}{2\pi}\right)}$$

(B.19-6)

ここで，(2.4-45) から $1/C'$ を代入すると

$$\lim_{s \to s_3} \frac{s - s_3}{f(s)}$$

$$= -e^{-\frac{2}{\pi}(\eta_1 s_3 - \eta_3 \omega_1)\cdot(\pi-\alpha) - 2\eta_3 s_3 + \frac{\eta_1}{2\omega_1}(s_3{}^2 + 2\nu^2 + 2s_3 s_4 - s_4{}^2) - i\pi\left(\frac{\tau}{2} - \frac{2\theta_3}{2\pi}\right)}$$

$$\times \frac{\pi}{D} \cdot \frac{2\omega_1}{\vartheta_1'(0)} \cdot \frac{\{\sigma(\omega_3)\}^2}{\{\vartheta_4(0)\}^2 \sigma(2\nu)} \cdot \frac{\vartheta_4\left(\frac{\theta_3+\theta_2}{2\pi}\right)\vartheta_4\left(\frac{\theta_4-\theta_2}{2\pi}\right)\left\{\vartheta_4\left(\frac{\theta_3-\theta_2}{2\pi}\right)\right\}^2}{\vartheta_1\left(\frac{\theta_3-\theta_4}{2\pi}\right)}$$

$$\times e^{\frac{\eta_1 \omega_1}{2\pi^2}\left\{\theta_3{}^2 + \theta_4{}^2 + 4\pi\delta + \frac{2\pi^2 \nu^2}{\omega_1{}^2}\right\}}$$

(B.19-7)

ここで，右辺の σ（シグマ）関数の部分を，ϑ（テータ）関数に変形すると

$$\lim_{s \to s_3} \frac{s - s_3}{f(s)} = \frac{4\omega_1{}^2 \pi}{D} \cdot \frac{\vartheta_4\left(\frac{\theta_3+\theta_2}{2\pi}\right)\vartheta_4\left(\frac{\theta_4-\theta_2}{2\pi}\right)\left\{\vartheta_4\left(\frac{\theta_3-\theta_2}{2\pi}\right)\right\}^2}{\{\vartheta_1'(0)\}^2 \vartheta_1\left(\frac{\theta_2}{\pi}\right)\vartheta_1\left(\frac{\theta_3-\theta_4}{2\pi}\right)} e^K$$

(B.19-8)

ただし，K は指数関数の指数部で，以下である。

$$K = -\frac{2}{\pi}(\eta_1 s_3 - \eta_3 \omega_1)\cdot(\pi-\alpha) - 2\eta_3 s_3$$

$$+ \frac{\eta_1}{2\omega_1}(s_3{}^2 + 2\nu^2 + 2s_3 s_4 - s_4{}^2) - i\pi\left(\frac{\tau}{2} - \frac{2\theta_3}{2\pi}\right)$$

$$+ \frac{\eta_1 \omega_1}{2\pi^2} \cdot \left\{\theta_3{}^2 + \theta_4{}^2 + 4\pi\delta + \frac{2\pi^2 \nu^2}{\omega_1{}^2}\right\} - i\frac{\pi\tau}{2} + \frac{\eta_1(2\omega_3{}^2 - 4\nu^2)}{2\omega_1}$$

$$= i\alpha$$

(B.19-9)

従って，(2.5-24) 式より，係数 R_{s_3} は

$$R_{s_3} = \lim_{s \to s_3}(s-s_3)G(s)$$

$$= \left[\frac{VD}{2\omega_1\pi} \cdot \left\{\frac{\vartheta'_1\left(\frac{s_3-\nu}{2\omega_1}\right)}{\vartheta_1\left(\frac{s_3-\nu}{2\omega_1}\right)} - \frac{\vartheta'_1\left(\frac{s_3+\nu}{2\omega_1}\right)}{\vartheta_1\left(\frac{s_3+\nu}{2\omega_1}\right)}\right\} - \frac{\Gamma}{2\omega_1}\right]^2 \cdot \lim_{s \to s_3}\frac{s-s_3}{f(s)}$$

$$= \frac{\pi(\Gamma-\Gamma')^2}{D} \cdot \frac{\vartheta_4\left(\frac{\theta_3+\theta_2}{2\pi}\right)\vartheta_4\left(\frac{\theta_4-\theta_2}{2\pi}\right)\left\{\vartheta_4\left(\frac{\theta_3-\theta_2}{2\pi}\right)\right\}^2}{\{\vartheta'_1(0)\}^2\vartheta_1\left(\frac{\theta_2}{\pi}\right)\vartheta_1\left(\frac{\theta_3-\theta_4}{2\pi}\right)}e^{i\alpha}$$

$$= \frac{\pi(\Gamma-\Gamma')^2}{D} \cdot \frac{\vartheta_4(\frac{\theta_3+\theta_2}{2\pi})\vartheta_4(\frac{\theta_4-\theta_2}{2\pi})\{\vartheta_4(\frac{\theta_3-\theta_2}{2\pi})\}^2}{\{\vartheta'_1(0)\}^2\vartheta_1(\frac{\theta_2}{\pi})\vartheta_1(\frac{\theta_3-\theta_4}{2\pi})}e^{i\alpha} \quad \text{(B.19-10)}$$

ただし，Γ' は便宜上導入した変数で次式である。

$$\Gamma' = \frac{VD}{\pi} \cdot \left\{\frac{\vartheta'_4\left(\frac{\theta_3+\theta_2}{2\pi}\right)}{\vartheta_4\left(\frac{\theta_3+\theta_2}{2\pi}\right)} - \frac{\vartheta'_4\left(\frac{\theta_3-\theta_2}{2\pi}\right)}{\vartheta_4\left(\frac{\theta_3-\theta_2}{2\pi}\right)}\right\} \quad \text{(B.19-11)}$$

最後に係数 R_{s_4} は次のようになる。

$$R_{s_4} = \lim_{s \to s_4}(s-s_4)G(s) = \left(\frac{dw}{ds}\right)^2_{s=s_4} \cdot \lim_{s \to s_4}\frac{s-s_4}{f(s)} \quad \text{(B.19-12)}$$

ここで，$s=s_4$ は平板翼の後縁であり，クッタ・ジュコフスキーの条件から $dw/ds=0$ である。また，$1/f(s)$ は $s=s_4$ に 1 位の極をもつが，これに $(s-s_4)$ をかけて $s \to s_4$ とすると有限な値となる。従って，(B.19-12) 式は次のようになる。

$$R_{s_4} = 0 \quad \text{(B.19-13)}$$

これら (B.19-4) 式，(B.19-5) 式，(B.19-10) 式および (B.19-13) 式が，(2.5-34a) 式～(2.5-34d) 式，(B.19-11) 式が (2.5-34e) 式である。

B.20 (2.5-36) 式～(2.5-38) 式の導出

【疑問 2.5】の風洞内に置かれた平板翼の揚力（2）において，関数

$B(s-\nu)$, $B(s+\nu)$ および $B(s-s_3)$ の級数展開式の導出過程を以下に示す.

関数 $A(s)$ に関する (2.4-31) 式, (2.5-1) 式および (2.5-3) 式に注意すると, 関数 $B(s)$ は次のように表せる.

$$B(s) = -A(-s) = \frac{\sigma\left(s + \frac{2\omega_1}{\pi}(\pi-\alpha)\right)}{\sigma(s)\,\sigma\left(\frac{2\omega_1}{\pi}(\pi-\alpha)\right)} \cdot e^{-\frac{2\eta_1}{\pi}(\pi-\alpha)s}$$

$$= \frac{1}{2\omega_1} \cdot \frac{\vartheta_1'(0)\,\vartheta_3\left\{\frac{s}{2\omega_1} - \frac{1+\tau}{2} + \frac{1}{\pi}\left(\frac{\pi}{2}+\delta\right)\right\}}{\vartheta_3\left(\frac{s}{2\omega_1} - \frac{1+\tau}{2}\right)\vartheta_1\left\{\frac{1}{\pi}\left(\frac{\pi}{2}+\delta\right)\right\}} \cdot e^{-i\left(\frac{\pi}{2}+\delta\right)}$$

$$= \frac{2\pi}{\omega_1} \cdot e^{-i\left(\frac{\pi}{2}+\delta\right)}$$

$$\times \left\{ \frac{1}{4\sin\left(\frac{\pi}{2}+\delta\right)} + \sum_{n=1}^{\infty} \frac{(-1)^n h^n}{1 - 2h^{2n}\cos 2\left(\frac{\pi}{2}+\delta\right) + h^{4n}} \right.$$

$$\left. \times \left[\begin{array}{l} \sin\pi\left\{2n\left(\dfrac{s}{2\omega_1} - \dfrac{1+\tau}{2}\right) + \dfrac{1}{\pi}\left(\dfrac{\pi}{2}+\delta\right)\right\} \\ -h^{2n}\sin\pi\left\{2n\left(\dfrac{s}{2\omega_1} - \dfrac{1+\tau}{2}\right) - \dfrac{1}{\pi}\left(\dfrac{\pi}{2}+\delta\right)\right\} \end{array} \right] \right\}$$

$$\text{(B.20-1)}$$

この式の変数 δ は, $\pi/2+\delta = \pi-\alpha$ の関係式を用いると, $B(s-\nu)$ の右辺に生じる最初の sin の項は次のようになる.

$$\sin\pi\left\{2n\left(\frac{s-\nu}{2\omega_1} - \frac{1+\tau}{2}\right) + \frac{1}{\pi}\left(\frac{\pi}{2}+\delta\right)\right\}$$

$$= \sin\left\{2n\pi\left(\frac{s-\nu}{2\omega_1} - \frac{1+\tau}{2}\right) + \pi - \alpha\right\}$$

$$= i\frac{(-1)^n}{2}\left\{e^{in\pi\left(\frac{s}{\omega_1} - 1 - \tau\right) + i(n\theta_2 - \alpha)} - e^{-in\pi\left(\frac{s}{\omega_1} - 1 - \tau\right) - i(n\theta_2 - \alpha)}\right\}$$

$$= i\frac{(-1)^n}{2}\left\{u^{-n}e^{i(n\theta_2-\alpha)} - u^n e^{-i(n\theta_2-\alpha)}\right\} \quad \text{(B.20-2)}$$

また, 2つ目の sin の項は

$$\sin\pi\left\{2n\left(\frac{s-\nu}{2\omega_1}-\frac{1+\tau}{2}\right)-\frac{1}{\pi}\left(\frac{\pi}{2}+\delta\right)\right\}$$
$$=i\frac{(-1)^n}{2}\left\{u^{-n}e^{i(n\theta_2+\alpha)}-u^n e^{-i(n\theta_2+\alpha)}\right\} \qquad \text{(B.20-3)}$$

従って,$B(s-\nu)$ および $B(s+\nu)$ の級数展開は次のようになる。

$$B(s-\nu)=-\frac{2\pi}{\omega_1}\cdot e^{i\alpha}\cdot\left\{\frac{1}{4\sin\alpha}-i\frac{1}{2}\sum_{n=1}^{\infty}\frac{h^n}{1-2h^{2n}\cos 2\alpha+h^{4n}}\right.$$
$$\left.\times\left[\begin{array}{l}u^n\left(e^{-i(n\theta_2-\alpha)}-h^{2n}e^{-i(n\theta_2+\alpha)}\right)\\-u^{-n}\left(e^{i(n\theta_2-\alpha)}-h^{2n}e^{i(n\theta_2+\alpha)}\right)\end{array}\right]\right\}$$
$$\text{(B.20-4)}$$

$$B(s+\nu)=-\frac{2\pi}{\omega_1}\cdot e^{i\alpha}\cdot\left\{\frac{1}{4\sin\alpha}-i\frac{1}{2}\sum_{n=1}^{\infty}\frac{h^n}{1-2h^{2n}\cos 2\alpha+h^{4n}}\right.$$
$$\left.\times\left[\begin{array}{l}u^n\left(e^{i(n\theta_2+\alpha)}-h^{2n}e^{i(n\theta_2-\alpha)}\right)\\-u^{-n}\left(e^{-i(n\theta_2+\alpha)}-h^{2n}e^{-i(n\theta_2-\alpha)}\right)\end{array}\right]\right\}$$
$$\text{(B.20-5)}$$

一方,$B(s-s_3)$ については,上記と少し異なる級数展開となる。上記の $B(s-\nu)$ の場合は $s=\nu$ は実数であったが,この $s=s_3$ は平板翼の前縁に対応する点で,図 2.4(e)の点 B と点 E の間にある点である。従って,虚数部が ω_3 だけ増えているので,級数展開する際に(B.20-1)式で求めた ϑ(テータ)関数表現を次のように少し修正する。

$$B(s)=-A(-s)=\frac{\sigma\!\left(s+\frac{2\omega_1}{\pi}(\pi-\alpha)\right)}{\sigma(s)\,\sigma\!\left(\frac{2\omega_1}{\pi}(\pi-\alpha)\right)}\cdot e^{-\frac{2\eta_1}{\pi}(\pi-\alpha)s}$$
$$=\frac{1}{2\omega_1}\cdot\frac{\vartheta_1'(0)\,\vartheta_3\!\left\{\frac{s}{2\omega_1}+\frac{1+\tau}{2}+\frac{1}{\pi}\!\left(\frac{\pi}{2}+\delta\right)\right\}}{\vartheta_3\!\left(\frac{s}{2\omega_1}+\frac{1+\tau}{2}\right)\vartheta_1\!\left\{\frac{1}{\pi}\!\left(\frac{\pi}{2}+\delta\right)\right\}}\cdot e^{i\left(\frac{\pi}{2}+\delta\right)}$$
$$\text{(B.20-6)}$$

この式を級数展開すると次のようになる。

$$B(s) = \frac{2\pi}{\omega_1} \cdot e^{i\left(\frac{\pi}{2}+\delta\right)}$$

$$\times \left\{ \frac{1}{4\sin\left(\frac{\pi}{2}+\delta\right)} + \sum_{n=1}^{\infty} \frac{(-1)^n h^n}{1-2h^{2n}\cos 2\left(\frac{\pi}{2}+\delta\right)+h^{4n}} \right.$$

$$\left. \times \left[\begin{array}{l} \sin\pi\left\{2n\left(\dfrac{s}{2\omega_1}+\dfrac{1+\tau}{2}\right)+\dfrac{1}{\pi}\left(\dfrac{\pi}{2}+\delta\right)\right\} \\ -h^{2n}\sin\pi\left\{2n\left(\dfrac{s}{2\omega_1}+\dfrac{1+\tau}{2}\right)-\dfrac{1}{\pi}\left(\dfrac{\pi}{2}+\delta\right)\right\} \end{array} \right] \right\}$$

(B.20-7)

これから，$B(s-s_3)$ は次のようになる。

$$B(s-s_3) = -\frac{2\pi}{\omega_1} \cdot e^{-i\alpha}$$

$$\times \left\{ \frac{1}{4\sin\alpha} - i\frac{1}{2}\sum_{n=1}^{\infty} \frac{h^n}{1-2h^{2n}\cos 2\alpha + h^{4n}} \right.$$

$$\left. \times \left[\begin{array}{l} u^n\left(h^{-n}e^{-i(n\theta_3-\alpha)} - h^n e^{-i(n\theta_3+\alpha)}\right) \\ -u^{-n}\left(h^n e^{i(n\theta_3-\alpha)} - h^{3n} e^{i(n\theta_3+\alpha)}\right) \end{array} \right] \right\}$$

(B.20-8)

これら (B.20-4) 式，(B.20-5) 式および (B.20-8) 式が，(2.5-36) 式～(2.5-38) 式である。

B.21　(2.6-24) 式の導出

【疑問 2.6】の地面効果のある平板翼の流れにおいて，関数 $f(s)$ を関数 $A(s)$ を用いて展開したときの係数 a_1 および a_2 の導出過程を以下に示す。

(2.6-20) 式の関数 $f(s)$ は $s=0$ において 2 位の極を有する。これを (2.6-22) 式の関数 $A(s)$ を用いて展開する。このとき (2.6-23) 式から

$$\lim_{s\to 0}\{s^2 f(s)\} = a_1 \lim_{s\to 0}\{s^2 A(s)\} + a_2 \lim_{s\to 0}\{s^2 A'(s)\}$$

$$= a_2 \lim_{s\to 0}\{s^2 A'(s)\} = a_2 \lim_{s\to 0} s^2 A(s)\left\{\frac{d}{ds}\log A(s)\right\} = -a_2$$

(B.21-1)

次に，s で 1 回微分してから $s\to 0$ にする。

$$\lim_{s\to 0}\frac{d}{ds}\{s^2 f(s)\} = a_1 \lim_{s\to 0}\frac{d}{ds}\{s^2 A(s)\} + a_2 \lim_{s\to 0}\frac{d}{ds}\{s^2 A'(s)\} \qquad \text{(B.21-2)}$$

この式の右辺第1項は

$$a_1 \lim_{s\to 0}\frac{d}{ds}\{s^2 A(s)\} = a_1 \lim_{s\to 0} s^2 A(s)\frac{d}{ds}\log\{s^2 A(s)\} = a_1 \qquad \text{(B.21-3)}$$

(B.21-2) 式の右辺第2項は0になる。従って, (B.21-2) 式は

$$\lim_{s\to 0}\frac{d}{ds}\{s^2 f(s)\} = a_1 \qquad \text{(B.21-4)}$$

そこで, (2.6-20) 式の実際の関数 $f(s)$ の関数を用いて, 同じ計算を実施して等値する。まず, 微分しない場合は

$$\lim_{s\to 0} s^2 f(s) = \frac{2\psi_0}{\pi}\frac{\omega_1}{V} = -a_2 \qquad \text{(B.21-5)}$$

次に, 1回微分した場合は次のようになる。

$$\lim_{s\to 0}\frac{d}{ds}\{s^2 f(s)\} = \lim_{s\to 0} s^2 f(s)\frac{d}{ds}\log\{s^2 f(s)\}$$
$$= \frac{2\psi_0}{\pi}\frac{\omega_1}{V}\cdot\left\{\frac{2}{\pi}(\pi-\alpha)\eta_1 + 2\eta_3 - \zeta(s_3) - \zeta(s_4)\right\} = a_1 \qquad \text{(B.21-6)}$$

従って, 係数 a_1 および a_2 が次のように得られる。

$$\begin{cases} a_1 = \dfrac{2\psi_0}{\pi}\dfrac{\omega_1}{V}\cdot\left\{\dfrac{2}{\pi}(\pi-\alpha)\eta_1 + 2\eta_3 - \zeta(s_3) - \zeta(s_4)\right\} \\ a_2 = -\dfrac{2\psi_0}{\pi}\dfrac{\omega_1}{V} \end{cases} \qquad \text{(B.21-7)}$$

また, 係数 a_1 は ϑ (テータ) 関数を用いて表し, s_3 および s_4 を θ_3 および θ_4 に変更すると

$$a_1 = \frac{\psi_0}{\pi V}\cdot\left\{\frac{\vartheta_3'\left(\dfrac{\theta_3}{2\pi}\right)}{\vartheta_3\left(\dfrac{\theta_3}{2\pi}\right)} + \frac{\vartheta_4'\left(\dfrac{\theta_4}{2\pi}\right)}{\vartheta_4\left(\dfrac{\theta_4}{2\pi}\right)}\right\} \qquad \text{(B.21-8)}$$

以上の (B.21-7) 式および (B.21-8) 式が, (2.6-24) 式である。

B.22 (2.6-51) 式の導出

【疑問 2.6】の地面効果のある平板翼の流れにおいて,関数 $G(s)$ を関数 $B(s)$ を用いて展開したときの係数 b_1, b_2 および b_3 の導出過程を以下に示す.

(2.6-46) 式の関数 $G(s)$ は,(2.6-49) 式の関数 $B(s)$ を用いて (2.6-50) 式のように分解されるので,まず次の関係式を求める.

$$\lim_{s \to 0}\{s^2 G(s)\} = b_1 \lim_{s \to 0}\{s^2 B(s)\} + b_2 \lim_{s \to 0}\{s^2 B'(s)\} + b_3 \lim_{s \to 0}\{s^2 B(s-s_3)\}$$

$$= b_2 \lim_{s \to 0}\{s^2 B'(s)\} = b_2 \lim_{s \to 0} s^2 B(s)\left\{\frac{d}{ds} \log B(s)\right\} = -b_2$$

(B.22-1)

次に,s で 1 回微分してから $s \to 0$ にする.

$$\lim_{s \to 0} \frac{d}{ds}\{s^2 G(s)\}$$
$$= b_1 \lim_{s \to 0} \frac{d}{ds}\{s^2 B(s)\} + b_2 \lim_{s \to 0} \frac{d}{ds}\{s^2 B'(s)\} + b_3 \lim_{s \to 0} \frac{d}{ds}\{s^2 B'(s-s_3)\}$$

(B.22-2)

ここで,この式の右辺第 1 項は次のようになる.

$$b_1 \lim_{s \to 0} \frac{d}{ds}\{s^2 B(s)\}$$
$$= b_1 \lim_{s \to 0} s^2 B(s) \frac{d}{ds} \log\{s^2 B(s)\}$$
$$= b_1 \lim_{s \to 0} \frac{s \cdot \sigma\left(s + \frac{2\omega_1}{\pi}(\pi-\alpha)\right)}{\sigma(s)\, \sigma\left(\frac{2\omega_1}{\pi}(\pi-\alpha)\right)}$$
$$\times e^{-\frac{2\eta_1}{\pi}(\pi-\alpha)s}\left\{2 + s\zeta\left(s + \frac{2\omega_1}{\pi}(\pi-\alpha)\right) - s\zeta(s) - \frac{2\eta_1}{\pi}(\pi-\alpha)s\right\} = b_1$$

(B.22-3)

いま,次の関係式

$$B'(s) = B(s)\left\{\frac{d}{ds}\log B(s)\right\}$$

$$= \frac{\sigma\left(s + \frac{2\omega_1}{\pi}(\pi-\alpha)\right)}{\sigma(s)\,\sigma\left(\frac{2\omega_1}{\pi}(\pi-\alpha)\right)} \quad \text{(B.22-4)}$$

$$\times e^{-\frac{2\eta_1}{\pi}(\pi-\alpha)s}\left\{\zeta\left(s+\frac{2\omega_1}{\pi}(\pi-\alpha)\right)-\zeta(s)-\frac{2\eta_1}{\pi}(\pi-\alpha)\right\}$$

を用い，付録 A.2 および A.3 より $\wp$（ペー）関数および ζ（ツェータ）関数のべき乗展開式に注意すると，(B.22-2) 式の右辺第 2 項は

$$b_2 \lim_{s\to 0}\frac{d}{ds}\{s^2 B'(s)\}$$

$$= b_2 \lim_{s\to 0} s^2 B'(s)\frac{d}{ds}\log\{s^2 B'(s)\}$$

$$= b_2 \lim_{s\to 0} \frac{s\cdot\sigma\left(s+\frac{2\omega_1}{\pi}(\pi-\alpha)\right)}{\sigma(s)\,\sigma\left(\frac{2\omega_1}{\pi}(\pi-\alpha)\right)}\cdot e^{-\frac{2\eta_1}{\pi}(\pi-\alpha)s}$$

$$\times \begin{bmatrix} 2\left\{\zeta\left(s+\frac{2\omega_1}{\pi}(\pi-\alpha)\right)-\zeta(s)-\frac{2\eta_1}{\pi}(\pi-\alpha)\right\} \\ +s\left\{\zeta\left(s+\frac{2\omega_1}{\pi}(\pi-\alpha)\right)-\frac{2\eta_1}{\pi}(\pi-\alpha)\right\}^2 \\ -2\left\{\zeta\left(s+\frac{2\omega_1}{\pi}(\pi-\alpha)\right)-\frac{2\eta_1}{\pi}(\pi-\alpha)\right\}s\zeta(s)+s\{\zeta(s)\}^2 \\ -s\wp\left(s+\frac{2\omega_1}{\pi}(\pi-\alpha)\right)+s\wp(s) \end{bmatrix} = 0 \quad \text{(B.22-5)}$$

また，(B.22-2) 式の右辺第 3 項は 0 になる．従って，(B.22-2) 式は

$$\lim_{s\to 0}\frac{d}{ds}\{s^2 G(s)\} = b_1 \quad \text{(B.22-6)}$$

次に，$s\to s_3$ の場合は次のようになる．

$$\lim_{s \to s_3}(s-s_3)G(s)$$
$$=b_1\lim_{s \to s_3}\{(s-s_3)B(s)\}+b_2\lim_{s \to s_3}\{(s-s_3)B'(s)\}$$
$$+b_3\lim_{s \to s_3}\{(s-s_3)B(s-s_3)\}=b_3\lim_{s \to s_3}\{(s-s_3)B(s-s_3)\}$$
$$=b_3\lim_{s \to 0}\frac{(s-s_3)\cdot\sigma\left(s-s_3+\frac{2\omega_1}{\pi}(\pi-\alpha)\right)}{\sigma(s-s_3)\,\sigma\left(\frac{2\omega_1}{\pi}(\pi-\alpha)\right)}\cdot e^{-\frac{2\eta_1}{\pi}(\pi-\alpha)(s-s_3)}=b_3$$

(B.22-7)

そこで，今度は (2.6-46) 式の $G(s)$ を用いて，同様な計算を実施して等値する．まず，微分しない場合は次のようになる．

$$\lim_{s \to 0} s^2 G(s) = \frac{2\psi_0\omega_1 V}{\pi} = -b_2 \qquad (B.22-8)$$

次に，1回微分した場合は次のようになる．

$$\lim_{s \to 0}\frac{d}{ds}\{s^2 G(s)\}=\lim_{s \to 0} s^2 G(s)\frac{d}{ds}\log\{s^2 G(s)\}$$
$$=\frac{2\psi_0\omega_1 V}{\pi}\cdot\left\{-\frac{2}{\pi}(\pi-\alpha)\eta_1-2\eta_3+\zeta(s_3)+\zeta(s_4)\right\}=b_1$$

(B.22-9)

$$\lim_{s \to s_3}(s-s_3)G(s)$$
$$=\frac{2\psi_0\omega_1 V}{\pi}\cdot\frac{\sigma(s_3)}{\sigma(s_4)^3}\lim_{s \to s_3}e^{-\left\{\frac{2}{\pi}\cdot(\pi-\alpha)\eta_1+2\eta_3\right\}s}\cdot\frac{(s-s_3)\sigma(s+s_4)^2\sigma(s-s_4)}{\sigma(s)^2\sigma(s-s_3)}$$
$$=\frac{2\psi_0\omega_1 V}{\pi}\cdot\frac{\sigma(s_3+s_4)^2\sigma(s_3-s_4)}{\sigma(s_3)\sigma(s_4)^3}\cdot e^{-\left\{\frac{2}{\pi}\cdot(\pi-\alpha)\eta_1+2\eta_3\right\}s_3}=b_3$$

(B.22-10)

この係数 b_3 は，ϑ（テータ）関数にて表し，s_3, s_4 を θ_3, θ_4 に変更すると

$$b_3=\frac{\psi_0 V}{\pi}\cdot e^{i\alpha}\cdot\frac{\vartheta_1'(0)\vartheta_1\left(\frac{\alpha}{\pi}\right)^2\vartheta_1\left(\frac{\theta_3-\theta_4}{2\pi}\right)}{\vartheta_3\left(\frac{\theta_3}{2\pi}\right)\vartheta_3\left(\frac{\theta_4}{2\pi}\right)^3} \qquad (B.22-11)$$

以上の結果から，係数 b_1，b_2 および b_3 が次のように得られる。
この式の係数 b_1，b_2 および b_3 は，次のようになる。

$$b_1 = -V^2 a_1 = 0, \quad b_2 = -\frac{2\psi_0 \omega_1 V}{\pi}$$

$$b_3 = \frac{\psi_0 V}{\pi} \cdot e^{i\alpha} \cdot \frac{\vartheta_1'(0) \vartheta_1\left(\frac{\alpha}{\pi}\right)^2 \vartheta_1\left(\frac{\theta_3 - \theta_4}{2\pi}\right)}{\vartheta_3\left(\frac{\theta_3}{2\pi}\right) \vartheta_3\left(\frac{\theta_4}{2\pi}\right)^3} \tag{B.22-12}$$

これが，（2.6-51）式である。

B.23 （2.6-52）式の導出

【疑問2.6】の地面効果のある平板翼の流れにおいて，関数 $G(s)$ を構成する関数 $B'(s)$ および $B(s-s_3)$ について，環状領域の u 平面における級数に展開してその定数項を導出する過程を以下に示す。

（2.6-49）式の関数 $B(s)$ は，（B.20-1）式で示したような級数展開ができる。ここで，次の関係式

$$u = e^{-i\pi\left(\frac{s}{\omega_1} - 1 - \tau\right)}, \quad \pi/2 + \delta = \pi - \alpha \tag{B.23-1}$$

に注意すると，関数 $B(s)$ は

$$B(s) = -\frac{2\pi}{\omega_1} \cdot e^{i\alpha}$$
$$\times \left\{ \frac{1}{4\sin\alpha} - i\frac{1}{2} \sum_{n=1}^{\infty} \frac{(-1)^n h^n}{1 - 2h^{2n}\cos 2\alpha + h^{4n}} \right.$$
$$\left. \times \left[u^n(e^{i\alpha} - h^{2n} e^{-i\alpha}) - u^{-n}(e^{-i\alpha} - h^{2n} e^{i\alpha}) \right] \right\} \tag{B.23-2}$$

ここで，$du/ds = -i(\pi/\omega_1) u$ に注意して上記式を微分すると

$$B'(s) = \frac{\pi^2}{\omega_1^2} \cdot e^{i\alpha} \cdot \sum_{n=1}^{\infty} \frac{(-1)^n n h^n}{1 - 2h^{2n}\cos 2\alpha + h^{4n}}$$
$$\times \{ u^n(e^{i\alpha} - h^{2n} e^{-i\alpha}) + u^{-n}(e^{-i\alpha} - h^{2n} e^{i\alpha}) \} \tag{B.23-3}$$

関数 $B(s-s_3)$ については，（2.5-38）式がそのまま利用できる。これらの関

数で定数項があるのは，$B(s)$ および $B(s-s_3)$ であるが，$B(s)$ の方は係数 b_1 が 0 であるので，$B(s-s_3)$ のみが平板翼に働く力に関係する。$B(s-s_3)$ の定数項は次式である。

$$-\frac{\pi}{2\omega_1 \sin \alpha} e^{-i\alpha} \tag{B.23-4}$$

従って，(2.6-50) 式の関数 $G(s)$ の定数項は次のようになる。

$$\{G(u)\}_{\text{定数項}} = b_3 \cdot B(s-s_3)$$

$$= -\frac{\psi_0 V}{2\omega_1 \sin \alpha} \cdot \frac{\vartheta_1'(0)\, \vartheta_1\left(\frac{\alpha}{\pi}\right)^2 \vartheta_1\left(\frac{\theta_3 - \theta_4}{2\pi}\right)}{\vartheta_3\left(\frac{\theta_3}{2\pi}\right) \vartheta_3\left(\frac{\theta_4}{2\pi}\right)^3} \tag{B.23-5}$$

これが，(2.6-52) 式である。

B.24 (2.6-59) 式の導出

【疑問 2.6】の地面効果のある平板翼の流速を導出する過程を以下に示す。

(2.6-58) 式の dw/dz を付録 A.6 の関係式を用いて，ϑ（テータ）関数に変換すると次のようになる。

$$\frac{dw}{dz} = -V \frac{\vartheta_1\left(\frac{s_3}{2\omega_1}\right) \vartheta_1\left(\frac{s+s_4}{2\omega_1}\right)}{\vartheta_1\left(\frac{s_4}{2\omega_1}\right) \vartheta_1\left(\frac{s-s_3}{2\omega_1}\right)}$$

$$\times e^{-\left\{\frac{2}{\pi} \cdot (\pi-\alpha)\eta_1 + 2\eta_3\right\}s + \frac{\eta_1}{2\omega_1}\left\{s_3{}^2 - s_4{}^2 + (s+s_4)^2 - (s-s_3)^2\right\}}$$

$$= -V \frac{\vartheta_1\left(\frac{s_3}{2\omega_1}\right) \vartheta_1\left(\frac{s+s_4}{2\omega_1}\right)}{\vartheta_1\left(\frac{s_4}{2\omega_1}\right) \vartheta_1\left(\frac{s-s_3}{2\omega_1}\right)} \cdot e^{-\left\{\frac{2}{\pi} \cdot (\pi-\alpha)\eta_1 + 2\eta_3\right\}s + \frac{\eta_1}{\omega_1}(s_3+s_4)s}$$

$$\tag{B.24-1}$$

ここで，s の変数から u 平面の角度 θ に変換すると，平板翼上では次のようになる。

$$\frac{dw}{dz} = -V \frac{\vartheta_1\left(\frac{1+\tau}{2} - \frac{\theta_3}{2\pi}\right)\vartheta_1\left(1+\tau - \frac{\theta+\theta_4}{2\pi}\right)}{\vartheta_1\left(\frac{1+\tau}{2} - \frac{\theta_4}{2\pi}\right)\vartheta_1\left(-\frac{\theta-\theta_3}{2\pi}\right)} \cdot e^{i\pi + i\pi\tau - i\theta} \quad \text{(B.24-2)}$$

さらに，付録 A.6 の関係式を用いて整理すると，次のようになる．

$$\begin{aligned}\frac{dw}{dz} &= V \frac{e^{i\pi\frac{\theta_3}{2\pi}}\vartheta_3\left(\frac{\theta_3}{2\pi}\right)h^{-1}e^{i2\pi\frac{\theta+\theta_4}{2\pi}}\vartheta_1\left(\frac{\theta+\theta_4}{2\pi}\right)}{e^{i\pi\frac{\theta_4}{2\pi}}\vartheta_3\left(\frac{\theta_4}{2\pi}\right)\vartheta_1\left(\frac{\theta-\theta_3}{2\pi}\right)} \cdot h\, e^{-i\theta} \\ &= V \frac{\vartheta_3\left(\frac{\theta_3}{2\pi}\right)\vartheta_1\left(\frac{\theta+\theta_4}{2\pi}\right)}{\vartheta_3\left(\frac{\theta_4}{2\pi}\right)\vartheta_1\left(\frac{\theta-\theta_3}{2\pi}\right)} \cdot e^{i\alpha}\end{aligned} \quad \text{(B.24-3)}$$

これから，平板翼上の流速 q が次のように得られる．

$$\frac{q}{V} = \frac{\vartheta_3\left(\frac{\theta_3}{2\pi}\right)\vartheta_1\left(\frac{\theta+\theta_4}{2\pi}\right)}{\vartheta_3\left(\frac{\theta_4}{2\pi}\right)\vartheta_1\left(\frac{\theta-\theta_3}{2\pi}\right)} \quad \text{(B.24-4)}$$

これが，(2.6-59) 式である．

参考文献

1) 深津了蔵「フラップのある翼の理論，（平板翼の場合）」，航研彙報，No. 55，1929
2) 佐々木達次郎『等角写像の応用』冨山房（1939）
3) 山田恭介「死水域を伴う任意翼型の特性」，応用力学，Vol. 4, No. 22，1951
4) Kármán, Th. von：AERODYNAMICS Selected Topics in the Light of Their Historical Development, Cornell University Press, 1954.
[谷 一郎訳『飛行の理論』岩波書店（1956）]
5) Abbott, I. H. and von Doenhoff, A. E.：Theory of Wing Sections, Dover Publications, Inc., 1959.
6) 守屋富次郎『空気力学序論』培風館（1959）
7) 山名正夫，中口 博『飛行機設計論』養賢堂（1968）
8) 今井 功『流体力学』岩波書店（1970）
9) 髙橋 侫「任意物体のまわりの自由流線理論」，航空宇宙技術研究所報告，TR-247，1971
10) Garrick, I. E.：Potential Flow about Arbitrary Biplane Wing Section, NACA Rep., No. 542, 1936
11) 片柳亮二「スロッテッド・フラップつき翼のまわりのポテンシャル流」，日本航空宇宙学会誌，第 20 巻，第 226 号，1972 年 11 月
12) 竹内端三『関数論下巻（新版）』裳華房（1967）
13) 友近 晋『楕円関数論』河出書房（1942）
14) 安藤四郎『楕円積分・楕円関数入門』日新出版（1970）
15) 竹内 淳『高校数学でわかる流体力学』講談社（2014）
16) 片柳亮二「揚力はどのように発生するのか」，日本航空宇宙学会，第 48 回流体力学講演会，2016 年 7 月
17) 片柳亮二「揚力はどのように発生するのか（その 2）」，日本航空宇宙学会，第 54 回飛行機シンポジウム，2016 年 10 月

索　引

〈あ行〉

アポロニウス円　87
一様流　2
Villat の公式　40, 120
渦なし　20
円柱の流れ　2

〈か行〉

岐点　2
ギャップ量　114
キャンバー　51
境界層　20
共役複素数　9
食い違い角　104
空力中心　49
クッタ・ジュコフスキーの条件　24
迎角　7
後縁　7
後縁角　74
高揚力装置　85
コーシーの公式　12
コーシー・リーマンの式　5

〈さ行〉

σ（シグマ）関数　91, 164, 167
死水域　37
地面効果　145
自由流線理論　37
ジュコフスキー翼　51
出発渦　32
Schwarz-Christoffel 変換　74
循環　18
循環理論　22
隙間フラップ　85

〈た行〉

正則関数　89
前縁　7
速度ポテンシャル　4

〈た行〉

第1種楕円関数　164
第1種の楕円関数　107
第3種楕円関数　164
対称翼　60
第2種楕円関数　164
第2種の楕円関数　91
楕円関数　89
楕円翼　7
単純フラップ　78
ζ（ツェータ）関数　89, 166
ϑ（テータ）関数　92, 167
等角写像法　7

〈な行〉

流れ関数　4
2重周期関数　89
2重湧き出し　3
粘性　20

〈は行〉

複素数　3
複素速度　4
複素速度ポテンシャル　3
複葉翼　104
ブラジウスの第1公式　11
ブラジウスの第2公式　12
フラップ弦長比　82
$\wp$（ペー）関数　89, 164
ベルヌーイの定理　9

〈ま行〉

マグナス効果　19

〈や行〉

揚力係数　24

よどみ点　2

〈ら行〉

留数の定理　123
流線　2

【著者略歴】

片柳　亮二（かたやなぎ　りょうじ）
　1946 年　群馬県生まれ
　1970 年　早稲田大学理工学部機械工学科卒業
　1972 年　東京大学大学院工学系研究科修士課程（航空工学）修了
　　　　　同年，三菱重工業（株）名古屋航空機製作所に入社
　　　　　　T-2CCV 機，QF-104 無人機，F-2 機等の飛行制御系開発に従事
　　　　　同社プロジェクト主幹を経て
　2003 年〜2016 年：金沢工業大学航空システム工学科教授
　2016 年　金沢工業大学客員教授，博士（工学）

著　書　『航空機の運動解析プログラム KMAP』産業図書（2007）
　　　　『航空機の飛行力学と制御』森北出版（2007）
　　　　『KMAP による制御工学演習』産業図書（2008）
　　　　『飛行機設計入門−飛行機はどのように設計するのか』日刊工業新聞社（2009）
　　　　『KMAP による飛行機設計演習』産業図書（2009）
　　　　『KMAP による工学解析入門』産業図書（2011）
　　　　『航空機の飛行制御の実際−機械式からフライ・バイ・ワイヤへ』森北出版（2011）
　　　　『初学者のための KMAP 入門』産業図書（2012）
　　　　『飛行機設計入門 2（安定飛行理論）−飛行機を安定に飛ばすコツ』日刊工業新聞社（2012）
　　　　『飛行機設計入門 3（旅客機の形と性能）−どのような機体が開発されてきたのか』日刊工業新聞社（2012）
　　　　『機械システム制御の実際−航空機，ロボット，工作機械，自動車，船および水中ビークル』産業図書（2013）
　　　　『例題で学ぶ航空制御工学』技報堂出版（2014）
　　　　『例題で学ぶ航空工学−旅客機，無人飛行機，模型飛行機，人力飛行機，鳥の飛行』成山堂書店（2014）
　　　　『設計法を学ぶ 飛行機の安定性と操縦性』成山堂書店（2015）

飛行機の翼理論
揚力はどのように発生するのか
2 次ポテンシャル流厳密解による翼理論

定価はカバーに表示してあります。

平成 28 年 11 月 28 日　初版発行

著　者　片柳　亮二
発行者　小川　典子
印　刷　亜細亜印刷株式会社
製　本　株式会社難波製本

発行所　株式会社　成山堂書店
〒160-0012　東京都新宿区南元町 4 番 51　成山堂ビル
TEL：03(3357)5861　FAX：03(3357)5867
URL　http://www.seizando.co.jp
落丁・乱丁本はお取り換えいたします．小社営業チーム宛にお送りください．

© 2016　Ryoji Katayanagi
Printed in Japan

ISBN978-4-425-87041-7

成山堂書店の航空関係図書案内

パイロットのための ICAO航空英語能力試験教本
Simon Cookson・Michael Kelly 共著

国際パイロットの資格要件(ICAO航空英語能力証明試験)に対応したテキスト。レベル4以上のキャリアアップに最適。CD-ROM付き。
B5判・112頁・3000円

パイロットのための ICAO航空英語能力試験ワークブック
Simon Cookson・Michael Kelly 共著

姉妹書「パイロットのためのICAO航空英語能力試験教本」から一歩進み、応用力を高め、素早く適切な回答を導き出すための学習内容を収録。
B5判・96頁・1800円

航空事故の過失理論(改訂版)
―如何なるヒューマンエラーに刑事不法があるのか―
池内　宏・海老池　昭夫 共著

刑法の学説、判例、刑訴法、国際法をふまえて航空事故のおける刑事過失の構造や限界を考察。再発防止、被害者救済制度についても言及。
A5判・216頁・2800円

航空機の運航ABC(改訂版)
村山　義夫　著

航空機の安全運航を支える運航管理者。その業務に必要な航法・法規・気象・航空機性能・飛行計画などの基礎知識を網羅。図表を多用した分かりやすい内容。
A5判・244頁・3400円

交通ブックス306 航空図のはなし(改訂版)
太田　弘　編著

目印のない空を飛行機はどのようにして飛んでいるのか。空の地図「航空図」をわかりやすく解説。旅の楽しみ方が増える楽しい1冊。
四六判・196頁・1500円

交通ブックス307 空港のはなし(改訂版)
岩見　宣治　著

空の旅の玄関口「空港」はどのような施設か？ 安全で快適な空港を作るためにどのような工夫がなされているのか？ そんな空港の基礎がわかる本。
四六判・196頁・1500円

交通ブックス310 飛行機ダイヤのしくみ
杉江　弘　著

「飛行機ダイヤ」はどのようにして作成され、運航されているのか。また鉄道やバスとの違いは何かなど、空の時刻表について著した本邦初の書。
四六判・180頁・1800円

航空の経営とマーケティング
Stephen Shaw著／
山内弘隆・田村明比古 監訳

一般的に用いられる経営戦略の理論を民間航空にも適用し、関係者に必要なマーケティングの知識をわかりやすく解説した定評ある書の邦訳。
A5判・328頁・2800円

航空管制システム
―限界と未来の方向―
園山　耕司　著

空域問題や対策の遅れが指摘される気象問題など改善点を示し、航空管制の現状とその将来性を解説。完璧なる航空管制に挑む一冊。
A5判・218頁・2800円

リージョナル・ジェットが日本の航空を変える
橋本安男・屋井鉄雄 共著

地域活性化にくわえ、近隣アジアの交流圏を強化・拡大する可能性をもつRJを、日本・欧州・北米・極東アジアの事例にて検証。展望に迫る。
A5判・224頁・2600円

世界で一番わかりやすい ヘリコプター工学
西守　騎世将　著

航空力学、操縦方法、エンジンやローター、計器類などヘリコプターを飛ばす上で必要な知識をイラスト・写真を多用しわかりやすく説明。
A5判・216頁・4400円

例題で学ぶ航空工学
旅客機・無人飛行機・模型飛行機・人力飛行機・鳥の飛行
片柳　亮二　著

無人飛行機や模型飛行機などについてなどを例に、航空機の飛行に係わる基本から実際の応用までを詳細に説明。
A5判・224頁・2800円

設計法を学ぶ 飛行機の安定性と操縦性
知らないと設計できない改善のための17の法則
片柳　亮二　著

多くの例題を通して、確かな安定性と無理のない操縦性について解説。設計に携わる、またスキルアップを目指す技術者にとって必読の一冊。
A5判・184頁・2600円

総合図書目録無料進呈　　　　　　　　　　　　※定価は本体価格(税別)